投标有道：
建筑工程
投标报价编制 实操入门

建筑起航课程研发中心　　组织编写

范学勇　主编

姜云峰　胡　慧　副主编

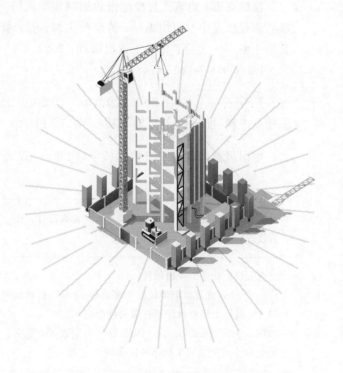

化学工业出版社

·北京·

内 容 简 介

本书是一本通俗实用的投标报价编制工作入门手册，期望解决高校教育、职业资格培训与实际工作脱节所造成的新人入门难、易走弯路的问题。

本书共分为三篇、十六章，分别从理论、实操、提升三个方面，详细介绍了建筑工程投标报价编制工作的原理及实操流程。其内容丰富，记录了大量实战内容及经验总结，贴近实际工作需求，具有较强的实用性和可操作性。此外，考虑到各地域主流软件的差异，书中还提供了多种软件的操作处理思路，知识内容具备全国通用性。书中内容图文结合，化繁为简，更配备了丰富的导学视频，扫码即可观看，其形式新颖多样，便于读者学习和理解。

本书可作为投标报价编制人员、造价人员、建设工程管理人员的操作手册和培训教材，也可供大中专院校相关专业的师生学习参考。

图书在版编目（CIP）数据

投标有道：建筑工程投标报价编制实操入门 / 建筑起航课程研发中心组织编写；范学勇主编；姜云峰，胡慧副主编. — 北京：化学工业出版社，2024.3
ISBN 978-7-122-44748-7

Ⅰ.①投… Ⅱ.①建… ②范… ③姜… ④胡… Ⅲ.①建筑工程–投标–预算定额–编制 Ⅳ.①TU723

中国国家版本馆 CIP 数据核字（2024）第 032910 号

责任编辑：李旺鹏　彭明兰　　　　装帧设计：张　辉
责任校对：杜杏然

出版发行：化学工业出版社
　　　　　（北京市东城区青年湖南街 13 号　邮政编码 100011）
印　　装：大厂聚鑫印刷有限责任公司
787mm×1092mm　1/16　印张 18¼　字数 451 千字
2024 年 5 月北京第 1 版第 1 次印刷

购书咨询：010-64518888　　　　　售后服务：010-64518899
网　　址：http://www.cip.com.cn
凡购买本书，如有缺损质量问题，本社销售中心负责调换。

定　　价：78.00 元

前言

为规范建设工程造价计价行为，统一建设工程计价文件的编制原则和计价方法，住房和城乡建设部、原国家质量监督检验检疫总局制定并发布了《建设工程工程量清单计价规范》（GB 50500—2013）。此规范规定，招标工程量清单、招标控制价、投标报价、工程价款结算等工程造价文件的编制与核对应由具有资格的工程造价专业人员承担。

为响应住房和城乡建设部的号召，加强建筑工程造价专业人员队伍建设，提高工程造价从业人员的素养和业务水平，本书依据《建设工程工程量清单计价规范》的要求，针对招标投标行业需要的专业知识、专业技能，遵循易学、易懂、能实际应用的原则，进行了精心的编写。

在内容上，本书从行业基础知识着手，注重理论与实际相结合，通过大量实战内容，详细介绍了建筑工程投标报价编制工作的原理及实操方法。在适用性上，考虑到各地域主流软件的差异，书中还提供了多种软件的操作处理思路，知识内容具备全国通用性。在编写形式上，书中内容以图文结合的方式准确、简洁地进行表达，化繁为简，便于读者学习和理解。此外，书中配备丰富的导学视频，扫码即可观看，帮助读者避开学习弯路。

本书内容丰富，共划分为理论、实操、提升三大篇；分为相关法律法规，建设工程合同基础知识，工程计价基础知识，投标报价编制前期工作，新建工程，土建工程组价，装饰、安装、市政、园林绿化工程组价，人材机单价的确定、工程自检与项目自检，调价，收尾工作，投标报价评审内容解析，电子标书和纸质标书的差异，全费用综合单价报价，投标报价编制常见问题解析，投标报价技巧等共十六章。知识编排力求合理，层次兼顾入门到精通，可帮助从业人员快速掌握职业技能。

本书由建筑起航课程研发中心组织编写，由范学勇担任主编，姜云峰、胡慧为副主编，参加编写的人员还有夏亚俊、郭冬琪等。

由于时间仓促和能力有限，本书难免有不完善之处，敬请读者批评指正。如有疑问，或想领取更多案例资源，可申请加入 QQ 群 699931514 或 699814398 与编者联系、与同行交流。

编者

目 录

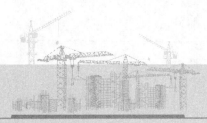

实 操 篇

提 升 篇

理 论 篇

扫码看视频

导学1
什么是投标报价

扫码看视频

导学2
阅读本书能否快速入门

相关法律法规

1.1 招标投标相关法律法规

招标投标是一种国际惯例，是商品经济高度发展的产物，是应用技术、经济的方法和市场经济的竞争机制的作用，有组织开展的一种择优成交的方式。这种方式是在货物、工程和服务的采购行为中，招标人通过事先公布的采购要求，吸引众多的投标人按照同等条件进行平等竞争，按照规定程序并组织技术、经济和法律等方面专家对众多的投标人进行综合评审，从中择优选定项目的中标人的行为过程。其实质是以较低的价格获得最优的货物、工程和服务。

建设工程招标和投标，是建设单位对拟建工程项目通过法定程序和方式吸引承包单位进行公平竞争，并从中选择条件优越的承包单位来完成建设工程任务的行为。

为了规范招标投标活动，保护国家利益、社会公共利益和招标投标活动当事人的合法权益，提高经济效益，保证项目质量，1999 年 8 月 30 日第九届全国人民代表大会常务委员会第十一次会议通过了《中华人民共和国招标投标法》，自 2000 年 1 月 1 日起实施，2017 年 12 月 27 日第十二届全国人民代表大会常务委员会第三十一次会议《关于修改〈中华人民共和国招标投标法〉、〈中华人民共和国计量法〉的决定》对其进行了修改。《中华人民共和国招标投标法》以下简称《招标投标法》，《中华人民共和国招标投标法实施条例》以下简称《招标投标法实施条例》。

1.1.1 招标相关规定摘录

① 招标人是依照《招标投标法》规定提出招标项目、进行招标的法人或者其他组织。

②《招标投标法》规定，招标项目按照国家相关规定需要履行项目审批手续的，应当先履行审批手续，取得批准。招标人应当有进行招标项目的相应资金或者资金来源已落实，并应当在招标文件中如实载明。

③《招标投标法》规定，招标分为公开招标和邀请招标。

公开招标是指招标人以招标公告的方式邀请不特定的法人或者其他组织投标。

邀请招标是指招标人以招标邀请书的方式邀请特定的法人或者其他组织投标。

《招标投标法实施条例》规定，国有资金占控股或者主导地位的依法必须进行招标的项目，应当公开招标，但是有下列情形之一的，可以邀请招标：a. 技术复杂、有特殊要求或者受自然环境限制，只有少量潜在投标人可供选择；b. 采用公开招标方式的费用占项目合同金额的比例过大。

④《招标投标法》规定，国务院发展计划部门确定的重点项目和省、自治区、直辖市人民政府确定的地方重点项目不适宜公开招标的，经国务院发展计划部门或者省、自治区、直辖市人民政府批准，可以进行邀请招标。

⑤《招标投标法》规定，招标人有权自行选择招标代理机构，委托其办理招标事宜。任何单位和个人不得以任何方式为招标人指定招标代理机构。招标代理机构是依法设立、从事招标代理业务并提供相关服务的社会中介组织。招标代理机构需要具备下列条件：a. 有从事招标代理业务的经营场所和相应资金；b. 有能够编制招标文件和组织评标的相应专业力量。

招标人具有编制招标文件和组织评标能力的，可以自行办理招标事宜。任何单位不得强制其委托招标代理机构办理招标事宜。

依法必须进行招标的项目，招标人自行办理招标事宜的，应当向有关行政监督部门备案。

⑥《招标投标法》规定，招标人采用公开招标方式的，应当发布招标公告。依法必须进行招标的项目的招标公告，应当通过国家指定的报刊、信息网络或者其他媒介发布。

招标公告应当载明招标人的名称和地址，招标项目的性质、数量、实施地点和时间，以及获取招标文件的办法等事项。

⑦《招标投标法》规定，招标人采用邀请招标方式的，应当向三个以上具备承担招标项目能力、资信良好的特定的法人或者其他组织发出投标邀请书。

⑧《招标投标法》规定，招标人可以根据招标项目本身的要求，在招标公告或者投标邀请书中，要求潜在投标人提供相关资质证明文件和业绩情况，并对潜在投标人进行资格审查；国家对投标人的资格条件有规定的，依照其规定。

招标人不得以不合理的条件限制或者排斥潜在投标人，不得对潜在投标人实行歧视待遇。

⑨《招标投标法》规定，招标人应当根据招标项目的特点和需要编制招标文件。招标文件应当包括招标项目的技术要求、对投标人资格审查的标准、投标报价要求和评标标准等所有实质性要求和条件以及拟签订合同的主要条款。

国家对招标项目的技术、标准有规定的，招标人应当按照其规定在招标文件中提出相应的要求。

招标项目需要划分标段、确定工期的，招标人应当合理划分标段、确定工期，并在招标文件中载明。

⑩《招标投标法》规定，招标文件不得要求或者标明特定的生产供应者以及含有倾向或者排斥潜在投标人的其他内容。

⑪《招标投标法》规定，招标人根据招标项目的具体情况，可以组织潜在投标人踏勘项

目现场。

⑫《招标投标法》规定，招标人不得向他人透露已获取招标文件的潜在投标人的名称、数量以及可能影响公平竞争的有关招标投标的其他情况。招标人设有标底的，标底必须保密。

⑬《招标投标法》规定，招标人对已发出的招标文件进行必要的澄清或者修改的，应当在招标文件要求提交投标文件截止时间至少十五日前，以书面形式通知所有招标文件收受人。该澄清或者修改的内容为招标文件的组成部分。

⑭《招标投标法》规定，招标人应当确定投标人编制投标文件所需要的合理时间；但是，依法必须进行招标的项目，自招标文件开始发出之日起至投标人提交投标文件截止之日止，最短不得少于二十日。

1.1.2　投标相关规定摘录

①《招标投标法》规定，投标人是响应招标、参加投标竞争的法人或者其他组织。依法招标的科研项目允许个人参加投标的，投标的个人适用《招标投标法》有关投标人的规定。

②《招标投标法》规定，投标人应当具备承担招标项目的能力；国家有关规定对投标人资格条件或者招标文件对投标人资格条件有规定的，投标人应当具备规定的资格条件。

③《招标投标法》规定，投标人应当按照招标文件的要求编制投标文件。投标文件应当对招标文件提出的实质性要求和条件作出响应。

招标项目属于建设施工的，投标文件的内容应当包括拟派出的项目负责人与主要技术人员的简历、业绩和拟用于招标项目的机械设备等。

④《招标投标法》规定，投标人应当在招标文件要求提交投标文件的截止时间前，将投标文件送达投标地点。招标人收到投标文件后，应当签收保存，不得开启。投标人少于三个的，招标人应当依照《招标投标法》重新招标。在招标文件要求提交投标文件的截止时间后送达的投标文件，招标人应当拒收。

《招标投标法实施条例》规定，未通过资格预审的申请人提交的投标文件，以及逾期送达或者不按照招标文件要求密封的投标文件，招标人应当拒收。招标人应当如实记载投标文件送达的时间和密封情况，并存档备查。

⑤《招标投标法》规定，投标人在招标文件要求提交投标文件的截止时间前，可以补充、修改或者撤回已提交的投标文件，并书面通知招标人。补充、修改的内容为投标文件的组成部分。

《招标投标法实施条例》规定，投标人撤回已提交的投标文件，应当在投标截止时间前书面通知招标人。

⑥《招标投标法》规定，投标人根据招标文件载明的项目实际情况，拟在中标后将中标项目的部分非主体、非关键性工作进行分包的，应当在投标文件中载明。

联合体各方均应具备承担招标项目的相应能力；国家有关规定或者招标文件对投标人资格条件有规定的，联合体各方均应当具备规定的相应资格条件。由同一专业的单位组成联合体的，按照资质等级较低的单位确定资质等级。

联合体各方应当签订共同投标协议，明确约定各方拟承担的工作和责任，并将共同投标协议连同投标文件一并提交招标人。联合体中标的，联合体各方应当共同与招标人签订合同，就中标项目向招标人承担连带责任。

招标人不得强制投标人组成联合体共同投标，不得限制投标人之间的竞争。

⑦《招标投标法》规定，投标人不得相互串通投标报价，不得排挤其他投标人的公平竞争，损害招标人或者其他投标人的合法权益。

《招标投标法实施条例》规定，禁止投标人相互串通投标。有下列情形之一的，属于投标人相互串通投标：a. 投标人之间协商投标报价等投标文件的实质性内容；b. 投标人之间约定中标人；c. 投标人之间约定部分投标人放弃投标或者中标；d. 属于同一集团、协会、商会等组织的投标人按照该组织的要求协同投标；e. 投标人之间为谋取中标或者排斥特定投标人而采取的其他联合行动。

有下列情形之一的，视为投标人相互串通投标：a. 不同投标人的投标文件由同一单位或个人编制；b. 不同投标人委托同一单位或者个人办理投标事宜；c. 不同投标人的投标文件载明的项目管理成员为同一人；d. 不同投标人的投标文件异常一致或者投标报价呈规律性差异；e. 不同投标人的投标文件相互混装；f. 不同投标人的投标保证金从同一单位或个人的账户转出。

《招标投标法》规定，投标人不得与招标人串通投标，损害国家利益、社会公共利益或者其他人的合法权益。

《招标投标法实施条例》规定，禁止招标人与投标人串通投标。有下列情形之一的，属于招标人与投标人串通投标：a. 招标人在开标前开启投标文件并将相关信息泄露给其他投标人；b. 招标人直接或间接向投标人泄露标底、评标委员会成员等信息；c. 招标人明示或者暗示投标人压低或者抬高投标报价；d. 招标人授意投标人撤换、修改投标文件；e. 招标人明示或者暗示投标人为特定的投标人中标提供方便；f. 招标人与投标人为谋求特定投标人中标而采取的其他串通行为。

《招标投标法》规定，禁止投标人以向招标人或者评标委员会成员行贿的手段谋取中标。

⑧《招标投标法》规定，投标人不得以低于成本的报价竞标，也不得以他人名义投标或者以其他方式弄虚作假，骗取中标。

1.1.3 开标、评标、中标和投诉处理相关规定摘录

①《招标投标法》规定，开标应当在招标文件确定的提交投标文件截止时间的同一时间公开进行；开标地点应当为招标文件中预先确定的地点。

②《招标投标法》规定，开标由招标人主持，邀请所有投标人参加。

③《招标投标法》规定，开标时，由投标人或者其推选的代表检查投标文件的密封情况，也可以由招标人委托的公证机构检查并公证；经确认无误后，由工作人员当众拆封，宣读投标人名称、投标价格和投标文件的其他主要内容。招标人在招标文件要求的提交投标文件的截止时间前收到的所有投标文件，开标时都应当当众拆封、宣读。开标过程应当记录，并存档备查。

《招标投标法实施条例》规定，招标人应当按照招标文件规定的时间、地点开标。投标人少于3个，不得开标；招标人应当重新招标。投标人对开标有异议的，应当在现场提出，招标人应当当场作出答复，并制作记录。

④《招标投标法》规定，评标由招标人依法组建的评标委员会负责。

依法必须进行招标的项目，其评标委员会由招标人的代表和有关技术、经济等方面的专家组成，成员人数为五人以上单数，其中技术、经济等方面的专家不得少于成员总数的三分之二。

专家应当从事相关领域工作满八年并具有高级职称或者具有同等专业水平，由招标人从国务院有关部门或者省、自治区、直辖市人民政府有关部门提供的专家名册或者招标代理机构的专家库内的相关专业的专家名单中确定；一般招标项目可以采取随机抽取方式，特殊项目可以由招标人直接确定。

与投标人有利害关系的人不得进入相关项目的评标委员会，已进入的应当更换。

评标委员会成员的名单在中标结果确定前应当保密。

⑤《招标投标法》规定，招标人应当采取必要的措施，保证评标在严格保密的情况下进行。任何单位和个人不得非法干预、影响评标的过程和结果。

⑥《招标投标法》规定，评标委员会可以要求投标人对投标文件中含义不明确的内容作必要的澄清或者说明，但是澄清或者说明不得超出投标文件的范围或者改变投标文件的实质性内容。

⑦《招标投标法》规定，评标委员会应当按照招标文件确定的评标标准和方法，对投标文件进行评审和比较；设有标底的，应当参考标底。评标委员会完成评标后，应当向招标人提出书面评标报告，并推荐合格的中标候选人。

招标人根据评标委员会提出的书面评标报告和推荐的中标候选人确定中标人。招标人也可以授权评标委员会直接确定中标人。国务院对特定招标项目的评标有特别规定的，从其规定。

⑧《招标投标法》规定，中标人的投标应当符合下列条件之一：a. 能够最大限度地满足招标文件中规定的各项综合评价标准；b. 能够满足招标文件的实质性要求，并且经评审的投标价格最低；但是投标价格低于成本的除外。

《招标投标法实施条例》规定，国有资金占控股或者主导地位的依法必须进行招标的项目，招标人应当确定排名第一的中标候选人为中标人。排名第一的中标候选人放弃中标、因不可抗力不能履行合同、不按照招标文件要求提交履约保证金或者被查实存在影响中标结果的违法行为等情形，不符合中标条件的，招标人可以按照评标委员会提出的中标候选人名单排序依次确定其他中标候选人为中标人，也可以重新招标。

⑨《招标投标法》规定，评标委员会经评审，认为所有投标都不符合招标文件要求的，可以否决所有投标。

依法必须进行招标的项目的所有投标被否决的，招标人应当依照《招标投标法》重新招标。

⑩《招标投标法》规定，在确定中标人前，招标人不得与投标人就投标价格、投标方案等实质性内容进行谈判。

⑪《招标投标法》规定，评标委员会成员应当客观、公正地履行职务，遵守职业道德，对所提出的评审意见承担个人责任。

评标委员会成员不得私下接触投标人，不得收受投标人的财物或者其他好处。

评标委员会成员和参与评标的有关人员不得透露对投标文件的评审和比较、中标候选人的推荐情况以及与评标有关的其他情况。

⑫《招标投标法》规定，中标人确定后，招标人应当向中标人发出中标通知书，并同时

将中标结果通知所有未中标的投标人。

中标通知书对招标人和中标人具有法律效力。中标通知书发出后，招标人改变中标结果的，或者中标人放弃中标项目的，应当依法承担法律责任。

⑬《招标投标法》规定，招标人与中标人应当自中标通知书发出之日起三十日内，按照招标文件和中标人的投标文件订立书面合同。招标人和中标人不得再行订立背离合同实质内容的其他协议。招标文件要求中标人提交履约保证金的，中标人应当提交。

《招标投标法实施条例》规定，履约保证金不得超过中标合同金额的 10%。中标人应当按照合同约定履行义务，完成中标项目。

⑭《招标投标法》规定，依法必须进行招标的项目，招标人应当自确定中标人之日起十五日内，向有关行政监督部门提交招标投标情况的书面报告。

⑮《招标投标法》规定，中标人应当按照合同约定履行义务，完成中标项目。中标人不得向他人转让中标项目，也不得将中标项目肢解后分别向他人转让。

中标人按照合同约定或者经招标人同意，可以将中标项目的部分非主体、非关键性工作分包给他人完成。接收分包的人应当具备相应的资格条件，并不得再次分包。

中标人应当就分包项目向招标人负责，接受分包的人就分包项目承担连带责任。

⑯《招标投标法实施条例》规定，投标人或者其他利害关系人认为招标投标活动不符合法律、行政法规规定的，可以自知道或者应当知道之日起十日内向有关行政监督部门投诉。投诉应当有明确的请求和必要的证明材料。但是，对资格预审文件、招标文件、开标以及依法必须进行招标项目的评标结果有异议的，应当依法先向招标人提出异议，其异议答复期间不计算在以上规定的期限内。

⑰《招标投标法实施条例》规定，投诉人就同一事项向两个以上有权受理的行政监督部门投诉的，由最先收到投诉的行政监督部门负责处理。行政监督部门应当自收到投诉之日三个工作日内决定是否受理投诉，并自受理投诉之日起三十个工作日内作出书面处理决定；需要检验、检测、鉴定、专家评审的，所需时间不计算在内。投诉人捏造事实、伪造材料或者以非法手段取得证明材料进行投诉的，行政监督部门应当予以驳回。

行政监督部门处理投诉，有权查阅、复制有关文件、资料，调查相关情况，相关单位和个人应当予以配合。必要时，行政监督部门可以责令暂停招标投标活动。行政监督部门的工作人员对监督检查过程中知悉的国家秘密、商业秘密，应当予以保密。

1.2 政府采购及合同相关法律法规

1.2.1 政府采购的定义

《中华人民共和国政府采购法》（以下简称《政府采购法》）中所称政府采购，是指各级国家机关、事业单位和团体组织，使用财政性资金采购依法制定的集中采购目录以内的或采购限额标准以上的货物、工程和服务的行为。政府采购工程进行招投标的，适用《招标投标法》。

政府采购实行集中采购、分散采购结合，集中采购的范围由省级以上人民政府公布的集中采购目录确定。

1.2.2 政府采购方式相关规定摘录

《政府采购法》规定，政府采购采用以下方式：公开招标、邀请招标、单一来源采购、竞争性谈判、询价，以及国务院政府采购监督管理部门认定的其他采购方式。其中公开招标是政府采购的主要方式。

1.2.2.1 公开招标

采购货物或者服务采用公开招标方式的，其具体数额标准，属于中央预算的政府采购项目，由国务院规定；属于地方预算的政府采购项目，由省、自治区、直辖市人民政府规定；因特殊情况需要采用公开招标以外的采购方式的，应当在采购活动开始前获得设区的市、自治州以上人民政府采购监督管理部门批准。

1.2.2.2 邀请招标

符合下列情形之一的货物或服务，可采用邀请招标方式采购：

① 具有特殊性，只能从有限范围的供应商处采购的；

② 采用公开招标方式的费用占政府采购项目总价值的比例过大的。

1.2.2.3 单一来源采购

符合下列情形之一的货物或服务，可采用单一来源方式采购：

① 只能从唯一供应商处采购；

② 发生不可预见的紧急情况，不能从其他供应商处采购的；

③ 必须保证原有采购项目一致性或服务配套的要求，需要继续从原供应商处添购，且添购资金总金额不超过原合同采购金额10%的。

1.2.2.4 竞争性谈判

符合下列情形之一的货物或服务，可采用竞争性谈判方式采购：

① 招标后没有供应商投标或合格标的或重新招标未能成立的；

② 技术复杂或性质特殊，不能确定详细规格或具体要求的；

③ 采用招标所需时间不能满足用户紧急需要的；

④ 不能事先计算出价格总额的。

1.2.2.5 询价

采购的货物规格、标准统一，现货货源充足，且价格变化幅度小的政府采购项目，可以采用询价方式采购。

1.2.3 政府采购程序相关规定摘录

《中华人民共和国政府采购法实施条例》（以下简称《政府采购法实施条例》）规定，招标文件的提供期限自招标文件开始发出之日起不得少于5个工作日。采购人或者采购代理机构可以对已发出的招标文件进行必要的澄清或者修改。澄清或者修改的内容可能影响投标文件编制的，采购人或者采购代理机构应当在投标截止时间至少 15 日前，以书面形式通知所有获取招标文件的潜在投标人；不足 15 日的，采购人或者采购代理机构应当顺延提交投标文件的截止时间。

《政府采购法实施条例》规定，招标文件要求投标人提交投标保证金的，投标保证金不得超过采购项目预算金额的 2%。

《政府采购法实施条例》规定，政府采购评标方法分为最低评标价法和综合评分法。技术、服务等标准统一的货物和服务项目，应当采用最低评标价法。采用综合评分法的，评审标准中的分值设置应当与评审因素的量化指标相对应。招标文件中没有规定的评标标准不得作为评审的依据。

1.2.4　合同相关规定摘录

1.2.4.1　合同的定义

合同是民事主体之间设立、变更、终止民事法律关系的协议。2020 年 5 月公布的《中华人民共和国民法典》（以下简称《民法典》）规定，当事人订立合同可以采用书面形式、口头形式或者其他形式。建设工程合同是承包人进行工程建设，发包人支付价款的合同，包括工程总承包合同、工程勘察合同、工程设计合同、工程施工合同等。《民法典》规定建设工程合同应当采取书面形式。

《民法典》规定，施工合同的内容一般包括工程范围、建设工期、中间交工工程的开工和竣工时间、工程质量、工程造价、技术资料交付时间、材料和设备供应责任、拨款和结算、竣工验收、质量保修范围和质量保证期、相互协作等条款。

1.2.4.2　合同价款的确定

招标工程的合同价款由发包人、承包人根据中标通知书中的中标价格在协议书中约定。非招标工程的合同价款由发包人、承包人根据工程预算书在协议书中约定。合同价款在协议书内约定后，任何一方不得擅自改变。根据合同价款确定方式的不同，合同可分为总价合同、单价合同和成本补偿合同，当事双方在合同专门条款中约定价款的确定方式。

1.2.4.3　合同价款的支付

按照合同约定的时间、金额和支付条件支付合同价款，是发包人的主要合同义务，也是承包人的主要合同权利。《民法典》规定，合同生效后，当事人就质量、价款或者报酬、履行地点等内容没有约定或者约定不明确的，可以协议补充；不能达成补充协议的，按照合同相关条款或者交易习惯确定。如果按照合同有关条款或者交易习惯仍不能确定的，《民法典》规定：价款或者报酬不明确的，按照订立履行地的市场价格履行，依法应当执行政府定价或者政府指导价的，按照规定履行；履行期限不明确的，债务人可以随时履行，债权人也可以随时请求履行，但是应当给对方必要的准备时间。

1.2.4.4　合同的履行

《民法典》规定，当事人应当按照约定全面履行自己的义务。当事人应当遵循诚实信用原则，根据合同的性质、目的和交易习惯履行通知、协助、保密等义务。当事人在履行合同过程中，应当避免浪费资源、污染环境和破坏生态。

合同生效后，当事人不得因姓名、名称的变更或者法定代表人、负责人、承办人的变动而不履行合同义务。

1.2.4.5　合同的变更

《民法典》规定，当事人协商一致，可以变更合同。当事人对合同变更的内容约定不明确的，推定为未变更。该条款可从以下两方面进行理解。

第一，合同变更须经当事人双方协商一致。如果双方当事人就变更事项达成一致意见，则变更后的内容取代原合同的内容，当事人应当按照变更后的内容履行。如果一方当事人未经对方同意就改变合同内容，不仅变更的内容对另一方没有约束力，其做法还是一种违约行为，应当承担违约责任。

第二，合同变更的内容必须约定明确，如果当事人对于合同变更的内容约定不明确，则将被推定为未变更。任何一方不得要求对方履行约定不明确的变更内容。

合同基础条件变化的处理如下：合同成立后，合同的基础条件发生了当事人在订立合同时无法预见的、不属于商业风险的重大变化，继续履行合同对于当事人一方明显不公平的，受不利影响的当事人可以与对方重新协商；在合理的期限内协商不成的，当事人可以请求人民法院或者仲裁机构变更或者解除合同。

1.2.4.6　合同权利义务的转让

（1）合同权利（债权）的转让

① 债权的转让范围。

《民法典》规定，债权人可以将债权的全部或者部分转让给第三人，但是有下列情形之一的除外：根据债权性质不得转让；按照当事人约定不得转让；依照法律规定不得转让。

当事人约定非金钱债权不得转让的，不得对抗善意第三人。当事人约定金钱债权不得转让的，不得对抗第三人。

② 债权的转让应当通知债务人。

《民法典》规定，债权人转让债权，未通知债务人的，该转让对债务人不发生效力。债权转让的通知不得撤销，但是经受让人同意的除外。

③ 债务人对让与人的抗辩。

《民法典》规定，债务人接到债权转让通知后，债务人对让与人的抗辩，可以向受让人主张。抗辩权指债权人行使债权时，债务人根据法定事由对抗债权人行使请求权的权利。债务人的抗辩权是固有的一项权利，并不随权利的转让而消灭。在债权转让的情况下，债务人可以向新债权人行使该权利。受让人不得以任何理由拒绝债务人权利行使。

④ 从权利随同主权利转让。

《民法典》规定，债权人转让债权的，受让人取得与债权有关的从权利，但是该从权利专属于债权人自身的除外。受让人取得从权利不因该从权利未办理转移登记手续或者未转移占有而受到影响。

（2）合同义务（债务）的转让

《民法典》规定，债务人将债务的全部或者部分转移给第三人的，应当经债权人同意。

债务人或者第三人可以催告债权人在合理期限内予以同意，债权人未作表示的，视为不同意。

（3）合同权利和义务的一并转让

《民法典》规定，当事一方经对方同意，可以将自己在合同中的权利与义务一并转让给第三人。合同的权利和义务一并转让的，适用债权转让、债务转移的有关规定。

1.2.4.7　合同的撤销

（1）可撤销合同的种类

可撤销合同指因意思表示不真实，可通过有撤销权的机构行使撤销权，使已经生效的意思表示归于无效的合同。

① 因重大误解订立的合同。

《民法典》规定，基于重大误解实施的民事法律行为，行为人有权请求人民法院或者仲裁机构予以撤销。

② 在订立合同时显失公平的合同。

《民法典》规定，一方利用对方处于危困状态、缺乏判断能力等情形，致使民事法律行为成立时显失公平，受损害方有权请求人民法院或者仲裁机构予以撤销。

③ 以欺诈手段订立的合同。

《民法典》规定，一方以欺诈手段，使对方在违背真实意思的情况下实施的民事法律行为，受欺诈方有权请求人民法院或者仲裁机构予以撤销。第三人实施欺诈行为，使一方在违背真实意思的情况下实施的民事法律行为，对方知道或者应该知道欺诈行为的，受欺诈方有权请求人民法院或者仲裁机构予以撤销。

④ 以胁迫的手段订立的合同。

一方或者第三人以胁迫手段，使对方在违背真实意思的情况下实施的民事法律行为，受胁迫方有权请求人民法院或者仲裁机构予以撤销。

（2）合同撤销权的行使

《民法典》规定，有下列情形之一的，撤销权消灭：

① 当事人自知道或者应该知道撤销事由之日起1年内、重大误解的当事人自知道或者应当知道撤销事由之日起90日内没有行使撤销权；

② 当事人受胁迫，自胁迫行为终止之日起1年内没有行使撤销权；

③ 当事人知道撤销事由后明确表示或者以自己的行为表明放弃撤销权；

④ 当事人自民事法律行为发生之日起5年内没有行使撤销权。

（3）被撤销合同的法律后果

《民法典》规定，无效的或者被撤销的民事法律行为自始没有法律约束力。民事法律行为部分无效，不影响其他部分效力的，其他部分仍然有效。

1.2.4.8　合同的终止

合同的终止指依法生效的合同，因具备法定的或者当事人约定的情形，合同的债权、债务归于消灭，债权人不再享有合同的权利，债务人也不必再履行合同的义务。《民法典》规定，有下列情形之一的，债权债务终止：

① 债务已经履行；

② 债务相互抵消；

③ 债务人依法将标的物提存；

④ 债权人免除债务；

⑤ 债权债务同归于一人；

⑥ 法律规定或者当事人约定终止的其他情形。

1.2.4.9　施工合同的解除

合同解除指合同有效成立后，当具备法律规定合同解除条件时，因当事人一方或双方的意思表示而使合同关系归于消灭的行为。

（1）发包人解除施工合同

《民法典》规定，承包人将建设工程转包、违法分包的，发包人可以解除合同。

（2）承包人解除施工合同

《民法典》规定，发包人提供的主要建筑材料、建筑构配件和设备不符合强制性标准或者不履行协助义务，致使承包人无法施工，经催告后在合理期限内仍未履行相应义务的，承包人可以解除合同。

建设工程合同基础知识

2.1 不同计价方式下建设工程施工承包合同的类型

不同计价方式下，建设工程施工承包合同主要分为三类：总价合同、单价合同和成本补偿合同。

2.1.1 总价合同

2.1.1.1 总价合同的含义

总价合同指根据合同规定的工程施工内容和有关条件，甲方（业主）应付给乙方（承包商）的价款是一个限定的金额，即明确的总价。

总价合同也称为总价包干合同，根据招标时的要求和条件，当施工内容和有关条件不发生变化时，甲方（业主）支付乙方（承包商）的价款总额就不发生变化。

总价合同可以分为两类：固定总价合同、变动总价合同。

（1）固定总价合同

固定总价合同价格计算以图纸规定、规范为基础，其工程任务和内容明确，业主的要求和条件清晰，合同总价一次包死，固定不变，即不再因为环境的变化和工程量的增减而变化。在这类合同中，承包商承担了全部的工作量和价格的风险。因此，承包商在报价时应对一切费用的价格变动因素以及不可预见因素都做充分的预测，并将其包含在合同价格之内。

在国际上，这种合同被广泛接受和采用，因为有比较成熟的法规和先例的经验。对业主而言，在合同签订时就可以基本确定项目的总投资额，对投资控制有利。双方都无法预测的风险条件和可能有工程变更的情况下，承包商承担了较大的风险，业主的风险较小。但是，工程变更和不可预见的困难也常常引起合同双方的纠纷或者诉讼，最终导致其他费用的增加。

当然，在固定总价合同中还可以约定，在发生重大工程变更、累计工程变更超过一定幅度或者其他特殊条件下可以对合同价格进行调整。因此，需要定义重大工程变更的含义，累计工程变更的幅度，什么样的特殊条件才能调整合同价格，以及如何调整合同价格等。

采用固定总价合同，双方结算比较简单，但是由于承包商承担了较大的风险，因此报价中不可避免地要增加一笔较高的不可预见费。承包商的风险主要是两个方面：一是价格风险，二是工作量风险。价格风险有报价计算错误、漏报项目、物价和人工费上涨等；工作量风险有工程量计算错误、工程范围不确定、工程变更或者由于设计深度不够所造成的误差等。

（2）变动总价合同

变动总价合同也可以称为可调总价合同，合同价格是以图纸及规定、规范为基础，按照时价进行计算，得到包括全部工程任务和内容的暂定合同价格。它是一种相对固定的价格，在合同执行的过程中，由于通货膨胀等原因而导致所使用工、料成本增加时，可以按照合同约定对合同总价进行相应的调整。当然，一般由于设计变更、工程量变化和其他工程条件变化引起的费用变化也可以进行调整。因此，通货膨胀等不可预见因素的风险由业主承担，对于承包商而言风险相对较小，但对业主而言，不利于其进行投资控制，突破投资的风险就增大了。

2.1.1.2　总价合同的适用条件

采用总价合同时，对发承包工程的内容及其各种条件都应基本清楚、明确，否则，发承包双方都有蒙受损失的风险。对业主来说，由于设计花费时间长，因而开工时间较晚，开工后的变更容易带来索赔，而且在设计过程中也难以吸收承包商的建议。因此，一般是在施工图设计完成，施工任务和范围比较明确，业主的目标、要求和条件都清楚的情况下才采用总价合同。

在工程施工承包招标时，施工期限一年左右的项目一般实行固定总价合同，通常不考虑价格调整问题，以签订合同时的单价和总价为准，物价上涨的风险全部由承包商承担。固定总价合同具体适用情况如下：

① 工程量小、工期短，预计在施工过程中环境因素变化小，工程条件稳定并合理；

② 工程设计详细，图纸完整、清楚，工程任务和范围明确；

③ 工程结构和技术简单，风险小；

④ 投标期相对宽裕，承包商可以有充足的时间详细考察现场，复核工程量，分析招标文件，拟定施工计划。

但是对建设周期一年半以上的工程项目，则应考虑下列因素引起的价格变化问题：

① 劳务工资以及材料费用上涨；

② 其他影响工程造价的因素，如运输费、燃料费、电力费用等价格的变化；

③ 外汇汇率的不稳定；

④ 国家或者省、市立法的改变引起的工程费用的上涨。

2.1.1.3　总价合同的特点

总价合同的特点如下：

① 发包单位可以在报价竞争状态下确定项目的总造价，可以较早地确定或者预测工程成本；

② 业主的风险较小，承包人的风险较大；

③ 评标时易于迅速确定报价最低的投标人；

④ 在施工进度上极大地调动承包人的积极性；

⑤ 发包单位能更容易、更有把握地对项目进行控制；

⑥ 必须完整而明确地规定承包人的工作；

⑦ 必须将设计和施工方面的变化控制在最小的限度内。

在工程实践中，有的总价合同招标文件也有工程量表，也要求承包商提出各项工程的报价。总价合同是总价优先，承包商报总价，双方商讨并确定合同总价，最终也按总价结算。

2.1.2　单价合同

当施工发包的工程内容和工程量一时不能十分明确、具体地予以规定时，则可以采用单价合同形式，即根据计划工程内容和估算工程量，在合同中明确每项工程内容的单位价格（每米、每平方米或者每立方米的价格），实际支付时则根据每个子项的实际完成工程量乘以该子项的合同单价计算该项工作的应付工程款。

单价合同的特点是单价优先，例如 FIDIC（国际咨询工程师联合会）土木工程施工合同中，业主给出的工程量清单表中的数字是参考数字，而实际工程款则按实际完成的工程量和合同中确定的单价计算。虽然在投标报价、评标以及签订合同中，我们常常注重总价格，但在工程款结算中单价优先，对于投标报价书中明显的数字计算错误，业主有权力先作修改再评标，当总价和单价不一致时，以单价为准调整总价。例如，某单价合同中的投标人报价如表 2.1 所示。

表 2.1　投标人报价表

序号	项目名称	项目特征	计量单位	工程量	综合单价/元	合价/元	备注
N	砌体墙	1. 砖品种、规格、强度级：煤矸石空心砖；2. 墙体类型：200mm 厚；3. 砂浆强度级：M5 混合砂；4. 未尽事宜详见设计图纸、招标文件、答疑文件、规范文件等，满足验收及业主要求	m³	500	450	22500	
...							
总报价						7500000	

根据投标人的投标单价，砌体工程的合价应该是 225000 元，而实际只写了 22500 元，在评标时应根据单价优先原则对总报价进行修正，所以正确的报价应该是 7500000＋（225000－22500）＝7702500（元）。

在实际施工时，如果实际工程量是 1100m³，则砌体工程的价款金额为 450×1100＝495000（元）。

由于单价合同允许随工程量变化而调整工程总价，业主和承包商都不存在工程量方面的风险，因此对合同双方都比较公平。另外，在招标前，发包单位无须对工程量范围作出完整的、详细的规定，从而可以缩短招标准备时间，投标人也只需要对所列工程内容报出自己的单价，从而缩短投标时间。

采用单价合同对业主的不便之处是，业主需要安排专门力量来核实已经完成的工程量，需要在施工过程中花费不少精力，协调工作量大。另外，用于计算应付工程款的实际工程量可能超过预测的工程量，即实际投资容易超过计划投资，对投资不利。

单价合同可分为：固定单价合同、变动单价合同。

固定单价合同条件下，无论发生哪些影响价格的因素都不对单价进行调整，因而对承包商而言就存在一定的风险。当采用变动单价合同时，合同双方可以约定一个估计的工程量，当实际工程量发生较大的变化时可以对单价进行调整，同时还应该约定如何对单价进行调整；当然也可以约定，当通货膨胀达到一定水平或者国家政策发生变化时，可以对哪些工程内容的单价进行调整以及如何调整等。因此，采用变动单价合同时承包商的风险相对较小。

固定单价合同适用于工期较短、工程量变化不大的项目。

在工程实践中，采用单价合同时也会根据估算的工程量计算一个初步的合同总价，作为投标报价和签订合同之用。但是，当上述初步的合同总价与各项单价乘以实际完成的工作量之和发生矛盾时，则肯定以后者为准，即单价优先。实际工程款的支付也将以实际完成工程量乘以合同单价进行计算。

2.1.3 成本补偿合同

2.1.3.1 成本补偿合同的含义

成本补偿合同也称为成本加酬金合同，这是与固定总价合同正好相反的合同，工程施工的最终合同价格将按照工程的实际成本再加上一定的酬金进行计算。在合同签订时，工程实际成本往往不能确定，只能确定酬金的取值比例或者计算原则。

2.1.3.2 成本补偿合同的适用条件

① 工程特别复杂，工程技术、结构方案不能预先确定，或者尽管可以确定工程技术和结构方案，但是不可能进行竞争性的招标活动并以总价合同或者单价合同的形式确定承包商，如研究开发性质的工程项目；

② 时间紧迫，如抢险、救灾工程，来不及进行详细的计划和商谈。

2.1.3.3 成本补偿合同的特点

下面就从优缺点两方面介绍成本补偿合同。

（1）成本补偿合同优点

① 可以通过分段施工缩短工期，而不必等待所有施工图完成才开始招标和施工；

② 可以减少承包商的对立情绪，承包商对工程变更和不可预见的条件的反应会比较积极和快捷；

③ 可以利用承包商的施工技术专家，帮助改进或者弥补设计中的不足；

④ 业主可以根据自身力量和需要，较深入地介入和控制工程施工管理；

⑤ 可以通过确定最大保证价格约束工程成本不超过某一限值，从而转移一部分风险。

（2）成本补偿合同缺点

① 成本补偿合同具有不确定性，由于设计未完成，无法准确确定合同的工程内容、工程量以及合同的终止时间，有时难以对工程计划进行合理安排；

② 成本补偿合同承包商不承担任何价格变化或者工程量变化的风险，这些风险主要由业主承担，对业主的投资控制很不利。而承包商则往往缺乏控制成本的积极性，常常不仅不愿意控制成本，甚至还期望提高成本以提高自己的经济效益。

2.1.3.4 成本补偿合同类别

成本补偿合同可以分为成本加固定费用合同、成本加固定比例费用合同、成本加奖金合同、最大成本加费用合同。

（1）成本加固定费用合同

成本加固定费用合同，即根据双方讨论同意的工程规模、估计工期、技术要求、工作性质及复杂性、所涉及的风险等考虑因素来确定一笔金额固定的费用作为管理费及利润，对人工、材料、机械台班等直接按成本实报实销。如果发生设计变更或者增加新项目，当直接费用超过原估算成本的一定比例（例如10％）时，固定报酬也相应增加。在工程总成本于项目初期估计不准，可能变化不大的情况下，可采用此合同形式，有时可以分几个阶段谈判付给固定报酬。这种方式不能鼓励承包商降低成本，但是为了尽快得到酬金，承包商会尽力缩短工期。有时也可在固定的费用之外根据工程质量、工期和成本等因素，给承包商另加奖金，以鼓励承包商积极工作。

（2）成本加固定比例费用合同

成本加固定比例费用合同，其合同金额为工程成本中直接费加一定比例的报酬，报酬部分的比例在签订合同时由双方确定。这种方式的报酬费用总额随成本加大而增加，不利于缩短工期和降低成本。一般在工程初期很难描述工作范围和性质，或者工期紧迫，无法按常规编制招标文件招标时采用。

（3）成本加奖金合同

成本加奖金合同，其奖金是根据报价书中的成本估算指标制定的，在合同中对这个估算指标规定一个底点和顶点，分别为估算工程成本的60％～75％和110％～135％，承包商在估算指标的顶点以下完成工程则可得到奖金，超过顶点则要对超出部分支付罚款，如果成本在底点之下，则可加大酬金值或酬金百分比。采用这种方式通常规定，当实际成本超过顶点对承包商罚款时，最大罚款限额不超过原先商定的最高酬金值。

在招标时，当图纸、规范等准备不充分，不能据以确定合同价格，而仅制定一个估算指标时可采用这种形式。

（4）最大成本加费用合同

最大成本加费用合同，是指在工程成本总价合同基础上加固定酬金费用的方式，即当设计深度达到可以报总价的深度，投标人报一个成本总价和一个固定的酬金（包括各项管理费、风险费和利润）。如果实际成本超过合同中规定的工程成本总价，由承包商承担所有的额外费用，若实施过程中节约了成本，节约的部分归业主，或者由业主和承包商分享，在合同中要确定节约分成比例。在非代理型（风险型）CM模式的合同中就采用这种方式。

2.2　建设工程施工承包合同的管理

2.2.1　建设工程施工承包合同的内容

2.2.1.1　建设工程施工承包合同概述

建设工程施工合同可以分为施工总承包合同、施工分包合同。

　　施工总承包合同的发包人为建设工程的建设单位（在合同中通常称为业主、发包人），施工总承包合同的承包人是承包单位（在合同中通常称为施工单位、承包人）。

　　施工分包合同可以分为专业分包合同、劳务分包合同。分包合同的发包人一般为取得总承包资格的总包单位，在分包合同中通常为了保持与总承包合同一致，也称为承包人（对于分包单位来说总包单位是某种意义上的业主），分包合同中的承包人一般是专业化的施工单位或者劳务作业单位，在分包合同中称为分包人或者劳务分包人。

2.2.1.2　建设工程施工承包合同文件

　　（1）施工合同文件组成

　　施工合同示范文本文件包括3个部分：合同协议书、通用合同条款、专用合同条款。

　　施工合同除了协议书、通用条款、专用条款外，还包括中标通知书、投标书及其附件、相关的标准规范文件及技术文件、图纸、工程量清单、工程报价书等。

　　构成施工合同的各组成部分，优先顺序不同，通常在合同通用条款中规定优先顺序，也可以根据项目特点及实际情况在项目专用合同条款中规定调整优先顺序，原则上是签署时间在后的及内容重要的效力优先。《建设工程施工合同（示范文本）》（GF-2017-0201）约定的优先顺序为：①合同协议书；②中标通知书（如有）；③投标函及其附录（如有）；④专用合同条款及其附件；⑤通用合同条款；⑥技术标准和要求；⑦图纸；⑧已标价工程量清单或预算书；⑨其他合同文件。

　　（2）施工合同示范文本内容

　　施工合同示范文本内容一般包括：

　　①术语定义及释义；

　　②合同双方的一般权利和义务，包括代表业主利益进行监督管理的监理人员的权利和职责；

　　③工程施工的进度控制；

　　④工程施工的质量控制；

　　⑤工程施工的费用控制；

　　⑥对施工合同的监督与管理；

　　⑦工程施工的信息管理；

　　⑧工程施工的组织与协调；

　　⑨施工安全管理与风险管理。

　　（3）主要术语释义

　　①工程：与合同协议书中工程承包范围对应的永久工程和（或）临时工程。

　　②永久工程：按合同约定建造并移交给发包人的工程，包括工程设备（构成永久工程的机电设备、金属结构设备、仪器等）。

　　③临时工程：指为完成合同约定的永久工程所修建的各类临时性工程，不包括施工设备（为完成合同约定工作而采用的设备、器具等）。

　　④工期：合同协议书约定的承包人完成工程所需要的期限，包括按照合同约定所作的期限变更。

　　⑤缺陷责任期：承包人按照合同约定承担缺陷修复义务，且发包人预留质量保证金的期限，缺陷责任期自工程实际竣工日期算起。

　　⑥签约合同价：发包人和承包人在合同协议书中确定的总金额，包括安全文明施工费、

暂估价及暂列金额等。

⑦ 总价项目：在现行国家、行业及地方的计量规则中无工程量计算规则，在已标价工程量清单或预算书中以总价或者以费率的形式计算的项目。

2.2.2　建设工程施工承包合同的订立、风险管理及履行

2.2.2.1　合同订立

建设工程施工承包合同的订立，应当遵循平等、自愿、公平、诚实信用、合法等原则，当事人双方可以参照各类合同的示范文本订立合同。

2.2.2.2　合同风险管理

（1）工程合同风险分类

合同风险指合同中的以及由合同引起的不确定性。工程合同风险可以按照下列方法进行分类。

① 按合同风险产生的原因划分：合同工程风险、合同信用风险。合同工程风险是由客观原因和非主观故意导致的，如工程施工过程中的不利地质条件、工程变更、物价上涨以及其他不可抗力等。合同信用风险是由主观故意导致的，如拖欠工程款、非法转包、偷工减料、以次充好等。

② 按合同的不同阶段划分：合同订立风险、合同履约风险。

（2）风险管理的含义

风险管理是为了达到组织的既定目标，而对组织所承担的各种风险进行管理的系统过程，应当采取的方法应符合公众利益、人身安全、环境保护以及有关法规的要求。风险管理包含策划、组织、领导、协调和控制等方面的工作。

（3）合同风险管理流程

合同风险管理流程包含风险识别、风险评估、风险响应和风险控制。

① 风险识别的目的是识别合同实施过程中存在哪些风险，风险识别步骤包括：

a. 收集与合同风险有关的信息；

b. 确定风险因素；

c. 编制风险识别报告。

② 风险评估步骤包括：

a. 利用已有资料和相关专业方法分析各种风险因素发生的概率；

b. 分析各种风险的损失量，包括节能发生的工期损失、费用损失，以及对工程的质量、功能和使用效果等方面的影响；

c. 根据风险发生的概率和损失量，确定各种风险的风险量和风险等级。

③ 风险响应指针对项目风险对策进行的响应。风险对策包括风险规避、减轻、自留、转移或者各种对策组合。

④ 风险控制指在项目合同履行过程中应收集和分析与风险相关的各种信息，预测可能发生的风险，并对其进行监控并提出预警。

2.2.2.3　合同履行

合同的履行表现为合同当事双方执行合同规定义务的行为，当合同义务执行完毕，合同也就履行完毕。

工程计价基础知识

3.1 工程计价原理

3.1.1 工程计价的基本原理

工程计价的基本原理可以理解为项目的分解和价格的组合，其大致可以分为以下三个步骤：

① 将建设项目自上而下细分到最基本的构造单元；

② 采用适当的计量单位计算构造单元工程量、工程单价；

③ 计算各基本构造单元的价格，对费用按照类别进行汇总，计算出相应的工程造价。

工程计价基本原理用公式可以表示为：

$$分部分项工程费（或单价措施费）＝\sum（基本构造单元工程量×单价）$$

其中基本构造单元工程量可以是定额计价项目也可以是清单计价项目，单价为当时当地的单价。工程计价可以分为工程计量、工程组价两个环节。

3.1.2 工程计量

工程计量的步骤可分为工程项目划分、计算工程量。

3.1.2.1 工程项目划分

工程项目划分即确定单位工程基本构造单元。编制工程概、预算时，主要按工程定额进行项目划分；编制工程量清单时主要按照相应清单工程量计算规范规定的清单项目进行划分（有国家标准、地方规范，具体按项目要求选用即可）。

3.1.2.2 计算工程量

计算工程量是按照工程项目的划分和工程量计算规则，针对不同的设计文件对工程实物量进行计算。工程实物量是计价的基础，不同的计价依据有不同的计算规则，主要分为两类：定额规则、清单规则。

① 定额规则是指各类工程定额规定的计算规则。

② 清单规则是指各专业工程量计算规则规范附录中规定的计算规则。

两类规则存在差异，如在定额规则下，土方工程量中包含工作面、放坡等因素；而在清单规则下，土方工程量仅计算净量，不包含工作面、放坡等因素。

3.1.3　工程组价

工程组价的步骤可分为确定单价、计算工程总价。

3.1.3.1　确定单价

工程单价指完成单位工程基本构造单元的工程量所需要的基本费用。工程单价分为工料单价、综合单价。

① 工料单价是各种人工消耗量、各种材料消耗量、各类施工机具台班消耗量乘以相应的单价。可表示为工料单价＝∑（人材机消耗量×人材机单价）。

② 综合单价根据国家、地区、行业定额消耗量和相应市场价格，以及定额及取费费率确定，包含人工、材料、机具使用费及可能分摊在单位工程基本构造单元上的费用，主要分为清单综合单价、全费用综合单价。

a. 清单综合单价也称为不完全综合单价，包含人工费、材料费、机具使用费、企业管理费、利润和风险。

b. 全费用综合单价也称为完全综合单价，包含人工费、材料费、机具使用费、企业管理费、利润和风险、规费和税金。

3.1.3.2　计算工程总价

工程总价指按规定的程序或者方法逐级汇总形成对应的工程造价。其计算方法有单价法、实物量法等。

3.2　工程计价依据

3.2.1　工程造价管理标准

工程造价管理标准按管理性质可进行下列分类。

① 统一工程造价管理的基本术语、费用构成等的基础标准：包含《工程造价术语标准》（GB/T 50875—2013）、《建设工程计价设备材料划分标准》（GB/T 50531—2009）等。

② 规范工程造价管理行为、项目划分和工程量计算规则等的管理性规范：包含《建设工程工程量清单计价规范》（GB 50500—2013）、《建筑工程建筑面积计算规范》（GB/T 50353—2013）、《建设工程造价咨询规范》（GB/T 51095—2015）、《建设工程造价鉴定规范》

（GB/T 51262—2017），不同专业的建设工程工程量计算规范如《房屋建筑与装饰工程工程量计算规范》（GB 50854—2013）等，各专业部委颁布的各类清单计价、工程量计算规范如《水利工程工程量清单计价规范》（GB 50501—2007）等。

③ 规范各类工程造价成果文件编制的业务操作规程：包含中国建设工程造价管理协会的各类成果文件编审操作规程，例如《建设项目投资估算编审规程》（CECA/GC 1—2015）、《建设项目设计概算编审规程》（CECA/GC 2—2015）、《建设项目工程结算编审规程》（CECA/GC 3—2010）、《建设项目全过程造价咨询规程》（CECA/GC 4—2017）等。

④ 规范工程造价咨询质量和档案管理的标准：包含《建设工程造价咨询成果文件质量标准》（CECA/GC 7—2012），该标准对工程造价咨询成果文件和过程文件的组成、表现形式、质量管理要素、成果质量标准等进行了规范。

⑤ 规范工程造价指数发布及信息交换的信息管理规范：包含《建设工程人工材料设备机械数据标准》（GB/T 50851—2013）、《建设工程造价指标指数分类与测算标准》（GB/T 51290—2018）等。

3.2.2　工程定额

工程定额主要指的是国家、地方、行业主管部门制定的各种定额，包含消耗量定额、工程计价定额。

消耗量定额是指完成计量单位合格建筑安装产品所消耗的人工、材料、施工机具台班的数量标准。

工程计价定额是指直接用于工程计价的定额及指标，包含预算定额、概算定额、概算指标、投资估算指标等，通常是社会平均水平。

3.2.3　工程计价信息

工程计价信息指工程造价管理机构发布的建设工程人工、材料（含工程设备）、施工机具的价格信息，以及各类工程的造价指数、指标等。

3.3　工程计价基本程序

3.3.1　工程预算编制基本程序

工程预算编制是指应用国家、地方、行业主管部门统一颁布的计价定额、指标，对建筑产品价格进行计价活动。

（1）工料单价法工程预算编制程序

① 每计量单位建筑产品的基本构造单元工料单价＝人工费＋材料费＋施工机具使用费。

a. 人工费＝∑（人工消耗量×人工单价）；

b. 材料费＝∑（材料消耗量×材料单价）＋工程设备费；

c. 施工机具使用费＝∑（施工机械台班消耗量×机械台班单价）＋∑（仪器仪表台班消耗量×仪器仪表台班单价）。

② 单位工程直接费＝∑（建筑安装产品工程量×工料单价）。

③ 单位工程预算＝单位工程直接费＋间接费＋利润＋税金。

④ 单项工程预算＝∑单位工程预算＋设备及工器具购置费。

⑤ 建设项目预算＝∑单项工程预算＋预备费＋工程建设其他费＋建设期利息＋流动资金。

（2）全费用综合单价法工程预算编制程序

① 单位工程预算＝∑（建筑安装产品工程量×全费用综合单价）。

② 单项工程预算＝∑单位工程预算＋设备及工器具购置费。

③ 建设项目预算＝∑单项工程预算＋预备费＋工程建设其他费＋建设期利息＋流动资金。

3.3.2　工程量清单计价基本程序

工程量清单计价的基本程序可以分为工程量清单的编制、工程量清单的应用。

（1）工程量清单的编制

根据施工组织设计、工程量清单计价和计量规范结合招标文件确定清单的项目名称、项目编码、项目特征、计量单位、工程量，即为编制工程量清单的过程，如图 3.1 所示。

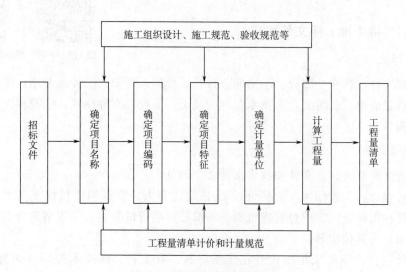

图 3.1　工程量清单编制流程

（2）工程量清单的应用

工程量清单可应用于发承包阶段的招标控制价、投标报价，施工阶段的工程计量、工程进度款的支付、工程结算，如图 3.2 所示。

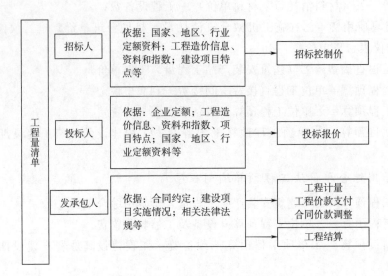

图 3.2   工程量清单的应用

3.4   投标报价编制概述

3.4.1   前期工作

3.4.1.1   招（投）标文件构成

（1）招标文件

通常招标文件包含 9 个部分：①招标公告；②投标人须知；③评标办法；④合同条款及格式；⑤工程量清单；⑥图纸；⑦技术标准和要求；⑧投标文件格式；⑨投标人须知前附表规定的其他资料。

（2）投标文件

通常投标文件包含商务文件和技术文件 2 个部分。

商务文件包含：①投标函（含报价）；②法定代表人身份证明或授权委托书；③联合体协议书；④投标保证金；⑤项目管理机构；⑥拟分包项目情况表；⑦资格审查资料；⑧工程量清单报价书；⑨其他资料。

技术文件包含：①施工组织设计；②新材料、新工艺、新技术应用（如有）；③其他内容。

3.4.1.2   研究招标文件

投标人获取招标文件后，为确保工程报价的合理性，需要对招标文件中的投标人须知、评审细则、技术标准、图纸、工程量清单及合同等作重点研究，从而正确理解招标文件。

（1）投标人须知

投标人须知体现了招标人对投标的要求，需要注意项目资金来源、投标书的编制和递交、投标保证金、评标方法等，重点是防止投标文件被否决。

（2）评审细则

评审细则描述招标项目的具体评审要求，而投标阶段最重要的是满足评审要求确保投标文件不被否决，所以研究评审细则尤为重要。

（3）技术标准

技术标准是按工程类型来描述工程技术和工艺内容特点，对设备、材料、施工和安装方法等规定的技术要求。技术标准与工程量清单中各子项工作紧密相关，商务人员应在准确理解技术标准的基础上再对有关工程内容进行报价，避免因不满足技术标准而造成损失。

（4）图纸

图纸是确定工程范围、内容和技术要求的重要文件，也是投标人确定施工方法等施工计划的主要依据。

（5）合同

对于招标文件中的合同附件，主要研究合同背景、合同形式、合同主要条款。

① 合同背景：投标人可以通过研究工程项目合同背景、法律依据，为报价和中标后的合同履行及索赔提供基础。

② 合同形式：主要分析承包方式（施工承包、设计施工总承包等）、计价方式（单价合同、总价合同等），为报价提供依据。

③ 合同主要条款：主要包括承包商的任务、承包范围和责任，工程变更及合同价款调整，付款方式及付款时间等，为投标报价和中标后项目实施提供基础。

3.4.1.3　勘察工程现场

招标文件中通常会明确是否组织工程现场踏勘，如果组织现场踏勘则会明确现场踏勘的时间、地点等。投标人需要重点关注自然条件、施工条件、其他条件。

① 自然条件：包括气象资料、地质水文资料，地震及洪水等其他自然灾害情况。

② 施工条件：包括工程现场用地范围、地上地下障碍物，现场进出场条件（如三通一平情况、有无交通限制），工程现场临时设施安排的可能性（如材料堆放能否安排，是否会产生二次搬运费，大型机具停放场地等），现场有无相邻建筑物构筑物，工程场地是否有特殊要求（如夜间施工、节假日施工等）。

③ 其他条件：包括各构件、半成品及商品混凝土的供应状况及市场价格水平，工程现场附近生活设施、治安情况等。

3.4.2　询价与复核

3.4.2.1　询价

询价指在报价前通过各种渠道，采用各种方式对所需人工、材料、施工机具等要素进行系统调查，掌握各要素的价格、质量、供应时间、供应数量等数据。

工程投标活动中，投标人不仅要考虑投标报价能否中标，还应考虑中标后所承担的风险。所以投标人需要通过询价为报价提供可靠数据，在询价过程中需要重点注意两个方面：一方面是产品质量必须可靠，且能够满足招标文件的需求；另一方面是供货条件应全面考虑，如供货方式、时间、地点、附加条件等。

（1）询价渠道

询价的渠道主要包括：①拟采购产品的生产厂商；②拟采购产品生产厂商的代理商；③拟采购产品的经销商；④专业咨询公司（需要支付一定数额的咨询费用）；⑤网络查询拟采购产品价格；⑥拟采购产品市场调研。

（2）生产要素（人材机）询价

① 劳务询价：如果承包商拟在工程所在地招募工人，则必须进行劳务询价。

用工方式主要有两种，一是在劳务市场招募零散劳动力，这种方式的劳动力价格较低，但有时施工质量达不到要求、工作效率低，且承包商管理工作较多；二是通过成规模的劳务公司，相当于劳务分包，通常费用比较高，但是施工质量可靠、工作效率高，承包商的管理工作较轻松。两类用工方式各有优缺点，承包商根据工程当地的劳务实际情况选择即可。

② 材料询价：材料询价的内容包含材料价格、供应数量、供应条件、付款方式等。在施工方案基本确定后，应当发出材料询价单，并通知材料供应商按时报价。在收到报价单后，应立即将材料报价单及相关资料整理汇总。对同种材料的不同供应商报价进行对比分析，从中选择可靠的供应商数据，用于投标报价。

③ 施工机具询价：在外地施工需用的施工机具，有时在当地租赁或采购可能更有利。对于必须采购的施工机具可以按照询价渠道所述进行询价。对于租赁的施工机具，可以向专业租赁公司询价，重点关注租赁计价方法，如施工机具每台班的租赁费、最低计费起点、施工机具停滞时的租赁费及进出场费如何计算，台班租赁费中是否包含机上人工费及燃油费，如不包含人工费及燃油费，那么机上人工费及燃油费如何计算等。

（3）分包询价

承包商可以将拟分包的专业工程施工图纸和技术说明送交拟分包单位，并通知拟分包单位按时报价。重点查看拟分包单位分包标函完整性、分包工程单价及包含的内容，拟分包单位的工程质量、商业信誉、类似业绩情况，拟分包单位的质量、安全体系及保证措施等。

3.4.2.2 工程量复核

工程量清单是招标人根据清单工程量计算规则、计价规则计算的工程量，随招标文件一同发放给各潜在投标人，由招标人提供，是招标文件的组成部分，是投标人共同报价的基础，也是投标报价的直接依据，

工程量复核的准确度影响承包商的经营行为及投标报价，体现在两个方面：一方面根据复核后的工程量与招标文件提供的工程量差距，将影响承包商的投标报价策略；另一方面工程量大小不同则适合的施工方法也不同，其将影响承包商的机具投入、劳动力分配等。投标人复核工程量应关注以下四个方面。

① 应根据招标文件、图纸、地质资料等，按照一定的顺序（主要是为了避免漏算、少算、重算）计算主要清单工程量，复核工程量清单。

② 复核工程量并不意味着可以修改工程量清单。如发现工程量错误可以向招标人质询

澄清，但是不能擅自修改工程量清单，否则投标文件会被判定为未响应招标文件而被否决。

③ 复核工程量后发现招标工程量清单有遗漏、错误，是否向招标人提出修改意见取决于投标人的投标策略。即投标人可以不向招标人提出修改意见，运用合理投标策略，争取在中标后获取更多效益；投标人也可以向招标人提出修改意见，由招标人统一修改后通知所有投标人。

④ 工程量复核可用于确定订货及采购物资数量，防止物资超量、少购造成物资的浪费、积压或停工待料。

3.4.3　投标报价编制原则和依据

投标报价是投标人希望达成工程承包交易的期望价格，满足招标文件评审的前提下，投标报价应保证既有合理的利润又具有一定的竞争力。

3.4.3.1　投标报价的编制原则

投标报价是投标的关键性工作之一，报价是否合理不仅直接关系到能否中标，也关系到中标后的盈利状况。投标报价的编制原则主要有以下五个方面。

① 投标报价由投标人根据清单报价规则自主确定。

② 投标人的投标报价不得低于成本。在评标办法中通常会注明投标人的报价低于成本报价且不能提供证明材料的按废标处理。这里的成本指的是企业的个别成本，但在实践活动中常见以平均成本替代个别成本。

③ 投标报价要满足招标文件的需求，投标人需要根据招标文件中规定发承包双方的风险责任等因素决定报价策略。

④ 投标人按照拟定施工方案、技术措施等作为投标报价的基础条件；投标人应充分调研市场材料、机械价格，准确报价，体现企业的技术和管理水平。

⑤ 投标人的投标报价计算方法满足计价需求、科学合理。

3.4.3.2　投标报价的依据

投标报价依据如下：

①《建设工程工程量清单计价规范》（GB 50500—2013）及配套各专业工程量计算规范；

② 国家、地方、行业建设主管部门颁布的计价办法；

③ 国家、地方、行业建设主管部门颁布的计价定额及企业定额；

④ 招标文件、工程量清单及澄清等；

⑤ 建设工程设计文件及图纸等相关资料；

⑥ 施工现场情况、工程特点及拟定的投标施工组织设计等；

⑦ 建设项目相关的标准、规范等技术资料；

⑧ 工程造价管理机构发布的工程造价信息及市场价；

⑨ 与投标相关的其他资料。

3.4.4　投标报价编制内容和方法

投标报价清单应与招标人提供的清单完全一致，内容包括但不限于项目编码、项目名称、项目特征、计量单位、工程量等。

投标报价的编制，应首先根据招标人提供的工程量清单编制分部分项工程和措施项目计价表，其他项目计价表，规费、税金项目计价表，计算完毕后，汇总得到单位工程报价表，再层层汇总得到单项工程投标报价汇总表和工程项目投标报价汇总表，如图3.3所示。

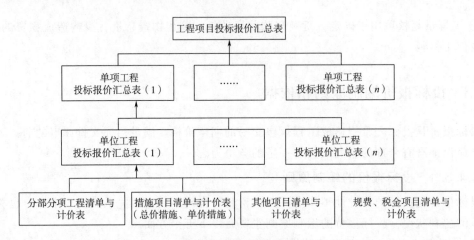

图 3.3 投标报价编制

3.4.4.1 分部分项工程和单价措施项目清单与计价表的编制

承包人投标报价中的分部分项工程费和以单价计算的措施项目费应按照招标文件中分部分项工程和单价措施项目清单与计价表的特征描述进行综合单价计算。所以确定综合单价是分部分项工程和单价措施项目清单与计价表编制的重要内容。综合单价（不包含规费和税金，也可叫作部分综合单价）包括完成一个规定清单项目所需的人工费、材料和工程设备费、施工机具使用费、企业管理费、利润，并考虑风险费用的分摊。

即综合单价＝人工费＋材料和工程设备费＋施工机具使用费＋企业管理费＋利润。

（1）确定综合单价的注意事项

① 项目特征是确定综合单价的本质特征。投标人在报价时应根据招标文件中清单项目特征描述确定综合单价，在招投标过程中，当出现招标工程量清单特征与设计图纸不相符时，投标人应按招标工程量清单的项目特征描述为准，确定投标报价的综合单价。

② 材料、工程设备暂估价的处理。招标文件其他项目清单中提供了暂估价的材料和工程设备，其暂估单价应响应并计入清单项目的综合单价中。

③ 考虑合理的风险费用。招标文件中要求投标人承担的风险费用，投标人应考虑计入综合单价。在施工过程中，当招标文件规定范围内的风险内容出现时，综合单价不作调整，合同价款不变动。

（2）确定综合单价的步骤及方法

当分部分项工程内容比较简单，由单一计价子项计价，且《建设工程工程量清单计价规范》（GB 50500—2013）与所适用计价定额中的工程量计算规则相同时，只需要用相应计价定额子目中的人、材、机费做基数计算管理费、利润，再考虑相应的风险费用即可确定综合单价。当工程量清单给出的分部分项工程内容与所用计价定额的单位不同或者工程量计算规则不同，则需要以计价定额的计算规则重新计算工程量，并按照下列步骤来确定综合单价。

① 确定计算基础。计算基础主要包括消耗量指标和生产要素单价，投标人应该根据本企业的实际消耗量水平，结合拟定的施工方案确定完成清单项目需要消耗的各种人工、材料、施工机具台班的数量。计算时应采用企业定额，在没有企业定额或者企业定额缺项时，可参照本企业实际水平相近的国家、地区、行业定额，并通过调整来确定清单项目的人、材、机单位用量。各种人工、材料、施工机具台班单价，根据询价的结果和市场价综合确定。

② 清单项目工程内容分析。在招标工程量清单中，招标人已对项目特征进行准确、详细的描述，投标人根据描述，结合施工现场情况和拟定的施工方案确定完成各清单项目实际应发生的工程内容。必要时可参照《建设工程工程量清单计价规范》（GB 50500—2013）中提供的内容，有些特殊的工程也可能出现在规范列表之外的工程内容。

③ 计算工程内容的工程数量与清单单位含量。每一项工程内容都应根据所选定额的计算规则计算工程量，当定额工程量的计算规则和清单工程量的计算规则相同时，可直接以工程量清单中的工程量作为工程量内容的工程数量。

采用清单单位含量计算人工费、材料费、施工机具使用费时，需要计算清单单位含量（即每一计量单位清单项目所分摊的工程内容的工程数量）。

清单单位含量＝某项工程内容的定额工程量÷清单工程量。

④ 分部分项工程人工、材料、施工机具使用费的计算。上述费用可按完成每一计量单位的清单项目所需要的人工、材料、施工机具用量为基础计算，用量计算方法如下：

每一计量单位清单项目某种资源的使用量＝该种资源的定额单位用量×对应定额条目的清单单位含量。

根据事先确定的各种生产要素的单位价格可计算出每一计量单位清单项目的分部分项工程的人工费、材料费、施工机具使用费，如下：

人工费＝完成单位清单项目所需人工的工日数量×人工工日单价；

材料费＝∑（完成单位清单项目所需各种材料、半成品的数量×各种材料、半成品单价）＋工程设备费；

施工机具使用费＝∑（完成单位清单项目所需各种机械的台班数量×各种机械的台班单价）＋∑（完成单位清单项目所需各种仪器仪表的台班数量×各种仪器仪表的台班单价）。

如果招标人提供的其他项目清单中列明材料暂估价，投标人应按照招标人提供的价格计算材料费，并在分部分项工程项目清单与计价表中体现。

⑤ 计算企业管理费和利润。企业管理费和利润的计算可以按照计价规定的计算基数（以人工费、人工费和施工机具使用费之和或直接费为基数）、费率计算。通常企业管理费和利润以人工费和施工机具使用费之和为基数，其计算方式如下：

企业管理费＝（人工费＋施工机具使用费）×企业管理费费率；

利润＝（人工费＋施工机具使用费）×利润率。

⑥ 费用汇总。将上述④和⑤费用汇总，并考虑一定的风险费用后，计算出综合单价。

（3）编制分部分项和单价措施项目清单与计价表

编制分部分项工程和单价措施项目清单与计价表，如表3.1所示。

表 3.1　分部分项工程和单价措施项目清单与计价表

工程名称：建筑起航学校　　　　　　　　　　　　　　标段：

序号	项目编码	项目名称	项目特征	计量单位	工程量	综合单价/元	合价/元	其中：暂估价/元
		混凝土及钢筋混凝土工程						
3	010503001001	基础梁	C30 商品混凝土	m³	115.36	615.26	70976.39	—
4	010515001001	现浇构件钢筋	直径综合螺纹钢，HRB400	t	213.69	5779.01	1234916.65	1025712.00
……	……	……	……	……	……	……	……	……
		分部小计					1915238.11	1025712.00
		单价措施项目						
18	011701001001	综合脚手架	框架结构檐高 26m	m²	7865	45.49	357778.85	
……	……	……	……	……	……	……	……	……
		分部小计					3715238.10	
		合计					42874476.21	1088712.00

（4）编制工程量清单综合单价分析表

工程量清单综合单价分析表的编制应按照规定格式编制，并反映综合单价的编制过程，如表 3.2 所示。

表 3.2　工程量清单综合单价分析表

工程名称：建筑起航学校　　　　　　　　　　　　　　标段：

项目编码	010515001001		项目名称	现浇构件钢筋	计量单位	t	工程量	213.69
清单综合单价组成明细								
定额编号	定额名称	定额单位	数量	单价/元				合价/元
				人工费	材料费	机具费	管理费和利润	人工费
S1-2	钢筋制安	t	1.02	680.5	4800	119.37	65.82	694.11

定额编号	定额名称	定额单位	数量	单价/元 人工费	单价/元 材料费	单价/元 机具费	单价/元 管理费和利润	合价/元 人工费	合价/元 材料费	合价/元 机具费	合价/元 管理费和利润
S1-2	钢筋制安	t	1.02	680.5	4800	119.37	65.82	694.11	4896.00	121.76	67.14
清单项目综合单价								5779.01			

材料费明细	主要材料名称、规格、型号	单位	数量	单价/元	合价/元	暂估单价/元	暂估合价/元
	螺纹钢，HRB400	t	1.02	—	—	4800.00	4896.00
	电焊条	kg	8.12	5.00	40.60	—	—
	其他材料费			—	22.56	—	
	材料费小计			—	63.16	—	4896.00

3.4.4.2　总价措施项目清单与计价表的编制

对于不能精确计量的措施项目，应编制总价措施项目清单与计价表。投标人对措施项目中的总价项目投标报价应遵循下列规则：

① 措施项目的内容应根据招标人提供的措施项目清单和投标人拟定的施工组织设计或者施工方案确定。

② 措施项目费应由投标人自主确定，但是安全文明施工费作为不可竞争费，必须按照国家、地方、行业建设主管部门的规定计价。招标人不得要求投标人对该项费用进行优惠，投标人也不得将该费用作为竞争费用。不可竞争费是指不能以任何形式减少、不参与竞争的费用，一般有规费、税金、暂定（估）价、安全文明施工费、甲供材料及设备费用，以及法规等规定的其他不可竞争费用等。

投标报价总价措施项目清单与计价表如表 3.3 所示。

表 3.3　总价措施项目清单与计价表

工程名称：建筑起航学校　　　　　　　　　　　　标段：

序号	项目编码	项目名称	计算基础	费率/%	金额/元	备注
1	011707001001	安全文明施工费	定额人工费	25	3215585.72	
2	011707002001	夜间施工增加费	定额人工费	1.5	192935.14	
3	011707004001	二次搬运费	定额人工费	1	128623.43	
4	011707005001	冬雨季施工增加费	定额人工费	0.6	77174.06	
5	011707007001	已完工程及设备保护费	定额人工费	0.9	115761.09	
		合计			3730079.44	

3.4.4.3　其他项目清单与计价表的编制

其他项目费主要包括暂列金额、暂估价、计日工、总承包服务费 4 项，如表 3.4 所示。

表 3.4　其他项目清单与计价表

工程名称：建筑起航学校　　　　　　　　　　　　标段：

序号	项目名称	金额/元	备注
1	暂列金额	1500000.00	
2	暂估价	1618712.00	
2.1	材料（工程设备）暂估价	1088712.00	
2.2	专业工程暂估价	530000.00	
3	计日工	304138.00	
4	总承包服务费	10510.00	
……	……	……	
	合计	3433360.00	

投标人对其他项目进行报价时需要遵循下列规定。

（1）暂列金额

暂列金额应按照招标人提供的其他项目清单中列出的金额报价，不得擅自更改，如表
3.5 所示。

表 3.5 暂列金额明细表

工程名称：建筑起航学校　　　　　　　　　　　　　　　　　　标段：

序号	项目名称	计量单位	暂列金额/元	备注
1	暂列金额	项	1500000.00	
……	……	……	……	
合计			1500000.00	

（2）暂估价

暂估价不得变动和更改。暂估价中的材料、工程设备暂估价必须按照招标人提供的暂估
单价计入清单项目的综合单价，如表 3.6 所示；专业工程暂估价必须按照招标人提供的其他
项目清单中列出的金额报价，如表 3.7 所示。材料、工程设备暂估单价和专业工程暂估价均
由招标人提供，在工程实施过程中，对不同类型的材料、工程设备与专业工程采用不同的计
价方法。

表 3.6 材料（工程设备）暂估单价表

工程名称：建筑起航学校　　　　　　　　　　　　　　　　　　标段：

序号	材料（设备）名称、规格、型号	计量单位	暂估数量	暂估价/元		备注
				单价	合价	
1	钢筋（HRB400，具体详见图纸）	t	213.69	4800.00	1025712.00	
2	水泵（具体详见图纸）	台	3.00	21000.00	63000.00	
……	……	……	……	……	……	
合计					1088712.00	

表 3.7 专业工程暂估价表

工程名称：建筑起航学校　　　　　　　　　　　　　　　　　　标段：

序号	工程名称	工程内容	暂估金额/元	备注
1	弱电工程	合同图纸中标明的以及相关规范和技术说明中规定的安装、调试工作	530000.00	
……	……	……	……	
合计			530000.00	

（3）计日工

计日工按照招标人提供的其他项目清单列出的项目和估算数量自主确定各项综合单价并
计算费用，如表 3.8 所示。

表 3.8 计日工表

工程名称：建筑起航学校　　　　　　　　　　　　　　标段：

序号	项目名称	单位	暂定数量	综合单价/元	合价/元	备注
一	人工					
1	普工	工日	55.00	260.00	14300.00	
2	技工	工日	60.00	320.00	19200.00	
……	……	……	……	……	……	
	人工小计				33500.00	
二	材料					
1	水泥 42.5	t	318.00	655.00	208290.00	
2	砂砾石 直径 20mm 以内	m³	150.00	180.00	27000.00	
……	……	……	……	……	……	
	材料小计				235290.00	
三	施工机具					
1	砂浆搅拌机 0.4m³	台班	6.00	108.00	648.00	
2	挖掘机 1m³	台班	10.00	2800.00	28000.00	
……	……	……	……	……	……	
	施工机具小计				28648.00	
四	企业管理费和利润（按人工费 20％计）				6700.00	
	总计				304138.00	

（4）总承包服务费

总承包服务费应根据招标人在招标文件中列出的分包专业工程内容和供应材料、设备情况，按照招标人需要的协调、配合与服务要求及施工现场管理需要自主确定，如表 3.9 所示。

表 3.9 总承包服务费计价表

工程名称：建筑起航学校　　　　　　　　　　　　　　标段：

序号	项目名称	服务金额/元	服务内容	费率/％	金额/元	备注
1	专业分包工程	310000.00	按照专业工程承包人的要求提供施工工作面并对施工现场进行统一管理，对竣工资料进行统一整理汇总	3	9300.00	服务金额为暂估，最终服务金额以甲供材、专业分包工程结算金额为准，费率为施工单位自主报价
2	甲供材	121000.00	对甲供材进行验收、保管、使用	1	1210.00	
……	……	……	……	……	……	……
	合计				10510.00	

3.4.4.4　规费、税金项目清单与计价表的编制

规费和税金作为不可竞争费用，必须按照国家、地方、行业建设主管部门的规定计算，如表 3.10 所示。

表 3.10　规费、税金项目清单与计价表

工程名称：建筑起航学校　　　　　　　　　　　　　　标段：

序号	项目名称	计算基础	费率/%	金额/元	备注
1	规费			4321747.20	
1.1	社会保险费			3678630.06	
(1)	养老保险	定额人工费	20	2572468.57	
(2)	失业保险	定额人工费	2	257246.86	
(3)	医疗保险	定额人工费	6	771740.57	
(4)	工伤保险	定额人工费	0.3	38587.03	
(5)	生育保险	定额人工费	0.3	38587.03	
1.2	住房公积金	定额人工费	5	643117.14	
1.3	环境保护费			0.00	按工程所在地环境保护部门标准计入
2	税金	分部分项+措施费+其他项目+规费	9	4794385.58	

3.4.4.5　投标报价汇总

投标人的投标总价应当与组成工程量清单的分部分项工程费、措施项目费、其他项目费和规费、税金的合计金额一致，不能进行总价优惠，投标人的投标报价的任何优惠都应该在相应的清单项目综合单价中体现。单位工程投标报价汇总表如表 3.11 所示。

表 3.11　单位工程投标报价汇总表

工程名称：建筑起航学校　　　　　　　　　　　　　　标段：

序号	汇总内容	金额/元	其中：暂估价/元	备注
一	分部分项工程	42874476.21	1088712	—
	……	……	……	
	混凝土及混凝土钢筋工程	1915238.11	1025712	
	……	……	……	
	单价措施项目	3715238.10	—	
	……	……	……	
二	措施项目	3730079.44	—	—

续表

序号	汇总内容	金额/元	其中：暂估价/元	备注
2.1	其中：安全文明措施费	3215585.72	—	—
三	其他项目	2344648.00	—	—
3.1	暂列金额	1500000.00	—	—
3.2	暂估价	530000.00	—	—
3.3	计日工	304138.00	—	—
3.4	总承包服务费	10510.00	—	—
四	规费	4321747.20	—	—
五	税金	4794385.58	—	—
投标报价合价（一＋二＋三＋四＋五）		58065336.43	—	—

注："3.2暂估价"仅汇总专业工程暂估价，材料（工程设备）暂估价已计入分部分项工程费。

实 操 篇

4

投标报价编制前期工作

4.1 投标工作主要内容

扫码看视频　　扫码看视频

报价方式与　投标报价工作
响应招标文件　实操流程

投标报价编制人员在编制投标报价之前，应做好对应准备工作，如收集整理资料，合理安排时间和分工等。大多数中小型企业中，一个项目的投标工作主要内容有：前期现场踏勘（部分中小型企业视项目规模大小可能不做踏勘）、项目投标报名工作与招标文件获取（下载）、标前成本测算、技术标（含资格标）编制、投标报价编制、支付投标保证金（或开具投标保函）、投标文件上传（线上电子标书）、签到开标（投标文件解密）等，若中标，还有领取中标通知书、支付履约保证金、签订合同等工作。

投标报价编制时，一般先根据招标文件、公司的相关要求进行标前成本测算并给出投标报价参考价，再按照公司决策给定的投标报价及相关要求调价，编制出符合招标文件格式、内容要求的投标报价文件（含编制说明）。由于投标市场不良行为影响，部分中小型企业未经投标报价编制人员编制投标报价参考价，直接由公司领导层决策确定。

投标人员在软件中的具体操作如下：新建（保存）工程、录入工程量、导入控制价单价、定额组价、调材差（确定材料单价）、结合招标文件评审要求及公司决策要求调整报价、编制说明的编写、导出投标报价文件。这里说的公司决策要求通常指公司确定的报价，一般包含投标总价和其他内容要求两部分。投标总价指的是项目投标报价具体金额，如某项目投标文件公司要求投标报价编制人员将报价调整为452365636.33元；其他内容要求部分，因各公司管理和具体项目不同而不同，如某项目土方开挖要求综合单价报价不低于15.00元/m³等；也有可能公司仅仅对投标总价有要求而对其他内容没有要求。

投标报价编制人员按招标文件、公司决策的总价和其他要求调好价格之后，导出符合格式要求的投标报价文件，写好编制说明一起交给技术标编制人员，与其他部分投标文件（资格标、技术标）整合，生成符合格式要求的最终投标文件后，上传到对应网站（针对电子标书），在招标文件规定时间内进行签到、解密。对于纸质标书，应该分别打印、胶装、签字盖章、装袋、密封后由招标文件规定的人员在规定的时间内送至开标现场。

4.2　投标工作分工

一般中小型企业投标工作主要由三组人员完成：前期现场踏勘人员一组、技术标编制人员一组、投标报价编制人员一组。由于各企业分工不同，部分企业的资格标和技术标编制可能由不同人员编制；投标保证金由技术标编制人员联系财务人员完成；也有部分企业视项目规模大小，技术标（含资格标）与投标报价编制可能由同一人完成或一人负责技术标（含资格标）编制、一人负责投标报价编制。在大型企业中，每一组的工作往往由多个人员配合完成，如投标报价编制工作中由一人编制安装部分、一人编制土建部分、一人编制园林绿化部分，最后整合完成；技术标编制工作中，视项目复杂程度，可能一个施工方案需要多个人员协同完成等，具体由经营部领导负责分发任务。

关于前期现场踏勘，由于当前投标市场环境影响和各企业的管理制度影响，很多企业视项目复杂情况，往往忽略，不做现场踏勘。标前成本测算工作也类似，很多企业视项目大小情况，常忽略不做，或直接用投标报价人员做的施工图预算结果当做成本参考。

由于各单位分工不同、成本测算较为复杂，本书主要从商务标专员（即投标报价编制人员）角度讲解投标报价的编制，另外也包含一些与技术标配合部分的常规工作（不含技术标编制）。

4.3　资料获取

接到项目投标通知后，一般企业由经营部经理安排技术标编制人员进行报名、下载资料。接到项目投标报价编制工作任务后，应与技术标报名人员确定资料是否齐全。具体资料一般包含：招标文件（电子标书格式、PDF 格式）、工程量清单（电子标书格式、Excel 格式）、招标控制价及明细（Excel 格式）、图纸、补疑澄清文件、其他。其中，招标文件、工程量清单、招标控制价为投标报价编制必不可少的文件。

一般情况下，安装当地电子标制作工具后可以打开电子标书格式招标文件，并且导出 PDF 格式招标文件、PDF 格式工程量清单、电子标书格式工程量清单。点击左侧"招标文件正文"能看到招标文件内容，如图 4.1 所示，点击左上角"文件导出"后，能导出 PDF 格式相关文件资料，如图 4.2 和图 4.3 所示。

部分地区也可以从电子格式招标文件里面的快捷入口下载招标文件其他相关资料，如图纸、招标控制价等，其快捷入口如图 4.4 所示，需要下载文件资料时要点击最下级子目名称，如图 4.4 所示，点击"图纸 1""图纸 2""图纸 3""图纸 4"才能成功下载图纸资料，点击母级"图纸"无法进入下载跳转界面。点击"图纸 1"后点击"此处"将跳转下载，如图 4.5 所示。各地招投标系统略有差异，各项目招标代理机构不同，招标文件编制也略有不同，比如有的电子标书格式招标文件可能仅能导出 PDF 格式招标文件、PDF 格式工程量清单，电子标书格式工程量清单单独发布，部分地区可能会提供 Word 格式招标文件。

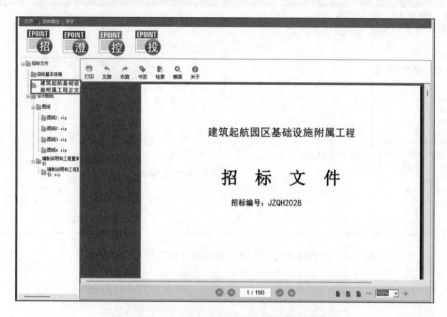

图 4.1　新点格式电子招标文件内容

图 4.2　点击"文件导出"后弹窗选择文件资料保存位置

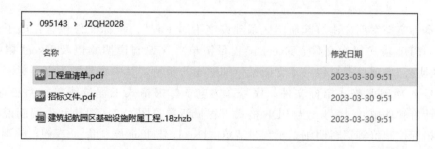

图 4.3　导出的文件资料（不同地区不同项目导出资料可能不同）

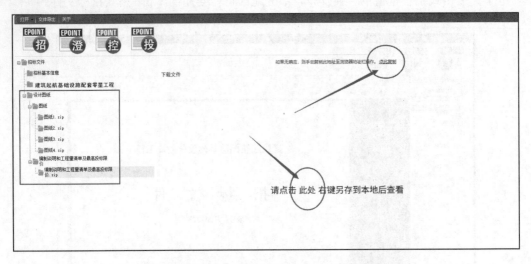

图 4.4　新点格式电子招标文件快捷下载项目招标相关资料

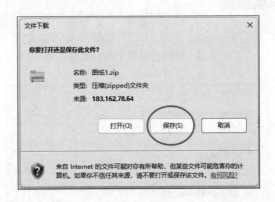

图 4.5　点击"此处"后出现下载弹窗

　　需要注意的是，各地区具体项目发布的项目招标资料不一定齐全，如图纸、控制价明细，很多小项目可能不发布，这就需要投标报价编制人员与技术标编制人员沟通确定招标文件资料是否齐全或者联系招标代理机构要求澄清答疑。在标书编制过程中需要时刻注意确定投标项目是否有补疑澄清文件发布，否则可能会造成废标等情况。

　　获取项目招标资料后，作为投标报价编制人员应当浏览全部资料，确定项目开标时间，分析投标报价编制难度和工作量，确定自己能否胜任，能否及时完成工作，及时与部门领导沟通。

　　例如本书实操案例"建筑起航园区基础设施附属工程"，招标文件包含：电子标书格式招标文件、PDF 格式招标文件、Excel 工程量清单（含编制说明）以及 Excel 招标控制价（含编制说明）。本项目资料包（不含图纸）如图 4.6 所示，其中序号 1 为电子标书格式招标文件，序号 2 为 PDF 格式招标文件，序号 3 为电子标书格式工程量清单（无法直接打开，只能导入计价软件中），序号 4 为 PDF 格式工程量清单。图 4.7～图 4.9 为编制说明、工程量清单、招标控制价等资料明细。工程量清单（Excel）与招标控制价（Excel）差别在于前者仅有工程量，后者还有综合单价、合价等内容，部分地区和项目，可能报表格式也略有差异。

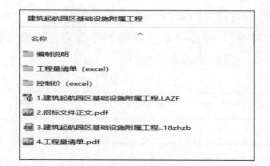

图 4.6　项目招标文件相关资料

图 4.7　编制说明相关资料

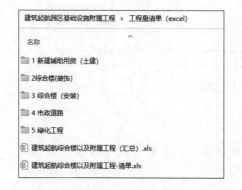

图 4.8　工程量清单（Excel 格式）相关资料

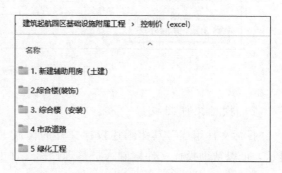

图 4.9　招标控制价（Excel 格式）相关资料

4.4　招标文件的阅读要点

招标文件通常包含 9 个部分：①招标公告；②投标人须知；③评标办法；④合同条款及格式；⑤工程量清单；⑥图纸；⑦技术标准和要求；⑧投标文件格式；⑨投标人须知前附表规定的其他资料。作为新人应当浏览招标文件所有资料，各地招标文件虽然有差异，但是整体构成基本一致，下面仅列出投标报价编制人员阅读招标文件后必须筛选提取出来的相关内容。

4.4.1　投标人须知

投标人须知应重点关注如下信息。

（1）投标人须知前附表

其包含但不限于招标人及代理机构信息（联系人、联系方式等）、最高投标限价（招标控制价）、开标地点及时间、投标截止时间、工期质量标准、保证金相关信息（保证金数额，保证金形式：银行转账、保函，保证金转出及转入账户，保证金到账时间）、投标有效期、标书形式（电子标、纸质标）、招标文件澄清及修改的发布形式（纸质澄清、网上发布）、业绩及人员要求（类似业绩、人员配置、考勤等）、评标办法（前附表处为简述，细则在招标文件的“评标办法”章节，如图 4.10 所示）、付款方式等信息。

目　录……

第 一 卷……

第 1 章 招标公告……

第 2 章 投标人须知……

投标人须知前附表……

1. 总则……

第 3 章 评标办法……

图 4.10 “评标办法”章节

（2）投标文件组成

“投标文件组成”具体阐述投标文件的构成（商务标、技术标、资格标等），如图 4.11 所示，可以帮助投标文件编制人员整理投标文件内容。

3.1 投标文件的组成

3.1.1 投标文件应包括下列内容：

(1) 投标函及投标函附录；

(2) 法定代表人身份证明或附有法定代表人身份证明的授权委托书；

(3) 联合体协议书（如有）；

(4) 投标保证金；

(5) 已标价的工程量清单；

(6) 施工组织设计；

(7) 项目管理机构；

(8) 拟分包项目情况表（如有）；

(9) 资格审查资料；

(10) 原件的复印件；

(11) 项目部主要管理人员签名备案表；

(12) 农民工工资支付保证手续或承诺；

(13) 其它材料。

注：“（6）施工组织设计”为技术标，其他为商务标。

图 4.11 投标文件组成

4.4.2 评标办法

评标办法涉及评标方法和评标流程，比如技术标和资格标评审、投标报价评审等相关内容。针对投标报价编制人员，需要把握的是投标报价相关评审内容，其中部分重要条款举例如下：

① 投标函及附件中投标报价、工期、质量标准或其他实质性要求满足招标文件要求，与招标文件中提供的投标函及附件样本中相关内容相符、无遗漏。

② 投标文件中填报的工程量清单报价书中的分部分项工程量清单项目名称、计量单位及工程量与招标人或招标代理机构提供的工程量清单中实质性内容一致。

③ 投标报价不高于最高投标限价（招标控制价）；不可竞争费用符合招标文件要求；投标人工费工日单价不低于招标文件规定。

④ 按清单计价规范要求不应为负值的，投标人商务标中的数据不应有负值出现。

⑤ 实体材料消耗量指标不应小于实体消耗且符合计量计价规范或实际情况。

⑥ 报价规范性评审。

对投标报价中分部分项工程综合单价、主要材料价格、人工费（含工日数量及工日单价）、机械费、措施费以及不可竞争费等进行规范性评审。如投标报价中分部分项清单综合单价低于主材价格等情况，做重点评审后可作为无效投标处理。

⑦ 不平衡报价评审。

投标人应对最高投标限价（招标控制价）进行复核，认为最高投标限价（招标控制价）及措施费有误的，应在开标前规定疑问提交时限内提出。投标人未提出相关书面异议的，视同认可最高投标限价（招标控制价）所有子目组价合理。对于投标报价明显高出最高投标限价（招标控制价）单价或与最高投标限价（招标控制价）单价相比明显降幅过大的情况，评委会重点评审后可将其判定为恶意不平衡报价，其商务标作无效投标处理。

4.4.3 工程量清单及图纸

（1）工程量清单

工程量清单中会规定工程量清单的编制依据、投标报价编制要求信息，投标报价编制人员需要认真阅读（图 4.12）。

第 5 章 工程量清单……………………

1. 工程量清单说明……………………
2. 投标报价说明……………………
   2.1 工程量清单报价表组成……………………
   2.2 工程量清单报价表填写规定……………………

图 4.12 工程量清单

（2）图纸

招标图纸通常情况下需要投标人自行下载，如图 4.13 所示，投标人在清单工程量复核及组价中相关项目特征描述不清时，需要查阅图纸信息。

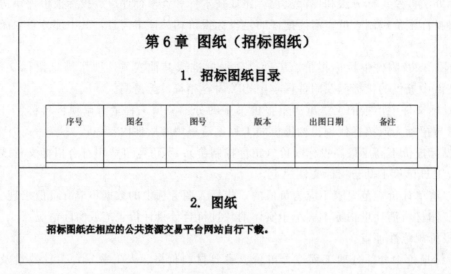

图 4.13　图纸

4.4.4　投标文件格式

投标文件格式规定了投标函、投标表格等的格式，如图 4.14 所示，投标人须按要求编写，否则不满足投标文件格式可能会导致符合性评审不合格。

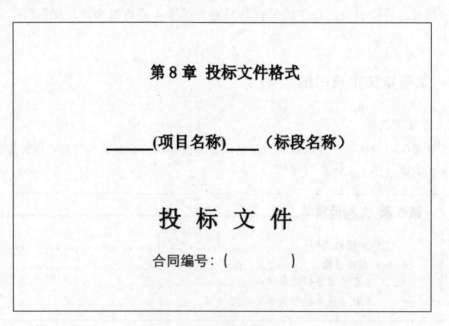

图 4.14　投标文件格式

4.4.5　某工程招标文件评标办法摘录

评标办法与投标报价编制关系密切，各地招标文件要求不同，说法也略有差异，但是评审内容主要都在于形式和内容两方面，形式上主要关注盖章签字和报价书格式要求，内容上主要关注报价唯一性、清单符合性、报价规范性、人材机和相关费率要求等。

一般评标办法内容较多，本小节仅列出案例工程涉及报价编制的相关内容，需要仔细阅读，注意评审因素和对应的评审标准。

① 投标人应按"计价依据及工程造价确定"的要求填写相应表格。

② 计价依据的确定符合国家法律法规、现行有关标准与规范，工程所在地的省、市工程定额和工程造价的规定以及工程造价信息要求。

③ 依据 2018 版 XX 省建设工程费用定额，安全文明施工费费率属不可竞争费率，具体如表 4.1 所示。

表 4.1　安全文明施工费费率

项目名称	计费基础	费率/%					
		房屋建筑工程	装饰装修工程	安装工程	市政工程	园林绿化工程	仿古建筑工程
环境保护费	定额人工费＋定额机械费	1.2	1.0	0.9	0.7	0.4	0.8
文明施工费		4.1	3.6	2.9	3.0	2.1	1.8
安全施工费		3.5	3.2	2.4	2.2	1.8	1.7
临时设施费		6.2	5.8	4.6	3.5	3.2	2.8

注：房屋建筑工程、市政工程中挖或填土石方量大于 $4000m^3$ 的大型土石方工程，安全文明施工费费率按房屋建筑工程或市政工程相应费率乘 0.61 计取。

④ 本项目采用工程量清单计价。

⑤ 本项目计税采用增值税一般计税方法。

⑥ 建设工程造价由分部分项工程费、措施项目费、不可竞争费、其他项目费和税金构成。

⑦ 税金（增值税）按税金项目清单，不得降低标准。

⑧ 投标报价编制要求如下。

a. 投标报价编制依据：

ⅰ. 2018 版 XX 省建设工程费用定额；

ⅱ. 2018 版 XX 省建设工程施工机械台班费用编制规则；

ⅲ. 2018 版 XX 省配套计价定额；

ⅳ.《关于贯彻执行 2018 版 XX 省建设工程计价依据的通知》；

ⅴ. 建设工程设计文件及相关资料；

ⅵ. 与建设项目有关的标准、规范、技术资料；

ⅶ. 招标文件及招标工程量清单及其补充通知、答疑纪要；

ⅷ. 施工现场情况、工程特点及拟定的投标施工组织设计；

ⅸ. 市场价格信息或参照工程造价管理机构发布的工程造价信息；

ⅹ. 合同执行期间由投标人承担的风险因素；

ⅺ. 其他相关材料。

b. 投标人应仔细阅读招标文件，了解拟投标合同段的全部工程内容。投标人的投标报价应是招标文件所确定的招标范围内全部工程内容的价格体现，但其投标报价不得低于投标人个别成本价。

c. 投标人应按招标人提供的招标工程量清单填报综合单价和合价，未填报的综合单价和合价，视为此项费用已合在工程量清单的其他综合单价和合价中。

d. 分部分项工程费根据招标文件中的工程量清单项目及项目特征描述等确定综合单价。其中综合单价是指完成一个规定清单项目所需的人工费、材料和工程设备费、施工机具使用费和综合费（企业管理费和利润）以及一定范围内投标人承担的风险费用。

e. 投标人对招标人所列的措施项目可根据工程实际情况结合施工组织设计进行增补。

f. 不可竞争费（含安全文明施工费、工程排污费）根据工程量清单不可竞争项目，结合编制依据确定，安全文明施工费费率不得调整。

g. 其他项目费用应按照下列规定计价：

ⅰ. 暂列金额按招标工程量清单中列出的金额填写，不得更改；

ⅱ. 专业工程暂估价按招标工程量清单中列出的金额填写，不得更改；

ⅲ. 计日工按招标人列出项目和数量，投标人自行确定综合单价并计算费用；

ⅳ. 总承包服务费根据招标文件列出的内容和要求计算。

h. 税金（增值税）按税金项目清单，结合编制依据的要求编制，不得调整。

i. 投标报价编制注意事项如下：

ⅰ. 除甲供材和实行暂估价的材料及设备以外，由投标单位自行采购的材料确定投标报价时应充分考虑材料价格上涨等市场风险因素，中标后不作调整，综合单价中的材料费应包括材料运杂费、采保费等一切应有费用；

ⅱ. 结算时实行暂估价的材料和设备的价差仅计取税金，不再计取其他费用；

ⅲ. 本招标工程的施工地点为本须知前附表所述，投标人应自行到施工现场踏勘以充分了解工地位置、道路、储存空间、装卸限制及任何其他足以影响投标报价的情况，任何因忽视或误解施工场地情况而导致的索赔或工期延长申请将不被批准；对于受施工现场场地限制，如需要另外寻找场地解决临时住宿、材料及设备堆放，由此所产生的费用应包含在投标报价范围内，招标人不再承担该费用；

ⅳ. 开标前，投标人应认真对照施工设计图纸等文件核对招标人提供的工程量清单，发现工程量存在项目划分误差、计量单位误差、数量误差、遗漏项目的，必须在招标文件规定的时间内向招标人提出异议或修正要求，否则招标人可不予答复；

ⅴ. 招标人对异议或修正要求应进行核实，确认工程量单项子目误差在±3％（含±3％）以内的，招标人可不予调整工程量，投标人应将其误差考虑在综合单价内；若有遗漏项目或单项子目工程量误差超过±3％的，招标人应进行修正并重新公布准确的工程量清单；

ⅵ. 投标人在规定时间内未对工程量清单提出异议的，中标后，招标人不再对工程量清单的项目和数量进行校对调整。投标人必须按其报价完成招标文件规定范围内的招标设计图纸规定的所有工程项目；

　　ⅶ. 中标人在工程量清单报价书中所报的综合单价在施工图纸和合同约定范围一律不予调整；

　　ⅷ. 本招标工程不接受恶意不平衡报价，不保证最低价中标。

　　⑨ 投标文件应按"投标文件格式"的要求进行编写。

　　⑩ 本项目新建辅助用房（土建）工程量清单明细如图4.15～图4.24所示。

E.1 分部分项工程量清单计价表

工程名称：新建辅助用房（土建）

序号	项目编码	项目名称	项目特征描述	计量单位	工程量	综合单价	合价	其中		暂估价
								定额人工费	定额机械费	
	0101		土石方工程							
1	01010100100 1	平整场地	1、土壤类别：详见本项目地质勘察报告及现状场地情况 2、暂估价：1.2元/m²	m²	302.14					
2	01010100400 1	挖基坑土方	1、土壤类别：详见本项目地质勘察报告及现状场地情况 2、挖土深度：详图纸设计 3、备注：开挖过程中所遇淤泥、建筑垃圾、房屋基础、设备基础、障碍物、电线杆拆除等投标单位自行考虑在报价中 4、未尽事宜详见施工图纸、补遗、招标文件、政府相关文件、规范等其它资料	m³	606.41					
3	WB010101011 001	人工清底	1、土壤类别：详见本项目地质勘察报告及现状场地情况 2、未尽事宜详见施工图纸、补遗、招标文件、政府相关文件、规范等其它资料，满足验收要求	m²	106.53					
4	WB010101013 001	余方弃置	1、土壤类别：详见本项目地质勘察报告及现状场地情况 2、运距及弃土场自行考虑，报价含渣土费、取弃土费、超运费等，以及城管、市容、路政、环保部门征收的发生的一切费用，且严格执行当地渣土运输管理规定，施工时不予调整	m³	62.4					
5	01010300100 1	回填方	1、回填范围：基础施工完毕后，应及时回填土，一层结构施工回填直至建筑室外地坪，采用素土回填，分层夯实 2、密实度要求：压实系数>0.94 3、填方材料品种：素土分层夯实 4、填方粒径要求：符合图纸设计及施工验收规范要求 5、备注：投标人自行勘察现场，综合考虑，综合报价，中标后不予调整 6、未尽事宜详见施工图纸、补遗、招标文件、政府相关文件、规范等其他资料，满足验收要求	m³	544.7					
6	01010300100 1	室内回填土	1、回填范围：室内回填，采用素土回填，分层夯实 2、密实度要求：压实系数>0.94 3、填方材料品种：素土分层夯实 4、填方粒径要求：符合图纸设计及施工验收规范要求 5、备注：投标人自行勘察现场，综合考虑，综合报价，中标后不予调整 6、未尽事宜详见施工图纸、补遗、招标文件、政府相关文件、规范等其他资料，满足验收要求	m³	90.83					
			分部小计							

图 4.15　分部分项工程量清单计价表部分内容——土石方工程

E.1 分部分项工程量清单计价表

工程名称：新建辅助用房（土建）

序号	项目编码	项目名称	项目特征描述	计量单位	工程量	综合单价	合价	其中		暂估价
								定额人工费	定额机械费	
	0104		砌筑工程							
7	01040100100 1	砖基础	1、砖品种、规格、强度级：MU10.0煤矸石实心砖，最大容重为18KN/M³ 2、砂浆强度等级：M7.5水泥砂浆砌筑 3、其他：具体详见图纸、图集、答疑、招标文件、政府相关文件、规范等其它资料，满足验收要求	m³	2.96					
8	WB010401015 001	墙基防潮层	1、墙身防潮层：在室内地坪下约60标高（墙20厚1:2水泥砂浆内加3%~5%（水泥重量）防水剂，墙身防潮层（在此标高为钢筋混凝土构造，或下为砌石构造时可不做），当室内地坪变化处防潮层应重叠，并在高低差埋土一侧增做20厚1:2水泥砂浆防潮层。 2、其他：具体详见图纸、图集、答疑、招标文件、政府相关文件、规范等其它资料，满足验收要求	m²	26.63					
9	01040100800 1	填充墙	1、砖品种、规格、强度等级：煤矸石空心砖（强度等级MU5.0,砌块最大容重9.0KN/m³） 2、墙体厚度：200mm及以上 3、砂浆强度等级、配合比：M5混合砂浆 4、自行考虑超过高度3.6m部分增加费 6、具体详见图纸、图集、答疑、招标文件、政府相关文件、规范等其它资料，满足验收要求	m³	181.23					
10	01040100800 2	填充墙	1、砖品种、规格、强度等级：煤矸石空心砖（强度等级MU5.0,砌块最大容重9.0KN/m³） 2、墙体厚度：100mm 3、砂浆强度等级、配合比：M5混合砂浆 4、自行考虑超过高度3.6m部分增加费 5、具体详见图纸、图集、答疑、招标文件、政府相关文件、规范等其它资料，满足验收要求	m³	31.61					
11	01040101200 1	零星砌体	1、部位：大便蹲位等 2、砖品种、规格、强度级：MU10.0煤矸石实心砖，最大容重为18KN/M³ 3、砂浆强度等级：M7.5水泥砂浆砌筑 4、其他：具体详见图纸、图集、答疑、招标文件、政府相关文件、规范等其它资料，满足验收要求	m³	0.76					
12	WB010516005 001	墙面钢板（丝）网	1、钢丝网种类、规格：内外墙体与混凝土柱、梁相接处加1厚钢丝网外刷防锈抹钢板网浆，搭接宽度大于200 2、横梁间及人流通道的砌体填充连接处应采用4@300x300钢丝网,30厚M10混合砂浆砂浆面层加强。与混凝土墙与混凝土梁交界处采用挂钢丝网粉刷加强 2、其他：具体详见图纸、图集、答疑、招标文件、政府相关文件、规范等其它资料，满足验收要求	m²	760.07					
			分部小计							

图 4.16　分部分项工程量清单计价表部分内容——砌筑工程

E.1 分部分项工程量清单计价表

工程名称：新建辅助用房（土建）

序号	项目编码	项目名称	项目特征描述	计量单位	工程量	综合单价	合价	定额人工费	定额机械费	暂估价
	0105		混凝土工程							
13	010501001001	垫层	1、混凝土种类：商品砼 2、混凝土强度等级：C15 3、备注：含钢筋混凝土模板及支架的制作、安装、拆除、整理堆放、场内外运输、清理模板粘结物、杂物、刷隔离剂等一切费用，投标人综合考虑自行报价，中标后不予调整 4、其他：具体详见图纸、图集、答疑、招标文件、政府相关文件、规范等其他资料，满足验收要求	m³	10.65					
15	010501003001	独立基础	1、混凝土种类：商品砼 2、混凝土强度等级：C30 3、说明：所需外加剂和采取其他技术措施所需费用应包含在投标报价中，投标人综合考虑自行报价，中标后不予调整 4、备注：含钢筋混凝土模板及支架的制作、安装、拆除、整理堆放、场内外运输、清理模板粘结物、杂物、刷隔离剂等一切费用，投标人综合考虑自行报价，中标后不予调整 5、其他：具体详见图纸、图集、答疑、招标文件、政府相关文件、规范等其他资料，满足验收要求	m³	36.35					
16	010502001001	矩形柱	1、柱规格形状：1.6m内 2、混凝土种类：商品砼 3、混凝土强度等级：C30 4、说明：所需外加剂和采取其他技术措施所需费用应包含在投标报价中，投标人综合考虑自行报价，中标后不予调整 5、备注：含钢筋混凝土模板及支架的制作、安装、拆除、整理堆放、场内外运输、清理模板粘结物、杂物、刷隔离剂等一切费用，投标人综合考虑自行报价，中标后不予调整 6、其他：具体详见图纸、图集、答疑、招标文件、政府相关文件、规范等其他资料，满足验收要求	m³	53.51					
18	010502002001	构造柱	1、部位：图示构造柱、规范、导则中规定部位的构造柱、门垛等 2、柱规格形状：详见图纸 3、混凝土种类：商品砼 4、混凝土强度等级：C25 5、说明：所需外加剂和采取其他技术措施所需费用应包含在投标报价中，投标人综合考虑自行报价，中标后不予调整 6、备注：含钢筋混凝土模板及支架的制作、安装、拆除、整理堆放、场内外运输、清理模板粘结物、杂物、刷隔离剂等一切费用，投标人综合考虑自行报价，中标后不予调整 7、其他：具体详见图纸、图集、答疑、招标文件、政府相关文件、规范等其他资料，满足验收要求	m³	13.17					
19	010503001001	基础梁	1、混凝土种类：商品砼 2、混凝土强度等级：C30 3、说明：所需外加剂和采取其他技术措施所需费用应包含在投标报价中，投标人综合考虑自行报价，中标后不予调整 4、备注：含钢筋混凝土模板及支架的制作、安装、拆除、整理堆放、场内外运输、清理模板粘结物、杂物、刷隔离剂等一切费用，投标人综合考虑自行报价，中标后不予调整 5、其他：具体详见图纸、图集、答疑、招标文件、政府相关文件、规范等其他资料，满足验收要求	m³	23.65					
20	010503002001	矩形梁	1、混凝土种类：商品砼 2、混凝土强度等级：C30 3、说明：所需外加剂和采取其他技术措施所需费用应包含在投标报价中，投标人综合考虑自行报价，中标后不予调整 4、备注：含钢筋混凝土模板及支架的制作、安装、拆除、整理堆放、场内外运输、清理模板粘结物、杂物、刷隔离剂等一切费用，投标人综合考虑自行报价，中标后不予调整	m³	73.03					
21	010503004001	圈梁	1、部位：门窗、水平系梁等 2、混凝土种类：商品砼 3、混凝土强度等级：C25 4、说明：所需外加剂和采取其他技术措施所需费用应包含在投标报价中，投标人综合考虑自行报价，中标后不予调整 5、备注：含钢筋混凝土模板及支架的制作、安装、拆除、整理堆放、场内外运输、清理模板粘结物、杂物、刷隔离剂等一切费用，投标人综合考虑自行报价，中标后不予调整 6、其他：具体详见图纸、图集、答疑、招标文件、政府相关文件、规范等其他资料，满足验收要求	m³	14.19					
22	010503005001	过梁	1、混凝土种类：商品砼 2、混凝土强度等级：C25 3、说明：所需外加剂和采取其他技术措施所需费用应包含在投标报价中，投标人综合考虑自行报价，中标后不予调整 4、备注：含钢筋混凝土模板及支架的制作、安装、拆除、整理堆放、场内外运输、清理模板粘结物、杂物、刷隔离剂等一切费用，投标人综合考虑自行报价，中标后不予调整 5、其他：具体详见图纸、图集、答疑、招标文件、政府相关文件、规范等其他资料，满足验收要求	m³	2.42					
23	010505001001	有梁板	1、板规格：详见图纸 2、混凝土种类：商品砼 3、混凝土强度等级：C30 4、说明：所需外加剂和采取其他技术措施所需费用应包含在投标报价中，投标人综合考虑自行报价，中标后不予调整 5、备注：含钢筋混凝土模板及支架的制作、安装、拆除、整理堆放、场内外运输、清理模板粘结物、杂物、刷隔离剂等一切费用，投标人综合考虑自行报价，中标后不予调整 6、其他：具体详见图纸、图集、答疑、招标文件、政府相关文件、规范等其他资料，满足验收要求	m³	50.5					
25	010505006001	栏板	1、部位：栏板、矮墙、女儿墙等 2、混凝土种类：商品砼 3、混凝土强度等级：C30 4、说明：所需外加剂和采取其他技术措施所需费用应包含在投标报价中，投标人综合考虑自行报价，中标后不予调整 5、备注：含钢筋混凝土模板及支架的制作、安装、拆除、整理堆放、场内外运输、清理模板粘结物、杂物、刷隔离剂等一切费用，投标人综合考虑自行报价，中标后不予调整 6、其他：具体详见图纸、图集、答疑、招标文件、政府相关文件、规范等其他资料，满足验收要求	m³	10.26					
26	010505007001	天沟、挑檐板	1、部位：雨篷、空调板、挑板等 2、混凝土种类：商品砼 3、混凝土强度等级：C30 4、说明：所需外加剂和采取其他技术措施所需费用应包含在投标报价中，投标人综合考虑自行报价，中标后不予调整 5、备注：含钢筋混凝土模板及支架的制作、安装、拆除、整理堆放、场内外运输、清理模板粘结物、杂物、刷隔离剂等一切费用，投标人综合考虑自行报价，中标后不予调整 6、其他：具体详见图纸、图集、答疑、招标文件、政府相关文件、规范等其他资料，满足验收要求	m³	14.91					
27	010506001001	直形楼梯	1、混凝土种类：商品砼 2、混凝土强度等级：C30 3、说明：所需外加剂和采取其他技术措施所需费用应包含在投标报价中，投标人综合考虑自行报价，中标后不予调整 4、备注：含钢筋混凝土模板及支架的制作、安装、拆除、整理堆放、场内外运输、清理模板粘结物、杂物、刷隔离剂等一切费用，投标人综合考虑自行报价，中标后不予调整 5、其他：具体详见图纸、图集、答疑、招标文件、政府相关文件、规范等其他资料，满足验收要求	m²	69.09					
28	010507005001	压顶	1、断面尺寸：详见图纸 2、混凝土种类：商品砼 3、混凝土强度等级：C25 4、说明：所需外加剂和采取其他技术措施所需费用应包含在投标报价中，投标人综合考虑自行报价，中标后不予调整 5、备注：含钢筋混凝土模板及支架的制作、安装、拆除、整理堆放、场内外运输、清理模板粘结物、杂物、刷隔离剂等一切费用，投标人综合考虑自行报价，中标后不予调整 6、其他：具体详见图纸、图集、答疑、招标文件、政府相关文件、规范等其他资料，满足验收要求	m³	3.52					

图 4.17　分部分项工程量清单计价表部分内容——混凝土工程

E.1 分部分项工程量清单计价表

工程名称：新建辅助用房（土建）

序号	项目编码	项目名称	项目特征描述	计量单位	工程量	综合单价	合价	定额人工费	定额机械费	暂估价
	0106		钢筋工程							
29	010515001001	现浇构件钢筋	1、钢筋种类、规格：Φ10以内一级钢 2、其他：具体详见图纸、图集、答疑、招标文件、政府相关文件、规范等其它资料，满足验收要求	t	0.795					
30	010515001002	现浇构件钢筋	1、钢筋种类、规格：Φ10以内三级钢 2、其他：具体详见图纸、图集、答疑、招标文件、政府相关文件、规范等其它资料，满足验收要求	t	19.029					
31	010515001003	现浇构件钢筋	1、钢筋种类、规格：Φ16以内三级钢 2、其他：具体详见图纸、图集、答疑、招标文件、政府相关文件、规范等其它资料，满足验收要求	t	16.082					
32	010515001004	现浇构件钢筋	1、钢筋种类、规格：Φ20以内三级钢 2、其他：具体详见图纸、图集、答疑、招标文件、政府相关文件、规范等其它资料，满足验收要求	t	8.868					
33	010515001005	现浇构件钢筋	1、钢筋种类、规格：Φ20以上三级钢 2、其他：具体详见图纸、图集、答疑、招标文件、政府相关文件、规范等其它资料，满足验收要求	t	1.81					
34	WB010516004001	砌体、板缝钢筋加固	1、钢筋种类、规格：Φ10以内一级钢 2、绑扎方式：不帮扎 3、其他：具体详见图纸、图集、答疑、招标文件、政府相关文件、规范等其它资料，满足验收要求	t	1.433					
35	010516003001	钢筋连接	1、连接方式：电渣压力焊接头 2、其他：具体详见图纸、图集、答疑、招标文件、政府相关文件、规范等其它资料，满足验收要求	个	880					
36	010516003002	钢筋连接	1、连接方式：直螺纹接头 2、其他：具体详见图纸、图集、答疑、招标文件、政府相关文件、规范等其它资料，满足验收要求	个	213					
37	010516002001	预埋铁件	1、部位：栏杆、屋面女儿墙等 2、油漆：凡外露铁件经除锈后涂防腐漆、面漆两道，并经常注意维护。 3、其他：具体详见图纸、图集、答疑、招标文件、政府相关文件、规范等其它资料，满足验收要求	t	1.22					
			分部小计							

图 4.18　分部分项工程量清单计价表部分内容——钢筋工程

序号	项目编码	项目名称	项目特征描述	计量单位	工程量	综合单价	金额/元 合价	其中 定额人工费	其中 定额机械费	暂估价
	0108		**门窗工程**							
38	010802001001	金属门	1、门材质：钢制防盗门 2、由承包商按现行国家规范订制安装 3、所有五金件应选用优质五金件，保证门扇开启灵活，固定牢靠安全 4、其他未尽事宜详见图纸、图集、招标文件、招标文件补遗、政府相关文件、规范等其它资料，满足验收要求	m²	47.40					
39	010802001002	金属门	1、名称：门联窗 2、材质：断热铝合金低辐射中空玻璃钢高透光Low-E+12+6。窗框室两侧面积不得大于20%，门窗制窗厂家应负责型材及玻璃的抗载验算 3、窗框的四周均应用隔性性防水保温材料填塞缝隙，框料与外墙面接触处封胶密缝 4、门制窗作业宜用定量规定重加压拉门窗的机前隔措施 5、所有门窗五金件应选用优质五金件，保证门扇开启灵活，固定牢靠安全 6、其他未尽事宜详见图纸、图集、招标文件、招标文件补遗、政府相关文件、规范等其它资料，满足验收要求	m²	13.2					
40	010802003001	钢质防火门	1、门类型：钢质乙级防火门（含防火漆、提示标识等） 2、防火要求：耐火极限满足规范要求 3、五金品种、规格：五金配件等齐全（含一切相关辅材），所有门窗门锁门器、双向门锁防坠器 4、钢材：专业厂家制作安装，符合设计、规范及相关验收标准，选用由商部门认可的合格产品 5、备注：窗框的四周均应用隔性性防水保温材料填塞缝隙，框料与外墙面接触处封胶密缝 6、其他：具体详见图纸、图集、答疑、招标文件、政府相关文件、规范等其它资料，满足验收要求	m²	10.92					
41	010802003002	钢质防火门	1、门类型：钢质丙级防火门（含防火漆、提示标识等） 2、防火要求：耐火极限满足规范要求 3、五金品种、规格：五金配件等齐全（含一切相关辅材） 4、钢材：专业厂家制作安装，符合设计、规范及相关验收标准，选用由商部门认可的合格产品 5、备注：窗框的四周均应用隔性性防水保温材料填塞缝隙，框料与外墙面接触处封胶密缝 6、其他：具体详见图纸、图集、答疑、招标文件、政府相关文件、规范等其它资料，满足验收要求	m²	9.24					
42	010807001001	消防救援窗	1、窗类型：消防救援窗 2、消防救援窗口玻璃易于破碎并设置明显标志 3、窗框的四周均应用隔性性防水保温材料填塞缝隙，框料与外墙面接触处封胶密缝 4、型材品种：金属横拉型材，隔热条高度18.0mm（K=3.2） 5、玻璃规格、厚度：6毫透光Low-E+12空气+6，钢化中空安全玻璃（R=1.9） 6、外窗玻璃应符合建筑玻璃应用技术规程《JGJ113-2015》"建筑安全玻璃管理规定"，选用安全玻璃 7、具体详见图纸、图集、答疑、招标文件、政府相关文件、规范等其它资料，满足验收要求	m²	34.74					
43	010807003001	铝合金百叶	1、窗类型：50x50z2薄壁钢制边框，1.2厚铝合金百叶（内衬密孔铝网护网） 2、含：一切五金配件等 3、其他：具体详见图纸、图集、答疑、招标文件、政府相关文件、规范等其它资料，满足验收要求	m²	15.36					
			分部小计							

图 4.19   分部分项工程量清单计价表部分内容——门窗工程

E.1 分部分项工程量清单计价表

工程名称：新建辅助用房（土建）

序号	项目编码	项目名称	项目特征描述	计量单位	工程量	综合单价	金额/元 合价	其中 定额人工费	其中 定额机械费	暂估价
	0109		**屋面及防水工程**							
44	010902001001	不上人不保温（3.9标高）	1、50厚直径10~30砾石保护层 2、1.5厚聚氨酯防水涂料 3、20厚1:3水泥砂浆找平层 4、最薄处30厚LC5.0轻骨料混凝土2%找坡层 5、衡立详见12J201 A13/A7 6、其他：具体详见图纸、图集、答疑、招标文件、政府相关文件、规范等其它资料，满足验收要求	m²	11.8					
45	010902001002	上人保温平面（屋面二）	1、390x390x40 预制块 2、20厚聚合物粘接砂浆砌 3、10厚低强度等级聚合物水泥砂浆隔离层 4、1.5厚聚氨酯防水涂料+1.2厚三元乙丙橡胶防水卷材 5、20厚1:3水泥砂浆找平层（设置隔断） 6、最薄处30厚LC5.0轻骨料混凝土2%找坡层 7、80厚挤塑聚苯乙烯（XPS） 8、现浇钢筋混凝土屋面板，表面清扫干净、平整 9、其他：在凹凸天沟、檐沟、泛水、雨水口、排水洞口、管道穿通处及屋面阴阳突出部位的连接处等部位，均须加做一层防水材料。 10、其他：具体详见图纸、图集、答疑、招标文件、政府相关文件、规范等其它资料，满足验收要求	m²	19.73					
46	010902005001	屋面变形缝	1、盖缝材料：1厚铝合金盖板镶钉 2、防护材料种类：聚合物柔性抹灰砂浆 3、具体做法详见09J202-1 1/X19	m	3.54					
47	010902008002	外墙变形缝	1、填缝材料：热塑性闭孔橡胶条 2、防护材料种类：铝合金基座，不锈钢锚筒卡φ600 3、具体做法详见14J936、3/A3 4、其他：具体详见图纸、图集、答疑、招标文件、政府相关文件、规范等其它资料，满足验收要求	m²	15.6					
48	010902007001	屋面天沟、檐沟	1、附加1.5厚聚氨酯防水涂料 2、聚合物聚浆粘结挤塑聚苯板保温层80厚 3、1.5厚聚氨酯防水涂料 4、1:3水泥砂浆找平层20厚 5、轻骨料混凝土找坡层，最薄处30厚 6、具体做法见09J202-1 3/X10 7、其他：具体详见图纸、图集、答疑、招标文件、政府相关文件、规范等其它资料，满足验收要求	m²	75.4					
49	010904001001	楼（地）面砂浆防水（防）	1、部位：空调板、雨篷等屋面 2、防水做法：20厚1:2防水砂浆找平压光（内掺5%防水粉涂刷两遍并抹干缝） 3、其他：具体详见图纸、图集、答疑、招标文件、政府相关文件、规范等其它资料，满足验收要求	m²	37.4					
50	010904002001	楼（地）面涂膜防水	1、部位：卫生间 2、涂膜厚度、遍数：1.5厚聚氨酯防水层 3、其他：具体详见图纸、图集、答疑、招标文件、政府相关文件、规范等其它资料，满足验收要求	m²	100.66					
51	010903002001	墙面涂膜防水	1、部位：卫生间墙面 2、涂膜厚度、遍数：1.5厚聚氨酯防水层 3、其他：具体详见图纸、图集、答疑、招标文件、政府相关文件、规范等其它资料，满足验收要求	m²	497.62					
			分部小计							

图 4.20   分部分项工程量清单计价表部分内容——屋面及防水工程

附录F 措施项目清单与计价表

工程名称：新建辅助用房（土建）

序号	项目编码	项目名称	计算基础	费率/%	金额/元
1	JC-01	夜间施工增加费			
2	JC-02	二次搬运费			
3	JC-03	冬雨季施工增加费			
4	JC-04	已完工程及设备保护费			
5	JC-05	工程定位复测费			
6	JC-06	非夜间施工照明费			
7	JC-07	临时保护设施费			
8	JC-08	赶工措施费			
		合 计			

图 4.21   措施项目清单与计价表

附录G 不可竞争项目清单与计价表

工程名称：新建辅助用房（土建）

序号	项目编码	项目名称	计算基数	费率/%	金额/元
1	JF-01	环境保护费			
2	JF-02	文明施工费			
3	JF-03	安全施工费			
4	JF-04	临时设施费			
5	JF-05	环境保护税			
合 计					

图 4.22 不可竞争项目清单与计价表

附录H.1 其他项目清单与计价表

工程名称：新建辅助用房（土建）

序号	项目名称	金额/元
1	暂列金额	
2	专业工程暂估价	
3	计日工	
4	总承包服务费	
合 计		

图 4.23 其他项目清单与计价表

附录I 税金计价表

工程名称：新建辅助用房（土建）

序号	项目名称	计算基础	计算基数	费率/%	金额/元
1	增值税	分部分项工程费+措施项目费+不可竞争费+其他项目费		9	
合 计					

图 4.24 税金计价表

结合工程造价基础知识与本案例工程可知，一个项目工程由一个或者多个单项工程组成，一个单项工程又由多个单位工程组成，每个级别工程有对应汇总表，即项目工程造价＝对应单项工程造价之和，单项工程造价＝对应单位工程造价之和。每个单位工程分别有单位工程汇总表、分部分项工程量清单与计价表、措施项目清单与计价表、不可竞争项目清单与计价表、其他项目清单与计价表、税金计价表等主要清单计价表格，与基础知识部分工程造价里费用构成相对应。这里需要注意的是，各地的工程造价费用划分略有不同，那么对应的清单计价表格就不同，如国标清单里单位工程对应的费用为分部分项费用、措施项目费用、其他项目费用、规费、税金，与这里案例费用构成就略有不同，对应计价表格就不同。

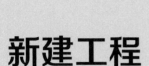

新建工程

扫码看视频

计价软件介绍

本章开始，将从实际工作流程实操讲解投标报价编制工作。

投标报价编制工作需要使用计价软件，如新点造价软件、品茗造价软件或者广联达计价软件等。计价软件均满足规定的计价程序（清单规范、费用定额等），都能用来编制投标报价，且不同的计价软件，其功能基本相同，操作基本一致。个别软件的功能及操作界面会存在一些差异，但无论使用哪种计价软件，目的都是为了编制商务标报价文件，软件只是一种辅助工具。对于投标报价编制人员来说，只要学会了一种计价软件，其他计价软件的操作都较为类似，不需要专门学习，只需要稍微熟悉即可使用。

从计价软件使用广泛程度和电子标平台两个方面综合考虑，目前市场上使用较多的是新点造价软件和广联达计价软件，本书主要通过使用新点造价软件编制投标报价的案例实操讲解投标报价编制工作，结合实际情况补充讲解广联达计价软件编制投标报价时与新点造价软件的不同之处。

5.1 新建、保存工程与录入工程量清单

通过鼠标左键双击软件图标，或者鼠标选中图标、右击选择"打开"后打开软件，如图5.1所示。

新点造价软件打开后界面如图 5.2 所示。

单击"接收招标文件"，出现弹窗如图 5.3 所示。

图 5.3 所示弹窗右边有两个选项："省"和"税改文件"，这里两个选项，结合前面工程造价基础知识理解，它可能会影响到取费和人工调整或者某些费率的调整。比如"省"中 A 地和 B 地某些取费不同，这里选择不同，接受工程量清单后，里面显示取费就不同。又比如后面的"税改文件"选项，不同的文件号，对应不同的税金政策。

鼠标左键单击左下角"选择招标文件"后在对应文件夹里查找选择对应项目的电子标格式工程量清单，如图 5.4 所示。

图 5.1　右击图标打开软件

扫码看视频

"新建工程"的注意事项

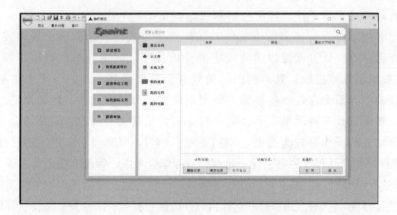

图 5.2　新点造价软件打开界面

图 5.3　接收招标文件弹窗

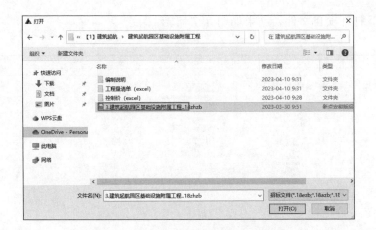

扫码看视频

导入工程量清单
的两种情况

图 5.4　选择电子标格式工程量清单

点击右下角"打开"后，会出现保存文件弹窗，如图 5.5 所示，一般建议保存在电脑桌面，方便找到，点击"我的桌面"，点击"保存"即可。

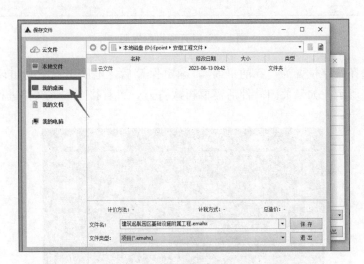

图 5.5　保存文件

点击图 5.5 所示弹窗中右下角"保存"后，会提示是否打开项目，如图 5.6 所示。

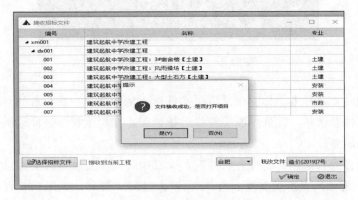

图 5.6　打开工程文件提示

点击"是"打开项目文件，结果如图 5.7 所示。

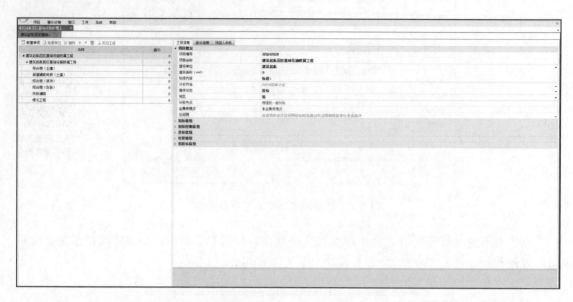

图 5.7　打开项目后界面

按图 5.5 选择保存位置为"我的桌面"，确定保存后，电脑桌面上会出现保存后的工程文件，如图 5.8 所示。如果关闭软件后需要再次打开，可直接点击该文件进行打开。

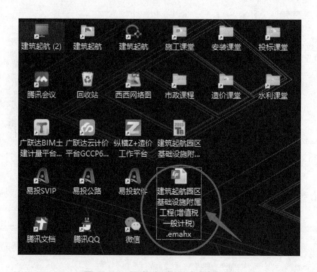

图 5.8　保存在桌面上的文件

需要注意的是，选择电子标工程量清单文件后，地区选项一般会自动对应确定，税改文件可按最新的文件号选择。此处税改文件如选择错误，在后续投标报价编制过程中，通过检查也能发现并且调整。

如果点击图标或者鼠标右击打开软件后，无意中关闭了接收招标文件（工程量清单）的界面（图 5.3），可依次点击页面左上角"项目""接收招标"，如图 5.9 所示，初始接收招标文件弹窗即恢复出现，后续操作步骤同上。

图 5.9　点击"接收招标"

　　不同地区在打开软件后新建工程时的选择项内容可能不同，但是基本操作和流程一致，即选择电子标工程量清单、确定地区和调整税改文件号。有的软件可能在选择电子标工程量清单、保存文件后在软件内部进行地区选择和税改文件调整。

5.2　软件功能界面介绍

　　一款计价软件的功能非常多，但是日常工作中常用的主要功能就那么几个。本书主要介绍投标报价编制人员常用的计价软件功能。不同的计价软件操作略有不同、功能略有不同，但是其主要功能的操作是基本一致的，只是位置略有差异。

5.2.1　项目工程界面

　　接收招标文件、打开工程软件后，会默认进入项目工程界面，此界面能看到项目有多少个单位工程和相关造价信息（未进行定额组价、没有暂列金额等费用时，其造价为 0.00元）。如案例工程，有五个单位工程：新建辅助用房（土建）、综合楼（装饰）、综合楼（安装）、市政道路、绿化工程，每个单位工程造价都为 0.00 元，如图 5.10 所示。此处需要注意的是，一个项目由一个或一个以上的单项工程组成，一个单项工程由一个或者一个以上单位工程组成，即一个项目工程由至少一个单项工程和至少一个单位工程组成。

图 5.10　案例工程项目界面

5.2.1.1　项目工程信息

　　用鼠标点击左侧最上一级项目工程，右侧会显示其对应的信息，分别包含工程信息、造价信息、项目人材机，如图 5.11～图 5.13 所示。

图 5.11　项目工程工程信息窗口

图 5.12　项目工程造价信息窗口

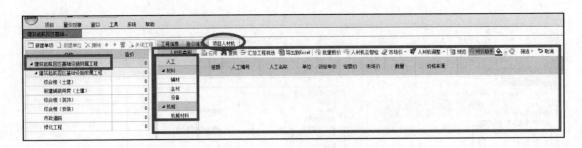

图 5.13　项目工程项目人材机窗口

5.2.1.2　单项工程信息

用鼠标点击左侧单项工程，右侧会对应显示单项工程级别信息，包含工程信息、造价信息、项目人材机，如图 5.14～图 5.16 所示。

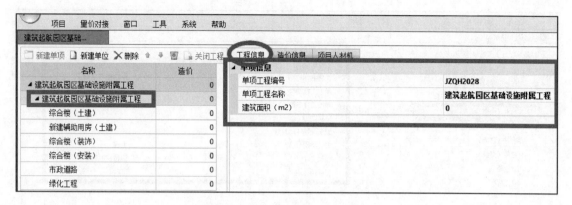

图 5.14　单项工程工程信息窗口

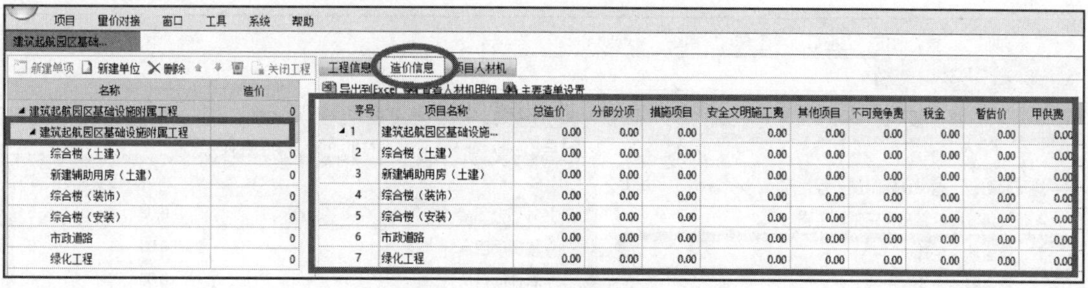

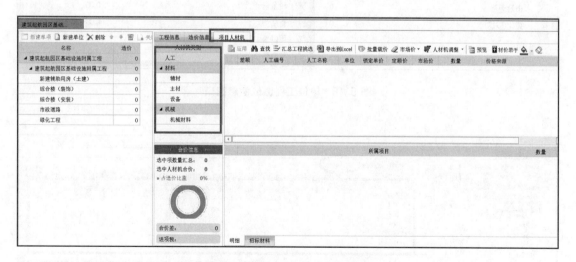

图 5.15　单项工程造价信息窗口

图 5.16　单项工程项目人材机窗口

5.2.1.3　单位工程信息

用鼠标点击左侧单位工程，右侧会对应显示单位工程级别信息，包含工程信息、造价信息、项目人材机，如本案例中，点击单位工程"综合楼（土建）"，相关信息如图 5.17～图 5.19 所示。

图 5.17　单位工程工程信息窗口

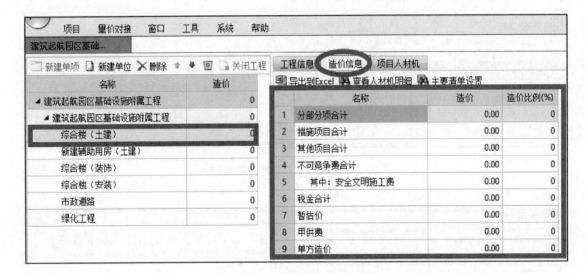

图 5.18　单位工程造价信息窗口

图 5.19　单位工程项目人材机窗口

　　其余单位工程信息同上，此处不再赘述。

5.2.2　单位工程界面

在项目界面鼠标左键双击任意一个单位工程，可以进入单位工程预算编制界面，此处选择"新建辅助用房（土建）"，进入界面如图 5.20 所示，有功能区和编辑区两大模块。

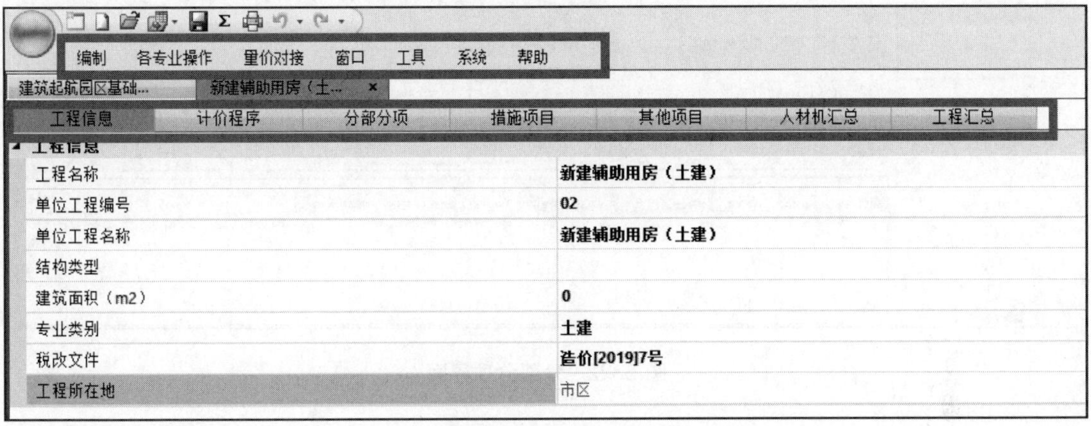

图 5.20　单位工程预算编制界面

点击"计价程序"，可进入单位工程取费设置界面（管理费、利润），如图 5.21 所示。

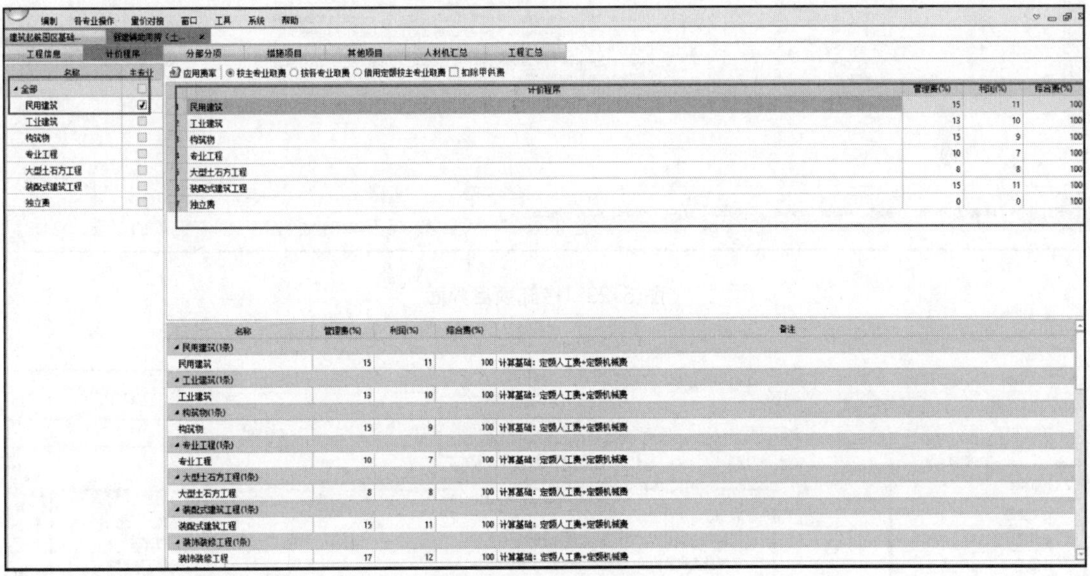

图 5.21　计价程序界面

点击图 5.20 所示界面中的"分部分项"，可进入工程量清单界面，有 3 大功能区：清单/定额，分部分项清单，辅助功能，如图 5.22 所示。

点击图 5.20 所示界面中的"措施项目"，可以进入措施项目清单界面，如图 5.23 所示。

点击图 5.20 所示界面中的"其他项目"，可进入其他项目清单界面，如图 5.24 所示。

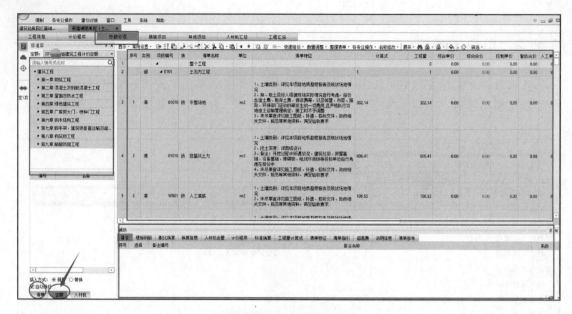

图 5.22　分部分项界面

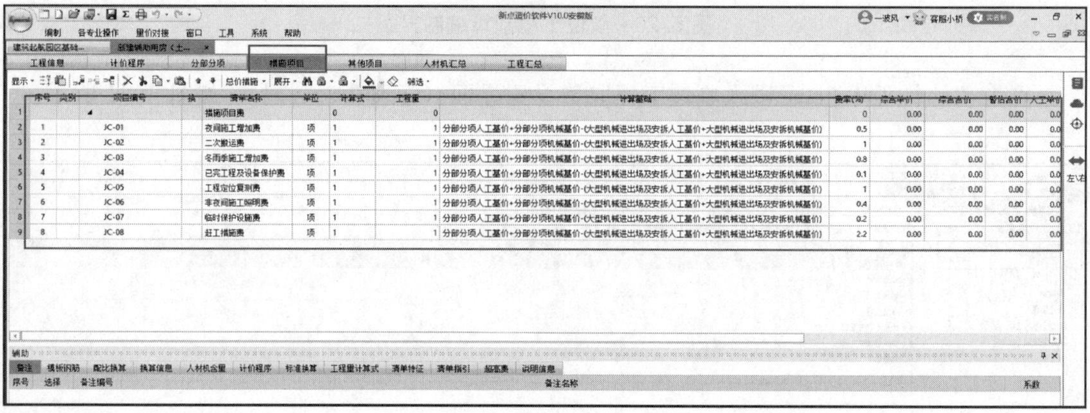

图 5.23　措施项目界面

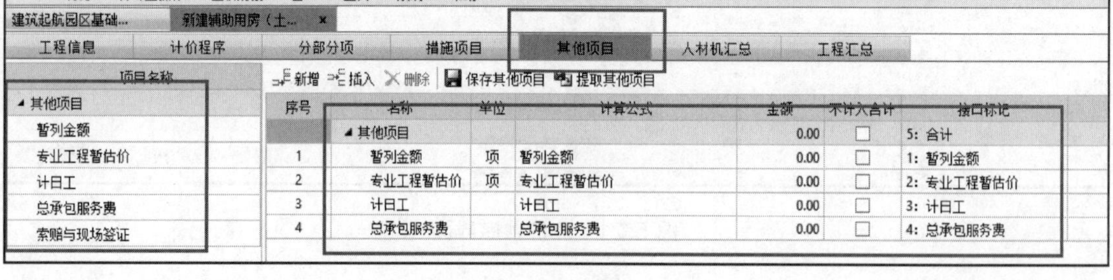

图 5.24　其他项目界面

点击图 5.20 所示界面中的"人材机汇总"，可进入当前单位工程的人材机界面，如图 5.25 所示。注意，在没有定额组价前，此处没有人材机数据，为空白。

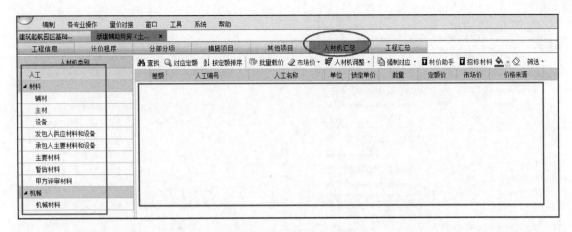

图 5.25　人材机汇总界面

点击图 5.20 所示界面中的"工程汇总",可进入单位工程汇总界面,如图 5.26 所示。

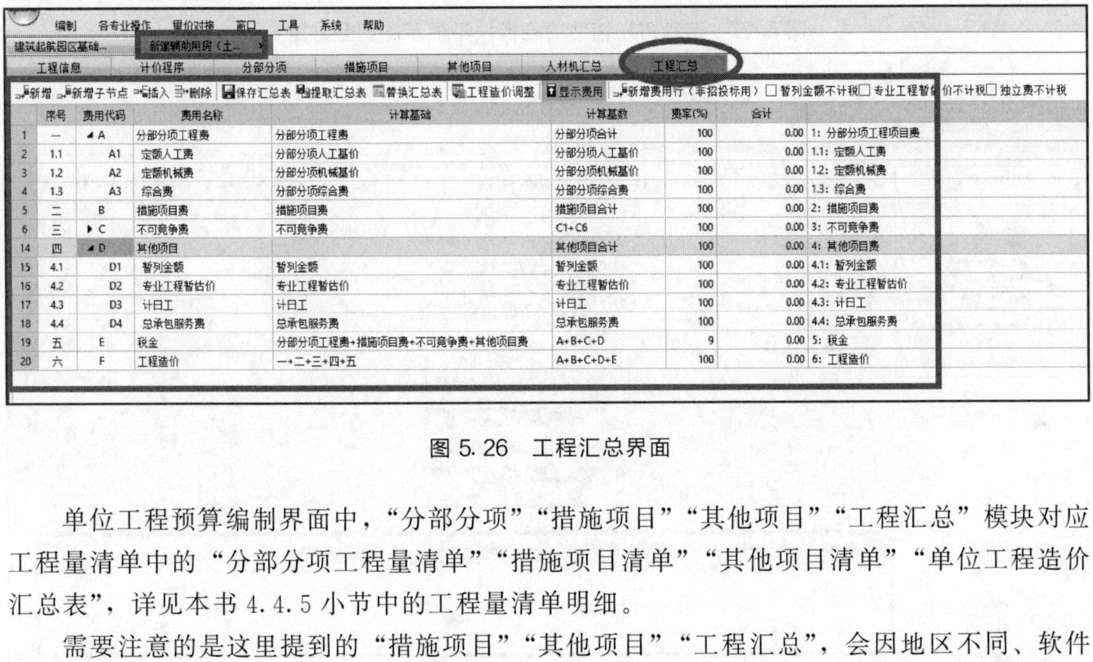

图 5.26　工程汇总界面

单位工程预算编制界面中,"分部分项""措施项目""其他项目""工程汇总"模块对应工程量清单中的"分部分项工程量清单""措施项目清单""其他项目清单""单位工程造价汇总表",详见本书 4.4.5 小节中的工程量清单明细。

需要注意的是这里提到的"措施项目""其他项目""工程汇总",会因地区不同、软件不同、项目不同,里面数据内容可能不同,具体详见当地费用定额计价程序等相关内容,结合工程量清单进行理解和学习。每一个单位工程相应界面都相同,在此不再赘述。

5.2.3　定额树与辅助功能模块显示

若软件单位工程界面不显示定额树和辅助功能模块,可点击左上角"显示"进行调整,如图 5.27 所示。

点击调整后如图 5.28 所示,左侧为定额树,其位置可调整在右侧或者左侧,点击"清单"和"定额"可相互切换,投标组价可点击左下角"定额";右侧下方为辅助功能模块。

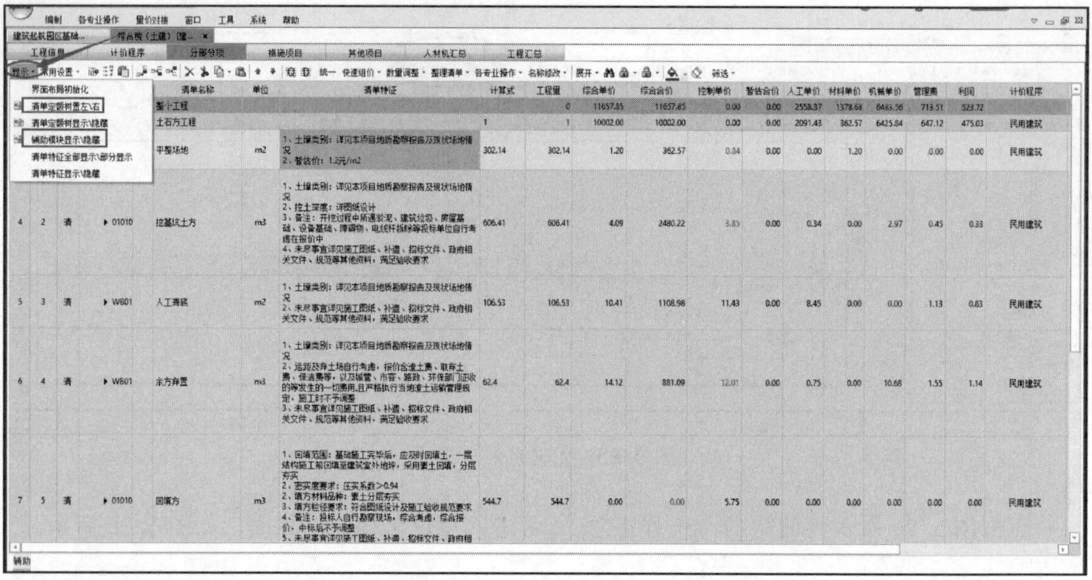

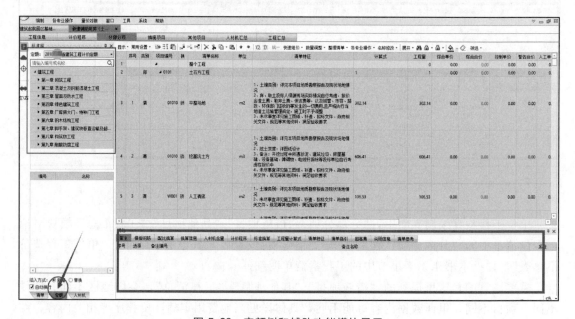

图 5.27　定额树和辅助功能模块不显示的调整方法

图 5.28　定额树和辅助功能模块显示

5.2.4　工程量清单层次显示

在分部分项界面，可根据需要调整工程量清单的显示层次。点击工具栏中的"展开"，可选择不同显示层次，如图 5.29 所示，选择第一层和第四层分别如图 5.30 和图5.31 所示。

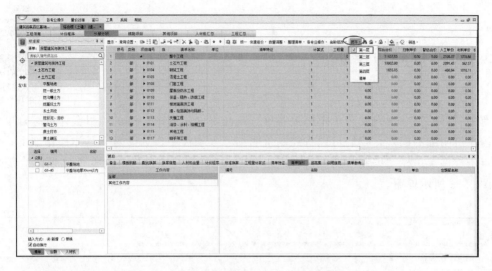

图 5.29　清单层次显示设置

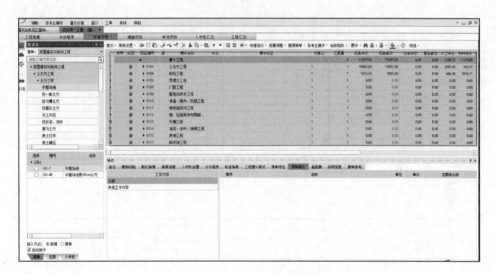

图 5.30　清单层次显示第一层

图 5.31　清单层次显示第四层

5.3　导入控制价单价

有的项目的招标资料发布了招标控制价（最高限价）明细，有的项目会评审综合单价报价与控制价明细的偏差，我们可以将控制价明细导入软件中作为参考，具体操作如下。

点击软件菜单栏"编制"选项后，点击"Excel控制价文件"，如图5.32所示，随后出现如图5.33所示弹窗。

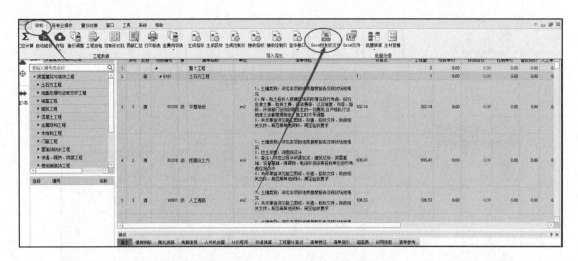

图5.32　点击"Excel控制价文件"

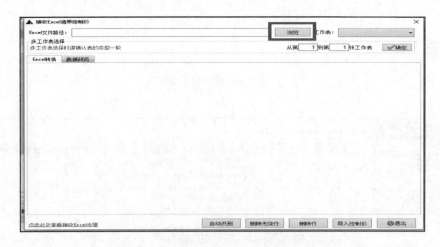

图5.33　"接收Excel清单控制价"弹窗

点击"浏览"出现弹窗选择对应控制价Excel文件，如图5.34所示。

选择对应控制价Excel文件点击"打开"确认后，会进入控制价预览界面，如图5.35所示。

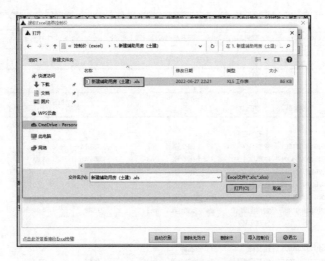

图 5.34　选择对应单位工程的控制价文件

图 5.35　控制价预览

　　需要注意，此时上述界面显示的数据不一定是我们需要的分部分项清单的控制价单价数据，如图 5.35 即为单位工程汇总数据。此时可点击弹窗右上角"工作表"，进行报表数据选择，此处我们选择"分部分项工程量清单计价表"，结果如图 5.36 所示。

　　需要注意的是，控制价单价文件格式必须是 Excel 文件格式，每个单位工程分开对应导入，方法操作相同，不重复赘述。有的项目评审综合单价，但是投标报价编制人员拿到的资料却没有控制价明细，此时需要与招标文件资料下载人员核查资料是否下载齐全或联系招标代理机构确认控制价明细是否成功发布。有的地区软件可能没有"Excel 控制价文件"功能

图 5.36 分部分项清单控制价预览

选项，这个时候需要联系软件代理商（销售）确定当地是否发布更新此功能；有的地区此功能叫作"合理单价"。

如果软件提示导入成功，但在分部分项界面并没有显示"控制单价"列，如图 5.37 所示，此时需要进行相应设置。

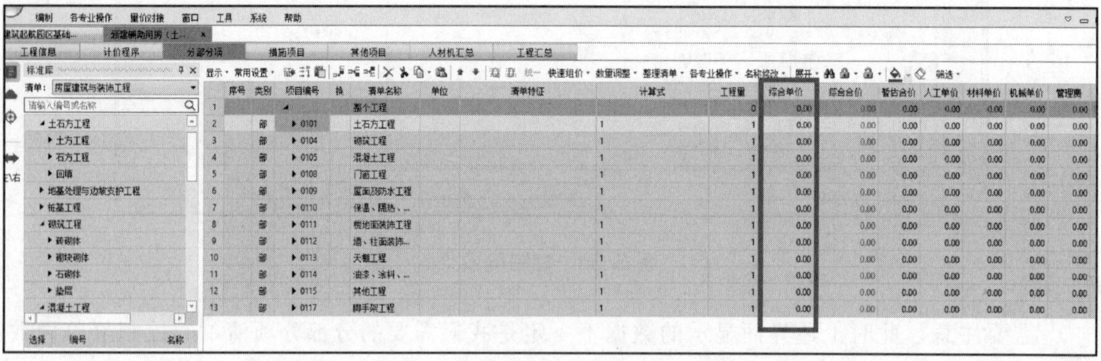

图 5.37 分部分项界面无控制单价列

点击菜单栏"系统"选项卡中的"预算书"，如图 5.38 所示，在弹窗中点击"预算书设置"，找到"控制单价"选项并勾选，随后点击"确定"即可，如图 5.39 所示。

进行上述操作后，即可在分部分项界面中显示"控制单价"列，如图 5.40 所示。

图 5.38　预算书选项位置

图 5.39　控制单价显示设置

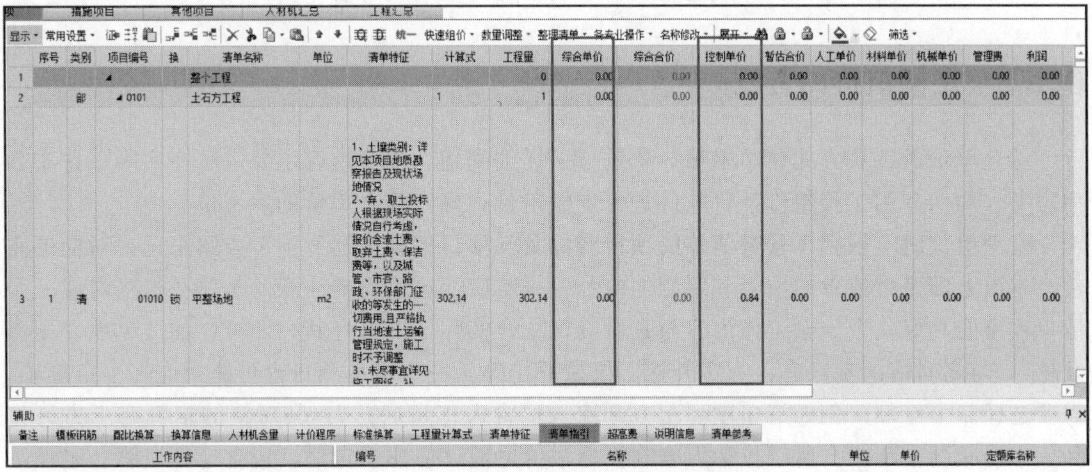

图 5.40　分部分项界面控制单价列

土建工程组价

6.1 定额组价

扫码看视频

定额组价相关注意点

6.1.1 定额组价的意义

对于招投标阶段（即承发包阶段）施工单位编制投标报价而言，定额组价的基本含义在于确定清单项目的综合单价。因大多数中小型企业没有自己的企业定额，可直接采用省定额来确定综合单价的参考价，后续通过调价手段来确定最终的综合单价。

6.1.2 定额组价的方法

综合单价的计算方式在本书第 3 章进行了详细阐述，本节内容主要讲解在实际工作中如何思考、如何利用工程造价计价软件进行定额组价，确定综合单价的参考价。

定额组价时应根据工程量清单的项目名称及其项目特征描述、施工方案来选择对应的定额，本质上即是将清单的内容和定额的内容一一对应。这里需要注意的是，在很多时候一个清单项可能有好几个定额工作内容与其对应，结合实际情况选择其一即可，如清单项"土方开挖"，与之对应的定额有：人工开挖、机械开挖等。一个清单项目也可能对应多个定额项，需要选择多个定额，例如清单项"土方开挖（包含人工清底）"，其对应的定额有土方开挖和人工清底两个定额。所以投标人编制投标报价之前，应熟悉定额，包含定额说明、定额适用范围和定额子目的工作内容等，选择符合施工现场的定额。

组价时应根据投标人的施工方案和企业定额的计算规则、招标图纸等对应计算其定额工程量。实际工作中，由于投标时间紧迫的缘故，不少投标报价编制人员，往往忽视了定额工程量的计算，直接采用清单工程量，这样并不是正规的做法。在定额单位和清单单位相同情况下，组价完成后，软件是自动出定额工程量的，即定额工程量＝清单工程量。

实际工作中，少数清单编制人为规避责任风险，将很多影响造价的项目特征采用"综合考虑""自行考虑""详见图纸""详见规范"等模糊描述，甚至不描述，如"土方类别详见地质勘测资料""土方运距投标人自行考虑"等，给投标人编制投标报价带来极大不便。碰到这种情况，投标报价编制人员应去现场考察或结合以往项目经验综合考虑，能查看图纸、图集规范的尽量查阅，对于对造价影响较大的问题，应当咨询招标代理机构，要求书面澄清及补遗。

软件定额组价是在单位工程的分部分项窗口下进行的，从第一个清单子目到最后一个清单子目，依次进行。投标报价编制人员可以通过软件"清单指引""搜索"或者"定额树"等功能找到对应合适定额（从其中一个功能找到即可），如图 6.1 所示。

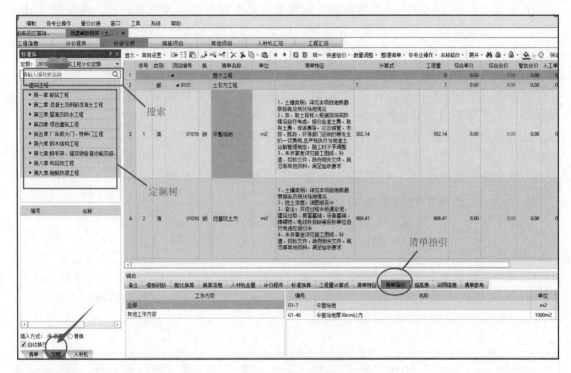

图 6.1　定额的查找

值得注意的是，"清单指引"功能下显示的定额不一定合适，也不是所有清单下的清单指引都显示定额，它只是软件的一个快捷功能，将与清单有关联的定额放到一起，供造价人员快速挑选定额进行组价。若"清单指引"下没有定额或者没合适的定额，应通过"搜索"或者"定额树"功能查找合适定额。"搜索"功能，输入关键字即可，字数越少，搜索到的相关定额越多；"定额树"功能里面有所有定额，按定额目录层次依次点开即可。投标报价编制人员在编制投标报价前，应熟悉当地定额，查看定额说明和其适用范围，以及熟悉软件功能，以便能合理、快速组价，完成投标报价编制工作。

6.1.3　土方工程组价

土方工程包含平整、开挖、回填、夯实、运输等相关内容，根据施工方式又编制了不同的定额子目，比如人工平整、机械平整，人工回填夯实、机械回填夯实，人工运输、机械运输，以及不同运输距离等。

常规房建土方工程施工流程为：施工单位进场后进行场地平整；再进行基础土方开挖（场地满足以及土质符合回填要求的情况下土方就近堆放），基坑底进行人工清底；在基础施工完成达到施工条件后进行土方回填（利用开挖土方或者外购）；回填结束后，多余土方进行外运处理。

挖土施工主要施工机械为挖掘机，短距离运输一般采用推土机或装载机，远距离运输一般采用自卸汽车。

6.1.3.1　土方工程定额组价思路

在土方工程施工中，应考虑影响造价的因素，如土方开挖尺寸（槽、坑、大开挖），施工方式（人工或机械），土方类别、含水率，挖土深度，施工机械（挖掘机、推土机、自卸汽车等），施工方案（边挖边运、光挖不运等），土方外运距离，回填土利用开挖土方或是外购土，以及施工场地大小（是否涉及转运）、作业环境等。

组价时应结合清单的描述、定额的具体子目内容以及施工现场的实际情况进行，如案例清单中，有平整场地、挖沟槽土方、挖基坑土方，根据其项目特征描述，确定了土方开挖尺寸、土方类别以及挖土深度；在实际施工中，由于机械施工的效率远高于人工施工，造价也远低于人工施工，所以在现场条件允许的情况下，应当选择机械施工优先，如果现场条件不允许，例如施工场地过小，机械无法进场施工，就只能选择人工施工。

6.1.3.2　土方工程组价的软件实操

接下来将介绍土方工程组价的软件实操步骤。

（1）平整场地

用鼠标左键单击清单项"平整场地"子目，然后通过软件"清单指引""搜索"或者"定额树"功能找到机械土方中的"平整场地厚30cm以内"并双击鼠标左键确定，如图6.2所示。

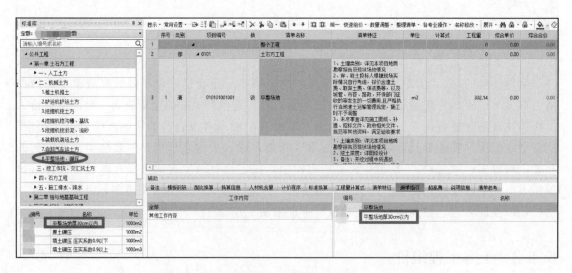

图6.2　点击选择"平整场地厚30cm以内"

选中定额后，出现定额换算弹窗，如图6.3所示。进行含水率调整，符合条件进行勾选，不符合无须勾选，本项目按照常规含水率不超过 25％考虑，不用勾选，直接点击确定。

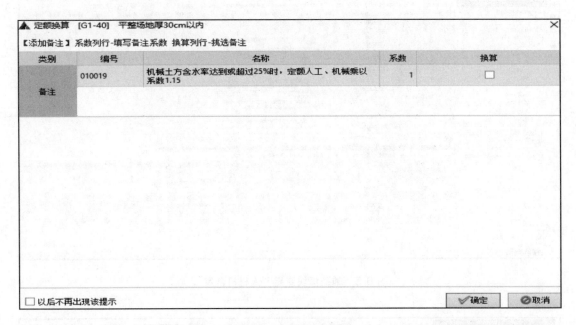

图 6.3　定额换算弹窗

至此，"平整场地"清单项组价就完成了，完成界面如图 6.4 所示。不同地区、不同软件或者不同定额，弹窗里面的内容和数据会有所不同，遇到时按实际情况操作即可。下述其他定额组价操作中，各地区软件数据亦是不同，以下不再赘述。

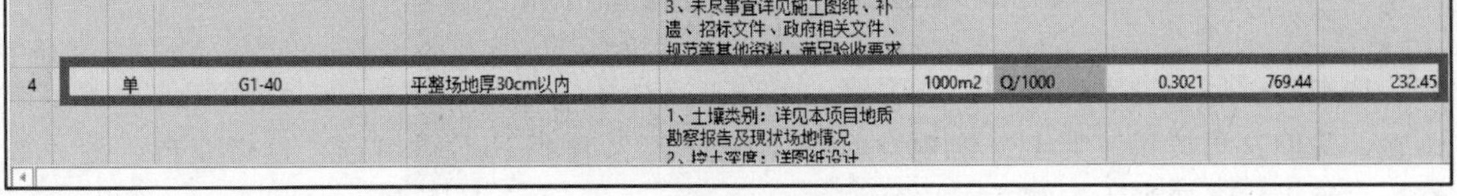

图 6.4　"平整场地"组价完成

定额组价完成后，选中定额，点击下方辅助模块中的"人材机含量"（有的软件叫"工料机"），可以查看其人材机含量相关数据，如图 6.5 所示。

（2）挖沟槽土方

用鼠标左键单击清单项"挖沟槽土方"子目，然后通过软件"清单指引""搜索"或者"定额树"功能找到机械土方中的"挖掘机挖沟槽、基坑 不装车"并双击鼠标左键确定，如图 6.6 所示。

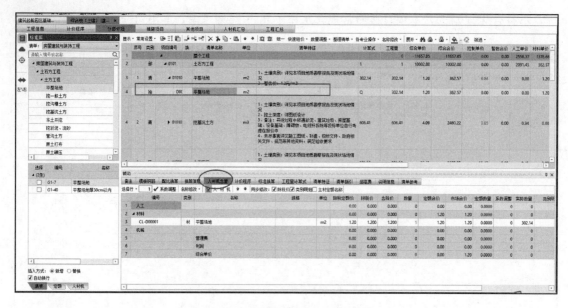

图 6.5　辅助模块查看"人材机含量"

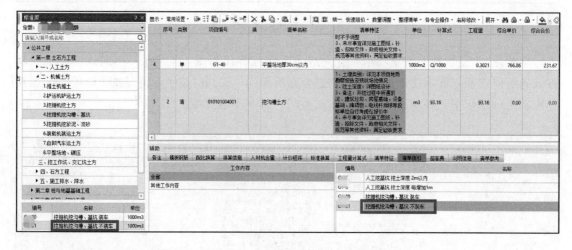

图 6.6　点击选择"挖掘机挖沟槽、基坑 不装车"

选中定额后，会出现定额换算弹窗，如图 6.7 所示，进行土方类别、垫板作业、含水率调整，我们这里按照三类土、常规含水率不超过 25% 考虑，不用勾选，直接点击确定，如是一二类土或者四类土，需在对应处打钩。

至此，"挖沟槽土方"清单项组价完成，完成界面如图 6.8 所示。

（3）人工清底

用鼠标左键单击清单项"人工清底"子目，然后通过软件"清单指引""搜索"或者"定额树"功能找到人工土方中的"人工清底"并双击鼠标左键确定，如图 6.9 所示。

选中定额后，出现换算弹窗如图 6.10 所示，不符合相关内容则不进行勾选，直接确定即可。

至此，"人工清底"组价完成，完成界面如图 6.11 所示。

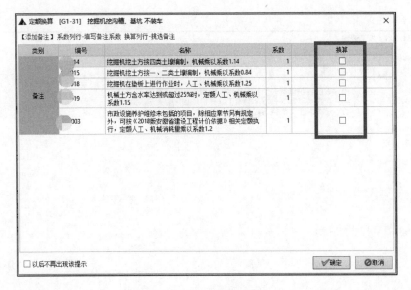

图 6.7 定额换算弹窗

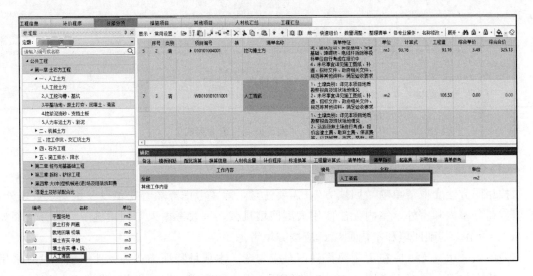

图 6.8 "挖沟槽土方"组价完成

图 6.9 点击选择"人工清底"

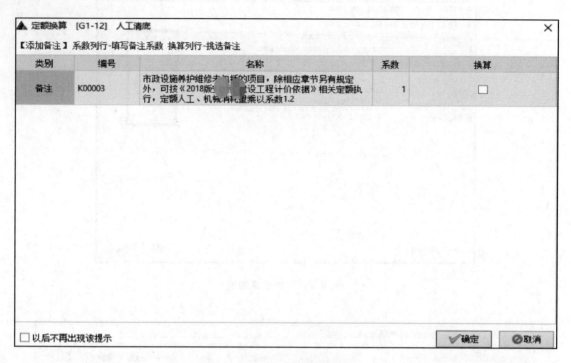

图 6.10　换算弹窗

图 6.11　"人工清底"组价完成

（4）回填方

按相同方法套取清单项"回填方"，需要注意，除了考虑夯填、松填以及压实系数之外，回填方还分室内和室外，室内无法使用大型回填机械，一般考虑人工回填施工，选择定额如图 6.12 所示。基础回填和室内回填都应按夯填考虑。

如回填采用灰土，应在定额换算弹窗对应勾选。本项目特征描述为就地回填，没有采用灰土，故不勾选，直接点击图 6.13 中"确定"，组价即完成，完成界面如图 6.14 所示。

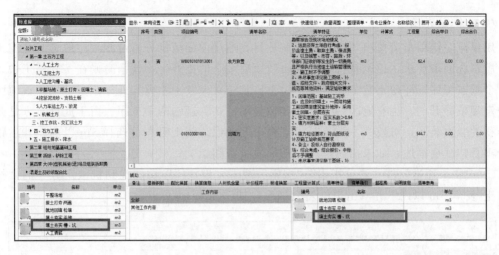

图 6.12　点击选择"填土夯实 槽、坑"

图 6.13　定额换算弹窗

图 6.14　"回填方"组价完成

（5）余方弃置

用鼠标左键单击清单项"余方弃置"子目，通过前面组价分析可知，一般考虑开挖土方的土质符合回填要求，挖土时就近堆放，回填后多余的土外运，这个时候在实际施工中，应有两个基本工序，即挖土装车和汽车外运土，且应考虑装土距离和外运距离。大多数地区这两个定额是分开的，也有地区一个定额即包含了挖装、运输两个工序。由于此处土方是开挖后堆积的二次装车，可按"一类土"或"松土"考虑，装土距离可选择5m以内。外运距离一般项目特征会描述，如未描述可现场踏勘或者查阅相关资料确定。

① 挖装。通过软件"清单指引""搜索"或者"定额树"功能找到机械土方中的"挖掘机挖土 装车 5m以内"并双击鼠标左键确定，如图6.15所示。

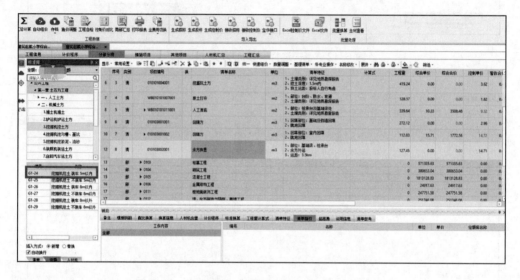

图 6.15　点击选择"挖掘机挖土 装车 5m以内"

选中定额后，会出现弹窗，进行土方类别、含水率、垫板作业调整，如图6.16所示，我们这里按照二类土（或松土）、常规含水率不超过25%考虑，在弹窗中的一二类土后面进行勾选后点击"确定"，挖装工序定额组价完成。

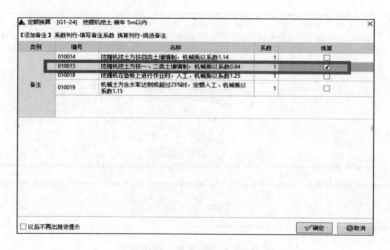

图 6.16　定额换算弹窗

② 运输。通过软件"清单指引""搜索"或者"定额树"功能找到机械土方中的"自卸汽车运土方 运距 5km 以内"并双击鼠标左键确定，如图 6.17 所示。

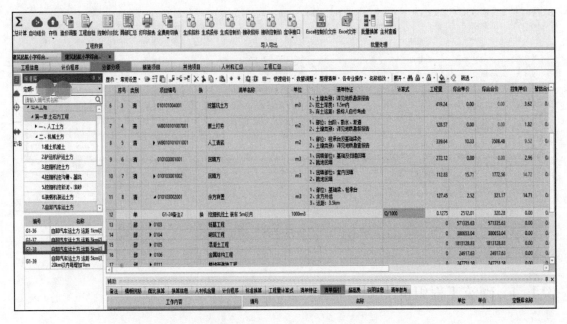

图 6.17　点击选择"自卸汽车运土方 运距 5km 以内"

选中定额后，会出现弹窗，进行运距、含水率等调整，如图 6.18 所示，在关联定额后面填写对应运距 3.5km 后点击"确定"，则运输工序定额组价完成。

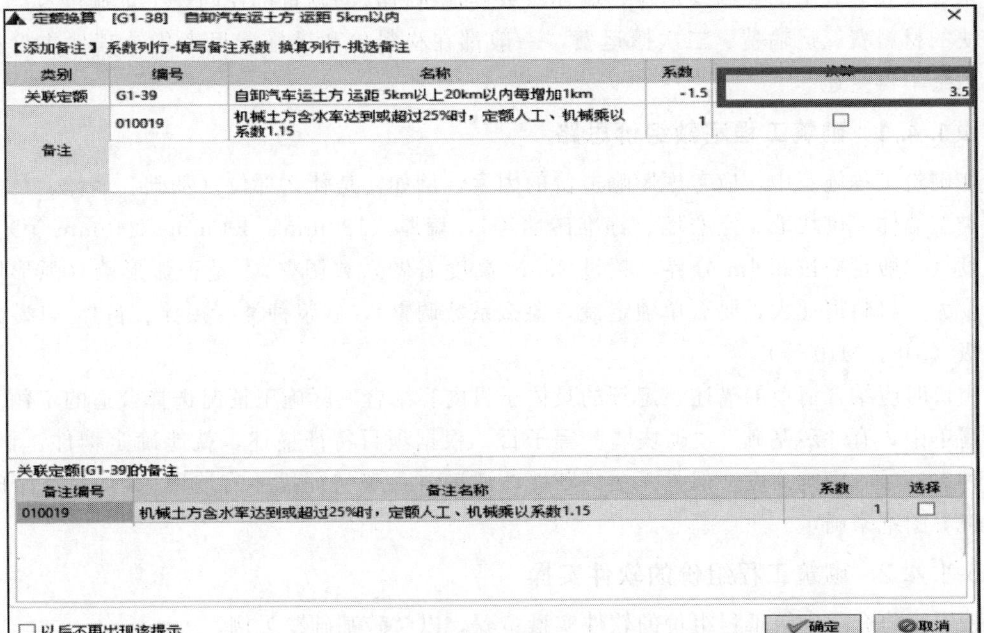

图 6.18　定额换算弹窗

至此，“余方弃置”清单项的挖装、运输两个基本工序定额组价完成，完成界面如图6.19所示。

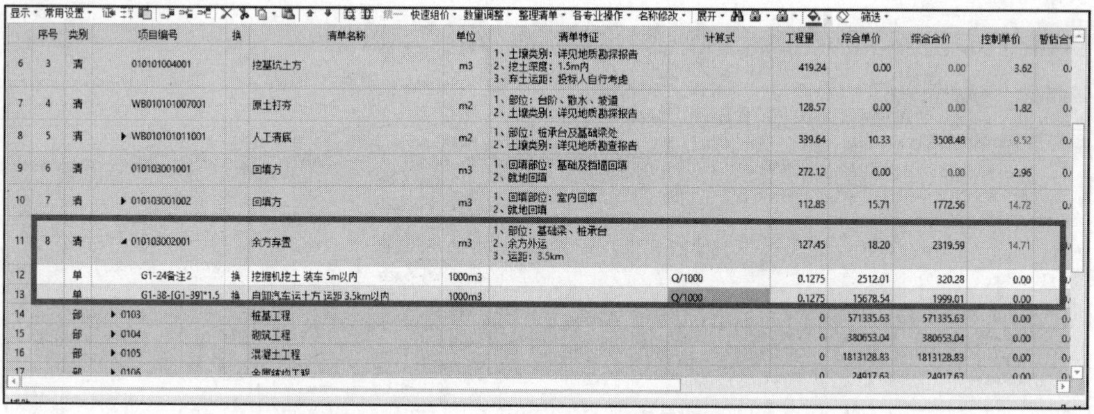

	序号	类别	项目编号	换	清单名称	单位	清单特征	计算式	工程量	综合单价	综合合价	控制单价	暂估合价
6	3	清	010101004001		挖基坑土方	m3	1、土壤类别：详见地质勘探报告 2、挖土深度：1.5m内 3、弃土运距：投标人自行考虑		419.24	0.00	0.00	3.62	0.
7	4	清	WB010101007001		原土打夯	m2	1、部位：台阶、散水、坡道 2、土壤类别：详见地质勘探报告		128.57	0.00	0.00	1.82	0.
8	5	清	▸ WB010101011001		人工清底	m2	1、部位：桩承台及基础梁处 2、土壤类别：详见地质勘查报告		339.64	10.33	3508.48	9.52	0.
9	6	清	010103001001		回填方	m3	1、回填部位：基础及挡墙回填 2、就地回填		272.12	0.00	0.00	2.96	0.
10	7	清	▸ 010103001002		回填方	m3	1、回填部位：室内回填 2、就地回填		112.83	15.71	1772.56	14.72	0.
11	8	清	◢ 010103002001		余方弃置	m3	1、部位：基础梁、桩承台 2、余方外运 3、运距：3.5km		127.45	18.20	2319.59	14.71	
12		单	G1-24备注2	换	挖掘机挖土 装车 5m以内	1000m3		Q/1000	0.1275	2512.01	320.28	0.00	
13		单	G1-38-[G1-39]*1.5	换	自卸汽车运土方 运距 3.5km以内	1000m3		Q/1000	0.1275	15678.54	1999.01	0.00	
14		部	▸ 0103		桩基工程				0	571335.63	571335.63	0.00	0.
15		部	▸ 0104		砌筑工程				0	380653.04	380653.04	0.00	0.
16		部	▸ 0105		混凝土工程				0	1813128.83	1813128.83	0.00	0.
17		部	▸ 0106		金属结构工程				0	24917.63	24917.63	0.00	0.

图6.19 “余方弃置”组价完成

6.1.4 砌筑工程组价

砌筑工程施工一般包含砂浆的拌制和运输、砖块运输和砌筑等内容，其中根据砂浆类别的不同又编制了不同标号等级的自拌砂浆、预拌砂浆定额以及不同材质、不同墙体、不同墙厚、不同构件定额。

关于砌筑施工，一般各地区定额都考虑了弧形墙砌筑难度和墙体砌筑高度增加所造成难度的系数换算。砂浆的拌制及运输、墙体（或其他构件）的砌筑都在同一个定额里考虑。至于砖块的材料费、运输费、二次搬运费，一般都在材料价和措施费里考虑，其他主材亦如此，后续不再赘述。

6.1.4.1 砌筑工程定额组价思路

在砌筑工程施工中，应考虑影响造价的因素，例如，是什么部位（基础、墙体、柱等），什么类型墙体（砌块墙、空心墙、标准砖墙等），墙厚（180mm、200mm、240mm等），砌筑高度（一般定额按3.6m分界，超过3.6m高度需做系数调整），是否弧形墙（弧形墙施工难度大、材料损耗大，要么单独定额，要么系数调整），砂浆种类（预拌、自拌），砂浆标号等级（M5、M10等）等。

组价时应结合清单的描述、定额的具体子目内容结合实际施工情况选择合适的定额。如案例清单中，有“砖基础”“砌块墙”等子目，根据项目特征描述，就能确定构件、材质、砂浆种类标号、砌筑高度，但是无法判断墙体厚度（一般特征描述有墙厚内容），这个时候需要查看图纸来确定。

6.1.4.2 砌筑工程组价的软件实操

接下来将介绍砌筑工程组价的软件实操步骤，以“砖基础”为例。

用鼠标左键单击清单项“砖基础”子目，然后通过软件“清单指引”“搜索”或者“定额树”找到“砌筑工程”中的“砖基础”并双击鼠标左键确定，如图6.20所示。

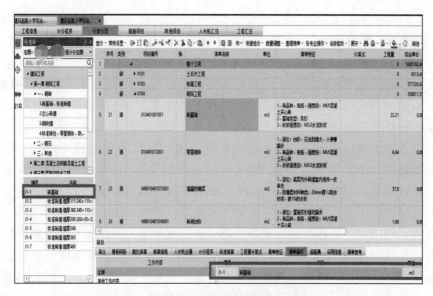

图 6.20　点击选择"砖基础"

选中定额后，会出现定额换算弹窗，如图 6.21 所示，进行砂浆配比调整以及弧形墙系数调整、砌筑高度系数调整，这里按特征描述，选择 M5.0 水泥砂浆，本项目无弧形墙、砌筑高度未超过 3.6m，后两项不用勾选调整。

图 6.21　定额换算弹窗

点击"确定"之后，"砖基础"组价完成，完成界面如图 6.22 所示。

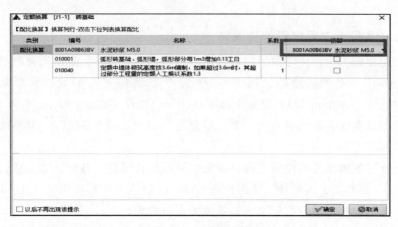

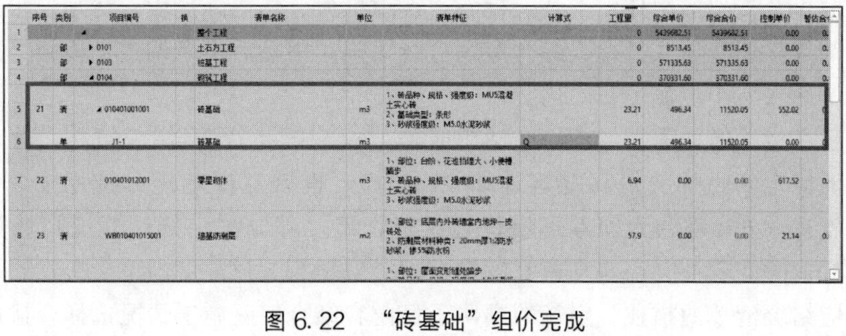

图 6.22　"砖基础"组价完成

6.1.5　混凝土工程组价

混凝土工程施工一般包含混凝土的拌制和运输、模板工程、混凝土浇筑及养护等内容。其中根据混凝土类别的不同编制了商品混凝土和自拌混凝土（现浇混凝土）定额，部分地区还编制了集中搅拌混凝土定额。根据不同的构件也详细划分了不同的定额，比如基础、柱、梁、墙、板、楼梯、其他构件；不同的构件按其详细的尺寸或者类别又分为不同的具体子目，比如独立基础、条形基础、筏板基础，或者矩形柱周长 1.6m 以内，矩形柱周长 2.4m 以内，构造柱或者地上混凝土墙 200mm 内，地下混凝土墙 200mm 外，弧形墙等。具体定额子目根据设计的混凝土强度标号可以换算不同强度，比如 C15、C20、C25 等。

关于混凝土施工，一般各地区定额都考虑了异形混凝土构件施工难度（如弧形混凝土墙施工难度和异形梁施工难度），分为不同的定额，或者在定额内进行难度系数调整换算。自拌混凝土的拌制、运输以及混凝土的浇筑和养护都在同一个定额里考虑。商品混凝土不需要考虑其拌制，只需要考虑其材料费、运输费、泵送费和施工浇筑费、养护费，一般情况下，运输费和泵送费都可以在材料费里考虑。无论是自拌混凝土还是商品混凝土，其养护费用多数包含在混凝土浇筑定额工作内容里考虑，少数地区可能单独考虑编制了混凝土养护定额。

根据混凝土构件施工成型工艺，还划分了预制构件定额和现浇构件定额。这里的预制构件，不同于装配式构件，装配式施工较为复杂，有专门的装配式定额，这里不再展开详细讲解。

6.1.5.1　混凝土工程定额组价思路

在混凝土工程施工中，应考虑影响造价的因素，例如，是什么混凝土种类（商品还是自拌），是什么部位（基础、墙体、柱等），什么类型墙体（直形墙、异形墙等），墙厚（180mm、200mm、240mm 等），混凝土强度（C15、C20、C25、C30、C35 等），是否弧形墙（弧形墙施工难度大、材料损耗大，要么单独定额、要么系数调整），构件施工成型工艺（现浇、预制）等。

与混凝土施工紧密相关的模板工程，定额也是从构件部位（基础、墙、柱、板、其他构件）、构件尺寸（异形梁、弧形梁、矩形柱周长 1.6m 以内、矩形柱周长 2.1m 以内等）、构件施工成型工艺、模板材质（木、钢等）等角度进行考虑。

模板工程定额组价有两种思路，需要根据清单编制方式确定。一种是在清单编制时，单独考虑模板，将模板工程单独列项；另一种则没有单独考虑模板工程，而是将模板工程与混凝土工程综合考虑，每一个混凝土工程清单子目都考虑了模板费用，如在项目特征描述：含钢筋混凝土模板及支架的制作、安装、拆除、整理堆放、场内外运输、清理模板黏结物及杂物、刷隔离剂等一切费用，投标人综合考虑自行报价，中标后不予调整。模板工程相关工作内容一般都考虑在一个定额子目之内。

模板工程在组价时，需要考虑一个费用叫作"模板超高费"。模板超高，针对的是支模高度，一般地区定额是按支模高度超过 3.6m 计算，也就是说定额本身是按 3.6m 以内考虑，支模高度在 3.6m 以内无须考虑模板超高费，超过部分按定额计算规则计算模板超高费。在定额套取时，软件会出现支模高度弹窗，对应填写支模高度即可。

组价时应结合清单的描述、定额的具体子目内容结合实际施工情况选择合适的定额。如案例清单中，有"垫层""独立基础"等子目，根据项目特征描述，就能确定构件、材质、混凝土种类标号，但是无法判断构件成型工艺是预制还是现浇。一般而言如果项目特征没明确是预制构件，定额组价时都可以按现浇构件考虑；如果项目特征没有明确混凝土种类是商品混凝土还是自拌混凝土，通常都按商品混凝土考虑（由于环境污染问题，多数地区已禁止房建和市政项目进行自拌混凝土施工）；有时候项目特征没有描述商品混凝土是泵送还是非泵送，或者描述为自行考虑，通常根据施工方案考虑，或者可以参考常规经验考虑。

6.1.5.2 混凝土工程组价的软件实操

混凝土工程组价的软件实操与土方工程和砌筑工程类似，通过"清单指引""搜索"或者"定额树"找到混凝土工程中对应定额子目并双击鼠标左键确定，在出现的换算弹窗中，进行相应换算调整即可。

（1）垫层案例

如案例工程中，垫层的项目特征描述为："1、混凝土种类：商品混凝土；2、混凝土强度等级：C15；3、备注：含钢筋混凝土模板及支架的制作、安装、拆除、整理堆放、场内外运输、清理模板黏结物及杂物、刷隔离剂等一切费用，投标人综合考虑自行报价，中标后不予调整；4、其他：具体详见图纸、图集、答疑、招标文件、政府相关文件、规范等其他资料，满足验收要求。"根据其项目特征描述可知，需要套取垫层混凝土和模板制作与安装两个定额子目。

① 垫层混凝土。找到定额子目"基础垫层 商品混凝土 无筋 泵送"，如图6.23所示。

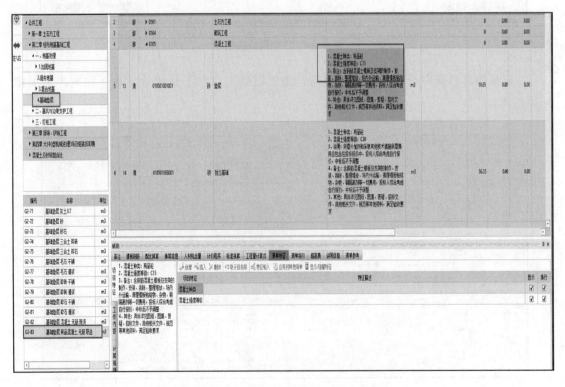

图6.23　选择基础垫层对应定额子目

鼠标左键双击后在定额换算弹窗中进行相应换算设置。此处采用泵送混凝土，混凝土选择与项目特征一致的"商品混凝土 C15（泵送）"，人工费无须调整，换算无须勾选，如图6.24 所示。

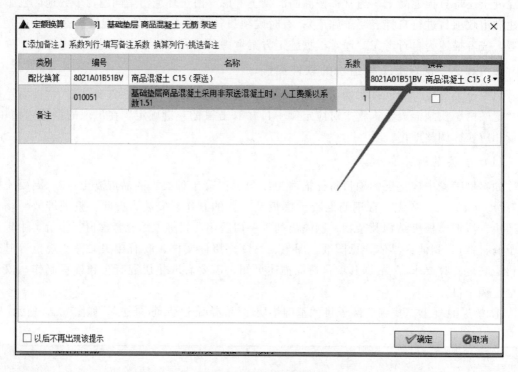

图 6.24　定额换算弹窗

在定额换算弹窗中点击"确定"之后，垫层混凝土清单子目组价完成，完成界面如图6.25 所示。

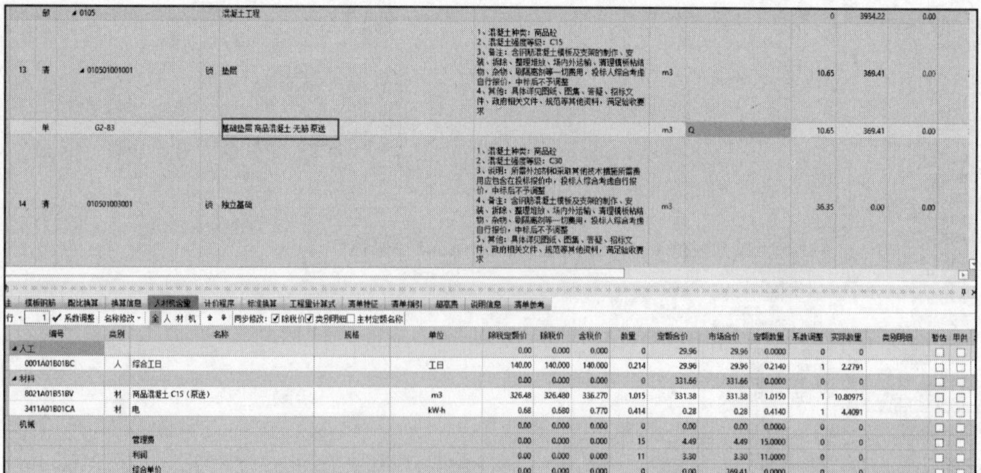

图 6.25　混凝土垫层子目组价完成

② 模板制作与安装。找到定额子目"混凝土垫层 复合木模板"，如图 6.26 所示。

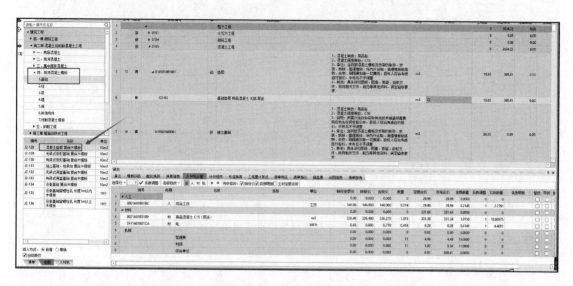

图 6.26 选择定额子目"混凝土垫层 复合木模板"

鼠标左键双击选中定额后，软件弹窗换算按实际调整，此处垫层非圆弧形构件也非后浇带模板，其他项亦不满足，无须换算调整，直接点击"确定"即可，如图 6.27 所示。

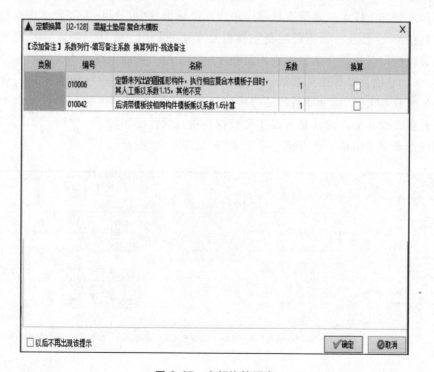

图 6.27 定额换算弹窗

至此，模板制作与安装清单子目组价完成。按图纸计算垫层模板工程量后填写到垫层模板工程量处，如图 6.28 所示。模板工程量计算填写完成后清单项"垫层"方才组价完成。

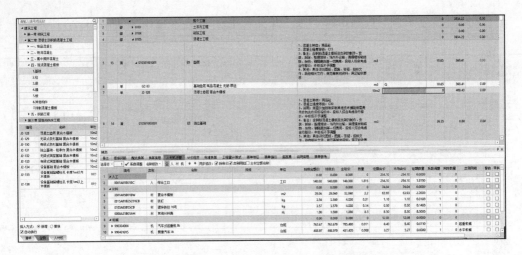

图 6.28　模板制作与安装组价完成后填写模板工程量

（2）矩形梁案例

本案例中涉及模板超高的情况。关于"模板超高"定额，一般也是分不同构件考虑，如梁模板超高、柱模板超高、板模板超高等。很多时候，项目特征并未描述模板支撑高度，投标报价编制人员需要通过查看图纸确定模板支撑高度才能正常组价。如案例工程中矩形梁的项目特征描述为："1、混凝土种类：商品混凝土；2、混凝土强度等级：C30；3、说明：所需外加剂和采取其他技术措施所需费用应包含在投标报价中，投标人综合考虑自行报价，中标后不予调整；4、备注：含钢筋混凝土模板及支架的制作、安装、拆除、整理堆放、场内外运输、清理模板黏结物及杂物、刷隔离剂等一切费用，投标人综合考虑自行报价，中标后不予调整；5、其他：具体详见图纸、图集、答疑、招标文件、政府相关文件、规范等其他资料，满足验收要求。"通过项目特征描述应套取梁混凝土和梁模板制作安装两个子目，另外需要查看梁支撑高度，确认是否发生模板超高费。软件操作如下。

找到定额子目"单梁、连续梁、框架梁"，如图 6.29 所示。

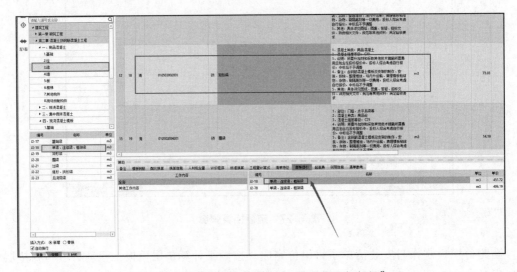

图 6.29　选择定额子目"单梁、连续梁、框架梁"

鼠标左键双击选中定额后，在弹窗中进行对应换算设置，此处采用泵送混凝土，混凝土选择与项目特征一致的"商品混凝土 C30（泵送）"，人工费无须调整，换算无须勾选，如图 6.30 所示。

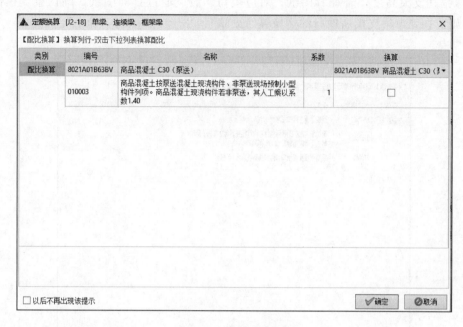

图 6.30　定额换算弹窗

在定额换算弹窗中点击"确定"之后，软件自动弹窗进行模板相关设置，如图 6.31 所示，此处软件根据定额自动关联模板定额子目，"比例"为估算的模板系数工程量（不精准）。如果单独考虑模板，将模板工程单独列项，则无需操作；如果没有单独考虑模板工程，将模板工程与混凝土工程综合考虑，每一个混凝土工程清单子目的项目特征描述中，都考虑了模板费用，则可在此界面勾选比例，也可不勾选，重新套取"模板制作与安装"定额。

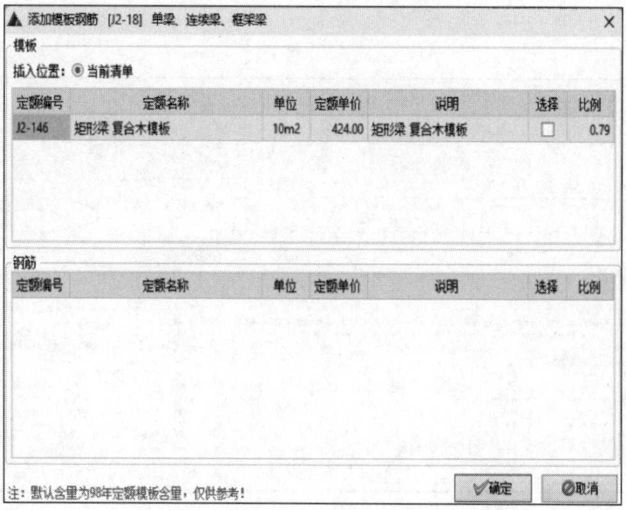

图 6.31　"添加模板钢筋"弹窗

点击图 6.31 中"确定"后，软件会再次弹窗定额换算界面，此处可对模板超高情况进行设置，如图 6.32 所示。若项目特征描述模板支撑高度超过了 3.6m，可在弹窗对应梁支模高度行的"换算"处对应填写，若低于或等于 3.6m，则按默认 3.6m 即可。若案例工程项目特征未描述支模高度，需查看图纸，对应填写。假设通过查询图纸，确认梁支模高度为3.8m，则应在弹窗梁支模高度行的"换算"处填写"3.8"后点击"确定"。

图 6.32　在定额换算弹窗中设置模板超高情况

至此，清单项根据项目特征描述需要组价的梁混凝土、梁模板制作与安装、梁模板超高已组价完成，完成界面如图 6.33 所示。此处注意，模板超高定额与模板合并为一条定额子目显示。

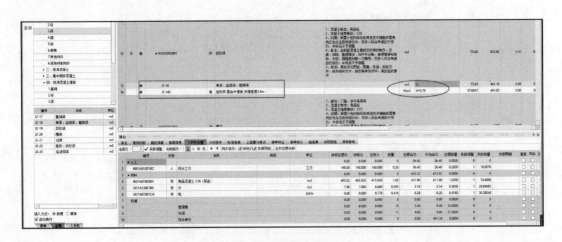

图 6.33　组价完成后显示界面

6.1.6　钢筋工程组价

钢筋工程施工一般包含钢筋原材料运输、钢筋的加工制作和钢筋的安装施工等内容。其中定额按钢筋混凝土构件成型工艺分为现浇构件钢筋、预制构件钢筋、预应力钢筋（先张法和后张法）以及其他构件用钢筋（如砌体加固钢筋、预埋件、植筋等）等不同类别。每类钢筋又有不同种类（圆钢 HPB、带肋钢筋 HRB）、不同直径（ϕ10、ϕ16、ϕ20 等）、不同屈服强度（335MPa、400MPa 等）。钢筋连接定额一般单独考虑，通常按钢筋连接工艺分为电渣压力焊连接、冷压套筒连接、直螺纹连接等，其也按不同钢筋大小直径分为具体定额。

关于钢筋工程施工，一般各地区定额都考虑了小型构件或者其他钢筋施工难度较大的构筑物钢筋工程，对其进行难度系数调整换算，部分地区可能会按构件编制定额，比如箍筋定额。

6.1.6.1　钢筋工程定额组价思路

在钢筋工程施工中，应考虑影响造价的因素，例如，是什么工艺（现浇工艺、预制工艺、预应力等），什么类型规格（冷拔低碳钢丝、圆钢、带肋钢筋等），钢筋直径（ϕ10、ϕ16、ϕ20 等），是否小型构件或者其他复杂构件（较常规施工难度大、材料损耗大，要么单独定额，要么系数调整）等。

组价时应结合清单的描述、定额的具体子目内容结合实际施工情况选择合适的定额。如案例清单中，有"现浇构件钢筋 1、钢筋种类、规格：ϕ10 以内一级钢；2、其他：具体详见图纸、图集、答疑、招标文件、政府相关文件、规范等其他资料，满足验收要求""现浇构件钢筋 1、钢筋种类、规格：ϕ10 以内三级钢；2、其他：具体详见图纸、图集、答疑、招标文件、政府相关文件、规范等其他资料，满足验收要求"等子目，根据项目特征描述，就能确定施工工艺为现浇工艺，也能确定钢筋种类、规格、直径大小，只是并没有明确是否属于小型构件或者复杂构件，这种情况需要结合清单项和图纸来确定，比如，通过前面混凝土子目可判断不是小型现浇构件或其他钢筋施工复杂构件。还需注意，有的清单项目特征描述中，可能不会直接说明是圆钢或者带肋钢筋，例如案例工程清单的项目特征仅描述为"一级钢""三级钢"，这里所说的一级钢是指圆钢，二级钢、三级钢指的是螺纹钢（即带肋钢筋）。

关于钢筋连接（接头），多数情况下，清单子目都是单独列项为"钢筋连接"，组价时通过项目特征描述判断采用什么工艺连接（如电渣压力焊或冷压套筒连接）、钢筋直径大小，套取对应定额即可。少数清单编制不规范时，钢筋连接可能并没有单独列项，只是在钢筋清单子目中的项目特征描述为"包含钢筋接头连接，投标人自行考虑"，这种清单不规范，在对应套取钢筋定额之后，还需要对应套取钢筋连接（接头）定额，给投标报价编制人员报价带来极大不便。其麻烦在于需要查看图纸钢筋连接方式，以及计算不同直径钢筋接头的数量（即钢筋连接定额工程量），才能准确报价。

6.1.6.2　钢筋工程组价的软件实操

钢筋工程组价的软件实操与土方工程和砌筑工程等类似，通过"清单指引""搜索"或者"定额树"找到钢筋工程中对应定额子目并双击鼠标左键确定，在出现的换算弹窗中，进行对应的换算调整即可，不再赘述。

在案例工程中还有个清单子目叫作"预埋铁件"，其项目特征描述为："1、部位：栏杆、屋面太阳能设备等预埋件；2、油漆：凡外露钢铁件必须在除锈后涂防腐漆一道，面漆两道，并经常注意维护；3、其他：具体详见图纸、图集、答疑、招标文件、政府相关文件、规范等其他资料，满足验收要求。"此类组价应该从基本工序入手，其分为两个基本工序："预埋铁件制作"和"预埋铁件安装"，其他辅助工序如材料运输、购买等，一般不单独考虑，都在材料价和其他工序定额内考虑。

这里有个情况类似于商品混凝土与现浇混凝土，就是预埋铁件可以按施工现场加工制作考虑，预埋铁件制作完成后再进行安装施工，也可以考虑购买成品预埋铁件，无须加工，直接进行安装施工。

在考虑购买成品预埋铁件的情况下，无须套取"预埋铁件 制作"定额，只需要套取"预埋铁件 安装"即可，如图6.34所示。

若考虑自行加工制作预埋铁件定额时，需要套取"预埋铁件 制作"和"预埋铁件 安装"两个定额，且需要将"预埋铁件 安装"定额中成品铁件的消耗量调整为"0"，如图6.35所示，否则主材价将重复计取。

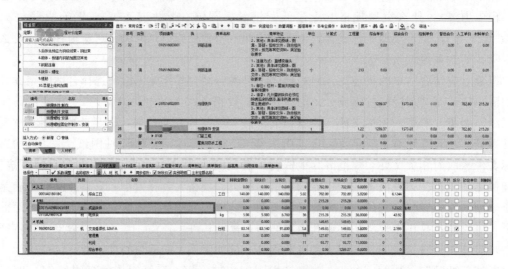

图6.34　仅套取"预埋铁件　安装"定额界面及其人材机含量

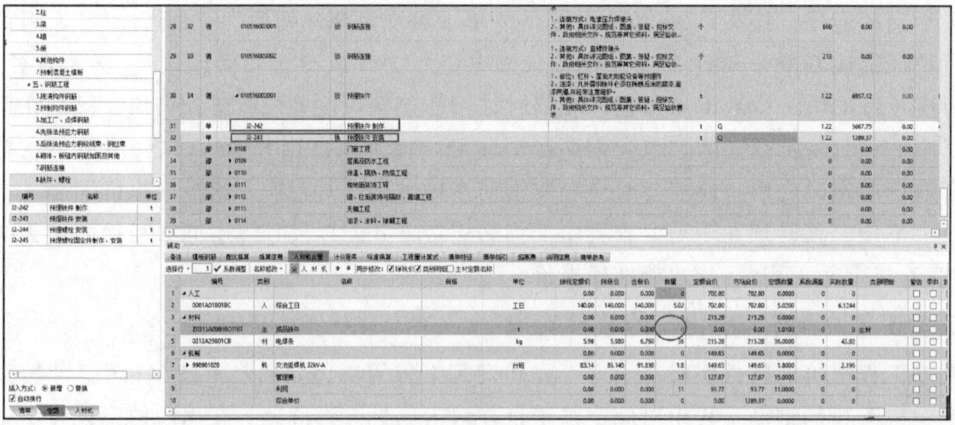

图6.35　套取"预埋铁件　制作""预埋铁件　安装"定额时，成品铁件消耗量调"0"

6.2　组价时的换算

定额组价和调整时，涉及一个很重要的概念和操作，叫作"换算"，在前文定额组价实操讲解时实际上已经应用到了换算的操作。换算的基本含义为：基准不一致时，折算成同一标准或条件。投标报价编制工作中常见的换算包含但不限于系数增减换算、厚度换算、混凝土（砂浆）强度换算、材料规格换算、材料用量换算、工程量换算等。在借用不同专业定额时，实际上还涉及人工换算以及机械台班换算。

6.2.1　系数增减换算

系数增减换算是在定额组价时最常见的一种换算，其含义为定额含量（消耗量）的系数调整。例如，多数地区的土方定额是按干土编制的，挖湿土时会进行一个系数调整，如挖湿土时人工乘以系数 1.17；多数地区人工土方定额是按三类土编制的，如土壤类别不同时，分别按系数调整，人工挖土方一、二类土壤乘以系数 0.65；人工挖基坑四类土壤以系数 1.38 等。

进行系数增减换算时，多数软件不需要手动修改或者调整定额含量，在需要调整时，多数软件都会有弹窗，勾选对应选项后确定即可，如图 6.36 所示。

类别	编号	名称	系数	换算
备注	010014	挖掘机挖土方按四类土壤编制，机械乘以系数1.14	1	☐
	010015	挖掘机挖土方按一、二类土壤编制，机械乘以系数0.84	1	☐
	010018	挖掘机在垫板上进行作业时，人工、机械乘以系数1.25	1	☐
	010019	机械土方含水率达到或超过25%时，定额人工、机械乘以系数1.15	1	☐

☐以后不再出现该提示　　　✓确定　⊘取消

图 6.36　挖掘机挖土时的系数增减换算

6.2.2　厚度换算

厚度换算指的是定额编制考虑的厚度与设计（施工）不一致，其定额中的厚度需要对应调整，如道路基层厚度、道路面层厚度等。其理解起来也较为简单，因为定额不可能考虑到所有的设计厚度，其必然存在定额没有考虑到的情况，不同厚度其消耗的人材机必然不同，那么这个时候就需要进行厚度换算了。一般软件对于厚度类定额，除了会考虑常规几种厚度之外，还会考虑每增减 1cm 厚度人材机的消耗量，与设计不同时对应换算即可。

例如，碎石底层定额按 15cm 厚度考虑，其厚度每增减 1cm，每 100m^2 人工增减 0.018 个工日，碎石增减 2.046m^3，其他材料费 1%。在组价时，多数软件不需要我们手动修改或者调整定额含量，在需要调整时，多数软件都会有弹窗，我们直接填写对应厚度即可，如图 6.37 所示。若设计厚度为 20cm，直接在 "换算" 列填写 "20" 或者在 "系数" 列填写 "5" 即可，填写其一，另一项会自动填写，如 "换算" 填写 "20"，"系数" 会自动填写上 "5"（5 对应的是设计厚度 20cm，即相对定额厚度 15cm 增加了 5 倍的 "1cm 厚度"）。

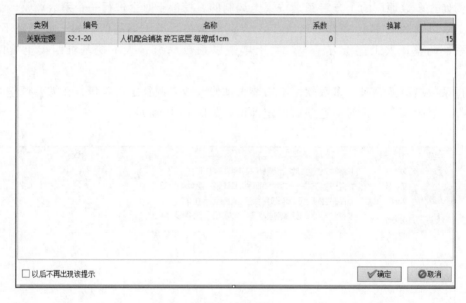

图 6.37　厚度换算

6.2.3　混凝土（砂浆）强度换算

混凝土（砂浆）强度换算指的是设计（施工）中混凝土、砂浆强度与定额不一致时（体现于项目特征描述中），其定额中的强度需要对应调整（不同强度等级混凝土或砂浆费用不同）。如定额为商品混凝土 C20，项目特征描述为商品混凝土 C25，这时就需要对应调整，如图 6.38 所示。关于砂浆强度也是同样的道理，如定额为 M10 砌石或者 M7.5 水泥砂浆砌筑实心砖，项目特征描述与定额不一致时，就需要换算砂浆强度，如图 6.39 所示。

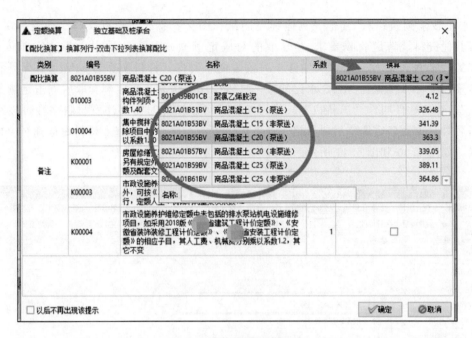

图 6.38　混凝土强度换算

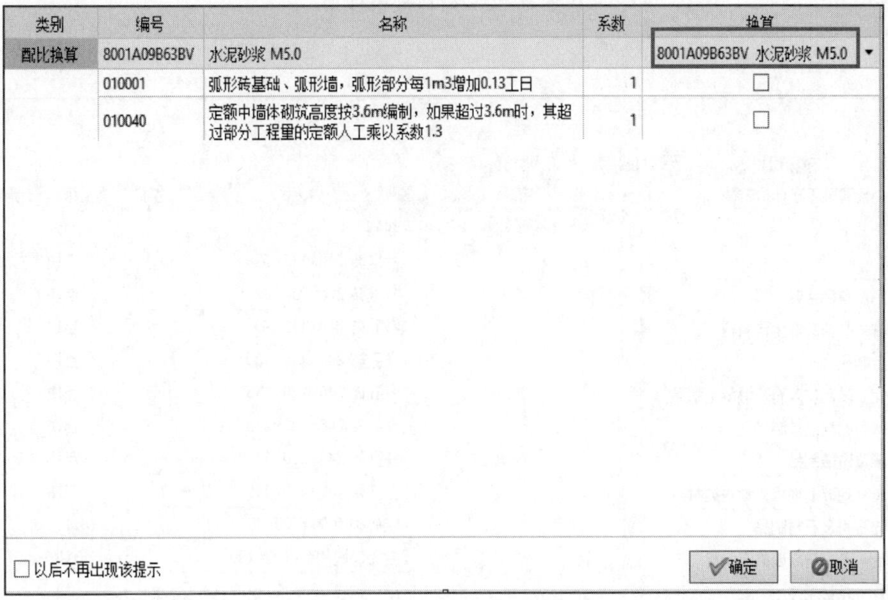

类别	编号	名称	系数	换算
配比换算	8001A09B63BV	水泥砂浆 M5.0		8001A09B63BV　水泥砂浆 M5.0 ▼
	010001	弧形砖基础、弧形墙，弧形部分每1m3增加0.13工日	1	☐
	010040	定额中墙体砌筑高度按3.6m编制，如果超过3.6m时，其超过部分工程量里的定额人工乘以系数1.3	1	☐

☐以后不再出现该提示　　　　　　　　✔确定　⊘取消

图 6.39　砂浆强度换算

6.2.4　材料规格换算

材料规格换算，是指项目特征描述的材料规格或材料用量与定额不一致时，需要按实际材料规格和用量对定额进行换算。比如案例工程中"砖基础"的项目特征描述为："1、砖品种、规格、强度级：MU10.0 煤矸石实心砖，最大容重为 $18kN/m^3$；2、砂浆强度级：

M7.5 水泥砂浆砌筑；3、其他；具体详见图纸、图集、答疑、招标文件、政府相关文件、规范等其他资料，满足验收要求。"套取的对应定额"砖基础"的主材为"标准砖 240×115×53""水泥砂浆 M5.0"，与实际不一致，则需要将其材料换算为 MU10.0 煤矸石实心砖、砂浆强度标号换算为 M7.5 水泥砂浆。具体操作方法为，在定额套取后点击定额"人材机含量"（有的软件叫作"工料机"）进行换算即可。换算时需要注意材料多数可以直接双击材料名对其重命名后调整材料价格，或者可以点击右侧"…"进入材料库选择对应材料进行替换，如图 6.40 和图 6.41 所示。

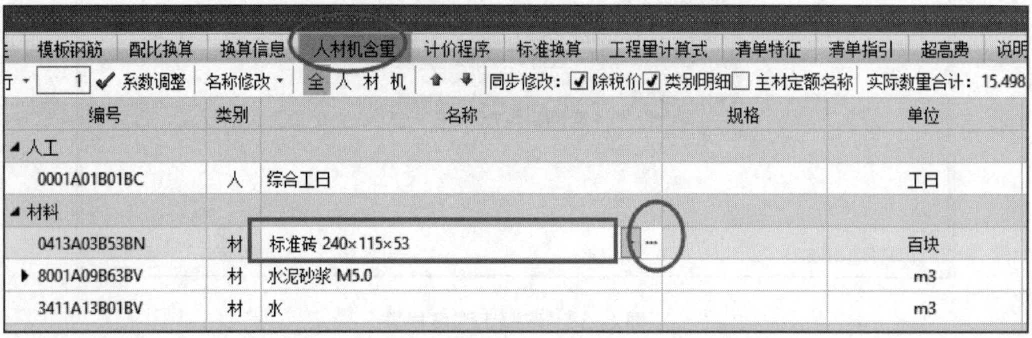

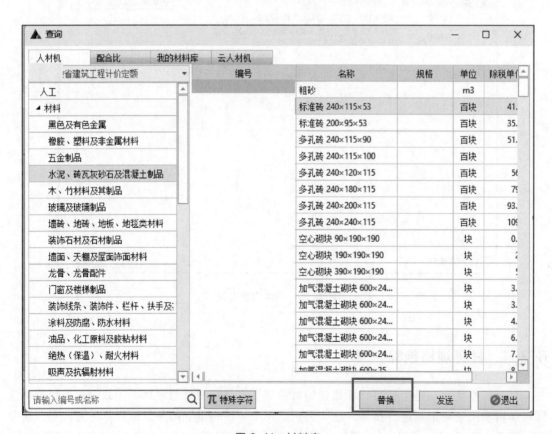

图 6.40　材料规格换算

图 6.41　材料库

6.2.5　材料用量换算

材料用量换算不同于路面、基层等的厚度换算，定额套取时一般不会弹窗提示，需要投标报价编制人员手动调整。例如，清单子目"人行道板"的项目特征描述为"水泥砂浆垫层3cm厚"，套取对应的定额为"人行道板安砌水泥砂浆垫层2cm厚"，其垫层厚度与设计不一致，而定额套取时仅有水泥砂浆强度换算弹窗，没有垫层厚度换算弹窗，在完成换算水泥砂浆强度后还需要在"人材机"里进行手动调整水泥砂浆材料用量，换算依据为定额说明所述："人行道板等砌料及垫层如与设计不同时，按设计要求调整材料用量，但人工用量不变。"

定额材料消耗量计算公式为：材料用量＝实体＋损耗，损耗一般为 $2\%\sim5\%$ 之间。根据定额分析，100m^2 的人行道板，2cm 垫层材料用量为 2.05m^3，其实体为 $100\text{m}^2\times2\text{cm}=2\text{m}^3$，其损耗占比为 $(2.05-2)/2=2.5\%$，所以 100m^2 的人行道板 3cm 厚水泥砂浆垫层实体＝$100\text{m}^2\times3\text{cm}=3\text{m}^3$，水泥砂浆材料用量＝$3\times(1+2.5\%)=3.075$（$\text{m}^3$）。因此双击"水泥砂浆 1：3"数量，将"2.05"调整为"3.075"即完成换算，换算前如图 6.42、换算后如图 6.43 所示。

单	S2-3-4		人行道板安砌 水泥砂浆垫层(厚2cm)						

模板钢筋	配比换算	换算信息	人材机含量	计价程序	标准换算	工程量计算式	清单特征	清单指引	超高费	说明信息	清单参考

编号	类别	名称	规格	单位	除税定额价	除税价	含税价	数量
▲人工					0.00	0.000	0.000	0
0001A01B01BC	人	综合工日		工日	140.00	140.000	140.000	6.697
▲材料					0.00	0.000	0.000	0
Z3605A05B01BW	主	人行道板		m2	0.00	0.000	0.000	101.5
0000A33B01CM	材	其他材料费占材料费		%	530.1086	530.1086	572.589	0.5
3411A13B01BV	材	水		m3	7.96	7.960	8.680	0.71
0403A17B01BT	材	中（粗）砂		t	87.00	87.000	89.610	0.12
▶ 8001A09B59BV	材	水泥砂浆 1:3		m3	250.74	250.740	271.060	2.05

图 6.42　水泥砂浆材料用量换算前

▲人工					0.00	0.000	0.000	0
0001A01B01BC	人	综合工日		工日	140.00	140.000	140.000	6.697
▲材料					0.00	0.000	0.000	0
Z3605A05B01BW	主	人行道板		m2	0.00	0.000	0.000	101.5
0000A33B01CM	材	其他材料费占材料费		%	787.1171	787.1171	850.4255	0.5
3411A13B01BV	材	水		m3	7.96	7.960	8.680	0.71
0403A17B01BT	材	中（粗）砂		t	87.00	87.000	89.610	0.12
▶ 8001A09B59BV	材	水泥砂浆 1:3		m3	250.74	250.740	271.060	3.075

图 6.43　水泥砂浆材料用量换算后

6.2.6　工程量换算

工程量换算涉及具体的工程量计算规则，情况不一，此处不做详细讲解，如某地定额工程量计算规则规定"阳台如带悬臂梁者其工程量乘以系数 1.08"，可以理解为工程量的换算调整。

6.2.7　人工换算及机械台班换算

人工换算主要指主定额为工民建定额（建筑定额、装饰定额、安装定额、市政定额、园林定额）借用其他行业定额，如建筑专业借用水利专业定额或者公路专业定额，这个时候借用的定额的人工工种和人工单价与主专业定额都不一致，需要进行换算处理。投标报价编制时一般采用费用相等思想进行换算，换算公式为：建筑专业人工单价×建筑专业人工消耗量＝水利专业人工单价×水利定额消耗量，其中水利定额消耗量和水利人工单价为已知，建筑专业人工单价已知，计算出建筑专业人工消耗量即可，其计算公式为：建筑专业人工消耗量＝（水利专业人工单价×水利定额消耗量）/建筑专业人工单价。很多计价软件无法借用水利专业或者公路专业定额，这里不再举例展开讲解。

人工换算的另一种情况是同为工民建专业定额借用产生的人工单价换算，例如，主定额为建筑专业定额，借用市政专业定额，这个时候可能人工工种不同，人工单价也可能不同（有的地区人工工种和单价都相同），这种情况不是简单地按"费用相等"思路换算，各地区定额说明中的要求不同，有的可能按被借用定额人工工种和人工单价执行，有的可能按借用定额工种和借用定额人工单价执行，不需要换算（如，主定额为建筑专业时，A 地区要求借用市政定额时人工单价按市政专业人工计取，B 地区要求按建筑专业人工计取）。但是在投标报价编制工作中多数地区招标文件对人工单价有评审要求，应以符合招标文件评审为第一原则。这种人工换算，一般在软件中直接修改工种名称和人工单价即可。

机械台班换算主要指主定额为工民建定额（建筑定额、装饰定额、安装定额、市政定额、园林定额）借用其他行业定额，如建筑专业借用水利专业定额或者公路专业定额，这个时候借用的定额的机械台班单位费用不同，水利机械台班单位为台时，建筑专业机械台班单位为台班，一般我们换算的时候按 1 个台班＝8 个台时考虑。

6.2.8　厚度换算与材料规格换算、材料用量换算的差异

"厚度换算""材料规格换算"和"材料用量换算"三者无论是从软件操作还是从内容理解上，都有很大差异，但是目的相同，都是定额与设计（项目特征描述）不匹配，需要进行调整。一般而言，厚度换算本质上是进行"人材机"三项消耗量的调整，一般关联"增减1cm 厚度"定额，软件会在定额套取时弹窗，直接填写总厚度即可（部分软件可能是填写增加部分厚度）。"材料规格换算"本质上是因为不同规格材料单价不同，为方便统计不同规格材料的材料费而进行的换算，这种换算软件不会出现换算弹窗，手工调整材料名称或者在材料库选择对应材料替换即可。"材料用量换算"本质上也是因为定额中某种材料用量与设计（项目特征描述）不匹配而进行的换算，这种换算一般软件不会出现换算弹窗，需要投标报价编制人员手工进行调整。

6.3　软件快速组价

　　计价软件作为一个造价工具，无论是预算编制工作、投标报价编制工作或者结算工作，一般都会开发各种快捷功能帮助提高工作效率。投标报价编制工作的定额组价阶段，有一些功能可以提高组价速度，以快速完成组价工作。

　　计价软件里常见的快速组价功能有"复制组价到其他清单""提取其他清单组价""外工程复制""项目统一组价"以及"自动组价"等，不同软件叫法可能不同，但是使用场景和其功能用法基本一致。本书案例使用新点软件，其快速组价功能位置如图 6.44 所示。

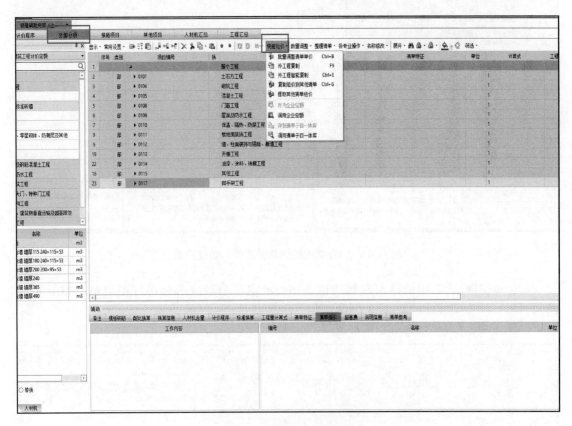

图 6.44　快速组价功能位置

6.3.1　复制组价到其他清单

　　"复制组价到其他清单"功能，指本清单组价完成后，将这个清单的组价复制到另一个清单或者多个清单中，即不需要手动一个个清单进行组价。本功能适用于一个单位工程或者多个单位工程具有多个相同的清单子目的情况。

点击"复制组价到其他清单"会出现弹窗如图 6.45 所示，弹窗中左侧为清单区，将显示当前单位工程工程量清单，其单价为 0 的表示未组价，单价不为 0 的表示已组价；左下角"比对方式"栏为匹配条件设置区，可根据需求自行设置；右上角为与左侧选择清单条件相同的清单，单价为 0 表示未组价；右下角为操作范围，可选择复制组价到本单位工程或是整个项目的相同匹配条件清单。

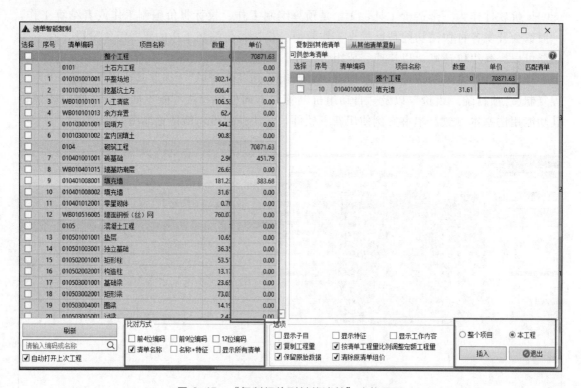

图 6.45　"复制组价到其他清单"功能界面

鼠标单击图 6.45 所示界面左侧清单名称，可定位至对应的分部分项清单，如图 6.46 所示。

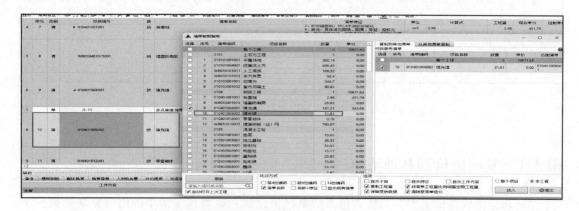

图 6.46　定位分部分项对应清单

设置好匹配条件后，在左侧点击清单名称选择清单子目，右侧会出现对应的相同条件清单，如图 6.47 所示；若未显示，说明没有相同条件清单，如图 6.48 所示。

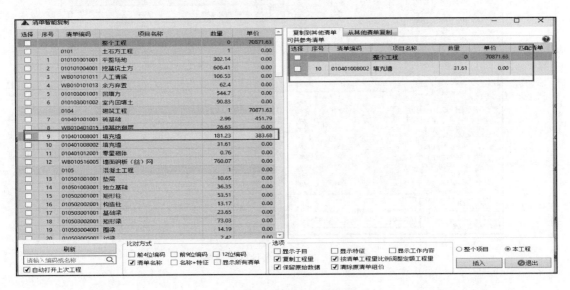

图 6.47　有相同条件清单

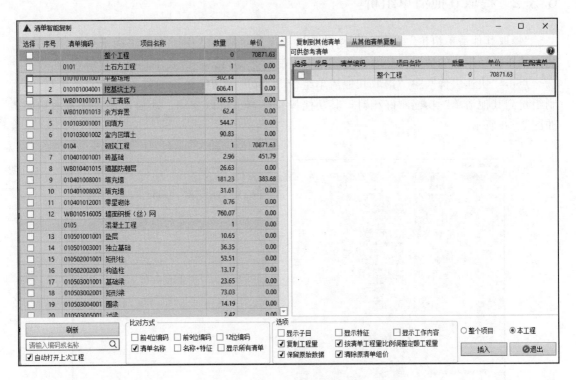

图 6.48　无相同条件清单

如果确定需要复制定额到匹配的相同条件清单，需要在左侧清单区勾选对应清单后，在右侧相同匹配条件清单也进行勾选，之后点击右下角"插入"即完成"复制组价到其他清单"的操作，如图 6.49 所示。

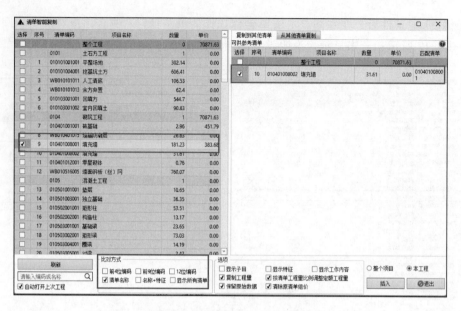

图 6.49　对应勾选条件匹配清单

6.3.2　提取其他清单组价

"提取其他清单组价"功能，指从其他清单复制定额，适用于本清单尚未组价，而其他相同清单已经组价的情况，此时使用该功能复制过来即可，不需要手动查找定额组价。

点击"快速组价"中"提取其他清单组价"，可进入功能操作弹窗，该功能操作与"复制组价到其他清单"功能刚好相对，其功能操作弹窗也可以互用，功能区设置等基本相同，如图 6.50 所示。

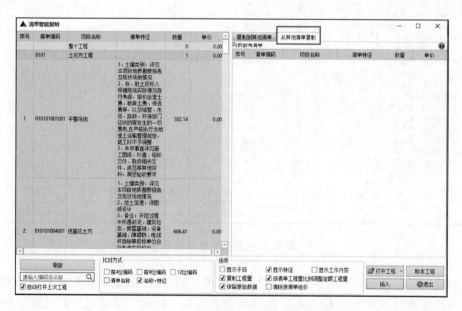

图 6.50　"提取其他清单组价"功能界面

在左侧清单区，选择未组价清单（单价为0）后，右侧会根据"比对方式"匹配条件显示出已经组价的清单（有单价为已经组价），如图6.51所示，确定无误后，点击"插入"，则未组价的清单组价结束，从其他清单复制组价的操作完成。需注意，若右上角"从其他清单复制"模块下没有已经组价清单，说明条件不匹配或者无此条件清单。

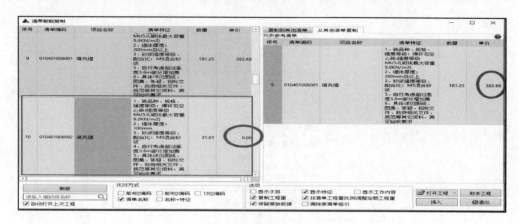

图 6.51　"从其他清单复制"组价操作

6.3.3　外工程复制

"外工程复制"功能，适用于本工程开始组价之前，发现其他做过的、已组价完成的工程与当前工程清单高度类似（清单名称或者项目特征描述存在很多相同）的情况；也适用于一个项目工程分多个标段招标，第二个标段及后续其他标段可以借用第一个标段组价的情况；同时也可用于本工程组价完成后，清单变更调整、重新发布等情况。"外工程复制"功能有三个入口，如图6.52～图6.54所示。

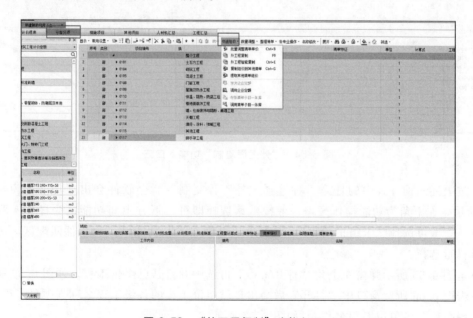

图 6.52　"外工程复制"功能入口一

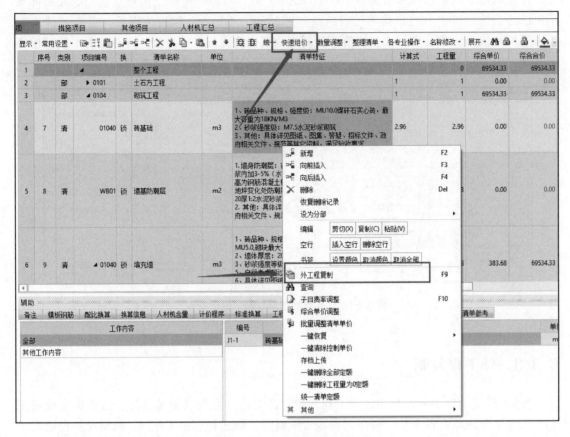

图 6.53   "外工程复制"功能入口二

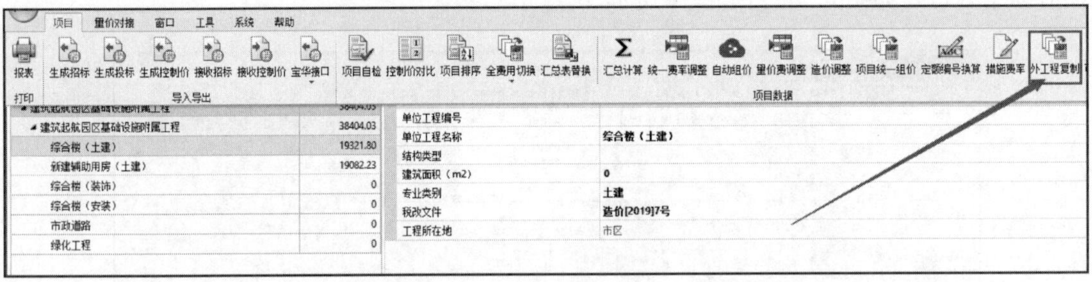

图 6.54   "外工程复制"功能入口三

通过上述三种方式中的任意一种选择"外工程复制"后会软件会出现功能弹窗，如图 6.55 所示，左下角为功能操作区，一般按默认选择即可，下方中间功能区为操作工程的组价范围，一般可选择"未组价清单"，右下角"组价方式"功能区，为条件匹配区，可按工程需求自行选择。

点击图 6.55 所示弹窗左上角"打开工程"可选中并打开已组价工程，如图 6.56 所示。

点击图 6.56 所示窗口中"打开"后会出现已组价工程的各级工程名称（项目工程名称、单项工程名称、各单位工程名称），如图 6.57 所示。

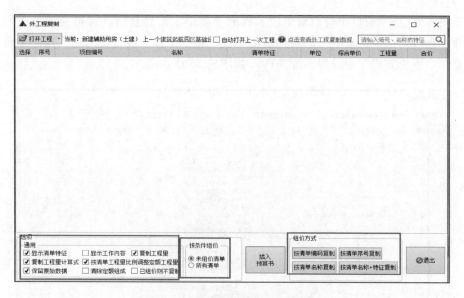

图 6.55 "外工程复制" 功能弹窗

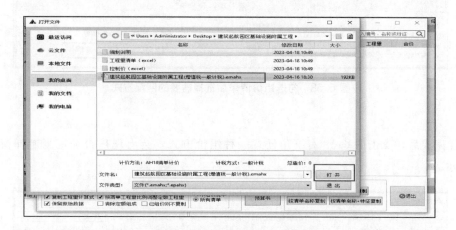

图 6.56 选择已组价工程

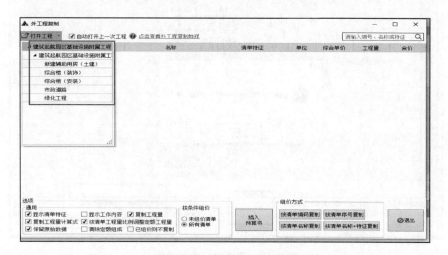

图 6.57 出现各级工程名称

双击图 6.57 所示窗口中与当前单位工程清单类似、需要复制其组价的单位工程，在其打开界面左侧可勾选组价清单，如勾选最上一级"整个工程"可直接全选，勾选组价清单后可按需要在"组价方式"中设置匹配条件，如图 6.58 所示。

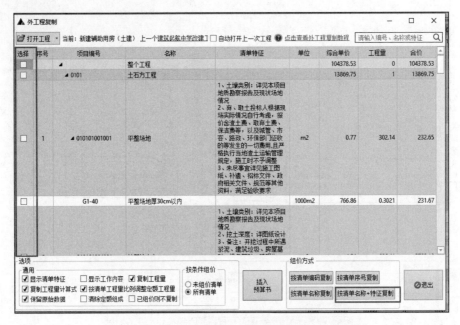

图 6.58　勾选组价清单后选择需要的匹配方式

设置完成后，点击图 6.58 右下角任意一种组价方式，会出现是否确定复制弹窗，如图 6.59 所示。

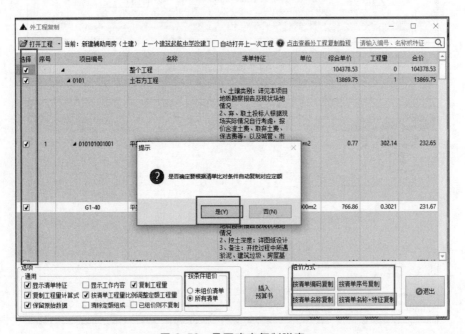

图 6.59　是否确定复制弹窗

点击"是"确认，软件会弹窗出现"是否清除原组价"，如图 6.60 所示，可按实际情况点击"是"或者"否"。

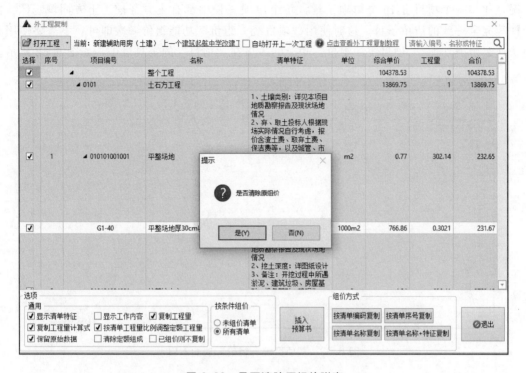

图 6.60　是否清除原组价弹窗

注意，如果当前单位工程有部分清单子目已经组价，在"外工程复制"功能中又勾选了其已组价清单，"按条件组价"选择了"所有清单"，又没有清除原组价，则当前单位工程对应清单子目会组价重复，其中一部分为当前单位工程本身组价，另一部分为从外工程复制而来的组价，如图 6.61 所示，这时就需要手动删除多余的组价了。

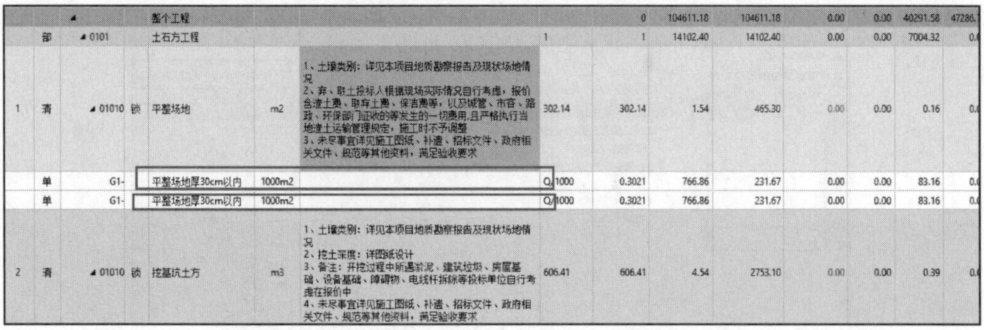

图 6.61　未清除原组价造成外工程复制后组价重复

6.3.4　项目统一组价

"项目统一组价"功能其实就是"去重组价"。对于一个单位工程甚至一个项目来说，往往有很多清单的项目特征相同，其组价应该完全一致，此时投标报价编制人员的定额组价工作实际上存在许多重复操作。"项目统一组价"功能可以解决定额组价时，高度重复工作的情况，比如一个项目有 10 个单项工程，每个单项工程中都有土方开挖、土方回填、C30 框架柱等完全一致的清单子目，这时使用"项目统一组价"功能组价一次即可，不需要使用其他快速组价类功能。"项目统一组价"功能的入口在"项目"的工具栏中，如图 6.62 所示。

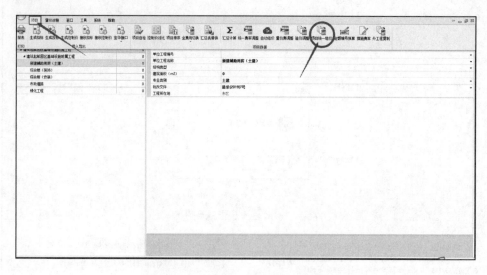

图 6.62 "项目统一组价"功能入口

使用"项目统一组价"功能时需要关闭所有的单位工程，一般接收工程量清单（招标文件）后，即可使用"项目统一组价"功能。点击"项目统一组价"后软件会出现功能弹窗如图 6.63 所示。右上角"选择工程时自动带入组价"一般勾选，用于工程已经部分组价后进行统一组价，若不勾选会丢失已经组价部分，左侧单位工程勾选某一专业即可，比如土建、装饰或者安装等。界面中的"清单合并规则"即是去重条件，一般勾选"名称"和"项目特征"即可，因为名称和项目特征是影响定额组价的主要因素，项目特征相同，其定额组价就相同。

图 6.63 "项目统一组价"功能弹窗

注意，“项目统一组价”功能下，单位工程只能勾选若干个同一专业，而不能同时选择两个或者两个以上不同专业，否则无法进入组价。如果选择了不同专业，软件将弹窗提示，如图 6.64 所示。

项目统一组价
选择需要组价的单位工程：
选择工程时自动带入组价
选择
带入组价
名称
所属专业
建筑起航园区基础设施附属工程
建筑起航园区基础设施附属工程
综合楼（土建）
新建辅助用房（土建）
综合楼（装饰）
综合楼（安装）
市政道路
绿化工程
土建
土建
装饰
安装
市政
园林
提示
请选择相同专业的单位工程
确定
清单合并规则（按勾选项进行合并）
编码（前9位）
名称
项目特征
综合单价
单位
控制单价
选择同专业工程
取消选择
只对未组价清单进行组价
确定
取消

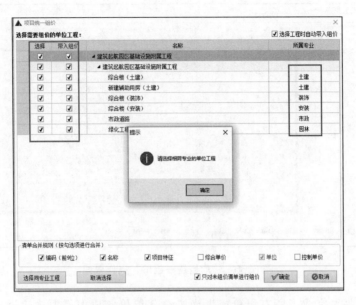

图 6.64 选择多个专业后弹窗提示

如案例工程有 2 个单位工程为土建专业，直接勾选全部土建专业单位工程即可，或者勾选其中一个土建专业单位工程，然后勾选左下角“选择同专业工程”，如图 6.65 所示。

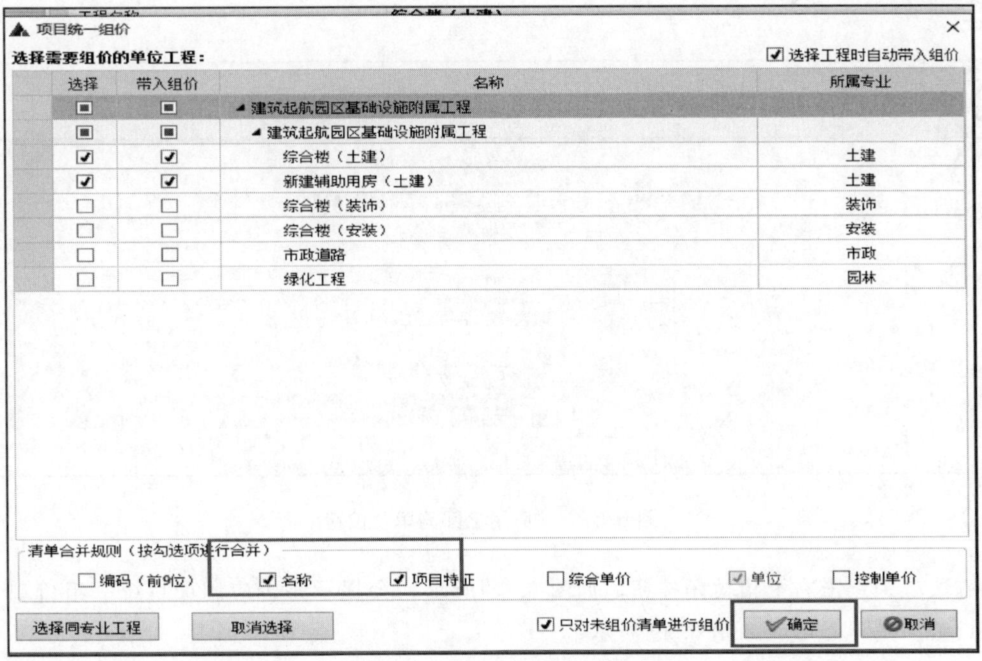

项目统一组价
选择需要组价的单位工程：
选择工程时自动带入组价
选择
带入组价
名称
所属专业
建筑起航园区基础设施附属工程
建筑起航园区基础设施附属工程
综合楼（土建）
新建辅助用房（土建）
综合楼（装饰）
综合楼（安装）
市政道路
绿化工程
土建
土建
装饰
安装
市政
园林
清单合并规则（按勾选项进行合并）
编码（前9位）
名称
项目特征
综合单价
单位
控制单价
选择同专业工程
取消选择
只对未组价清单进行组价
确定
取消

图 6.65 选择相同专业清单后确定

上述操作完成后，点击"确定"即可进入"项目统一组价"功能操作界面，如图 6.66 所示，在此界面正常组价即可。

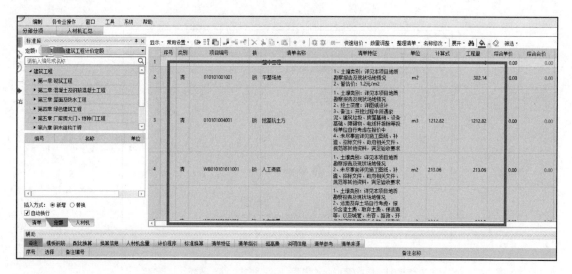

图 6.66   "项目统一组价"操作界面

需要注意的是，完成了所有组价或者尚未全部组价完成但需要中途退出"项目统一组价"功能的时候，不能直接关闭"项目统一组价"界面，需要先将此界面组价应用于工程项目，否则统一组价不能生效。

有两个方法可将已完成组价应用于工程项目，方法一为在"项目统一组价"操作界面左上角找到"应用全部清单"，如图 6.67 所示，鼠标左键单击即可。

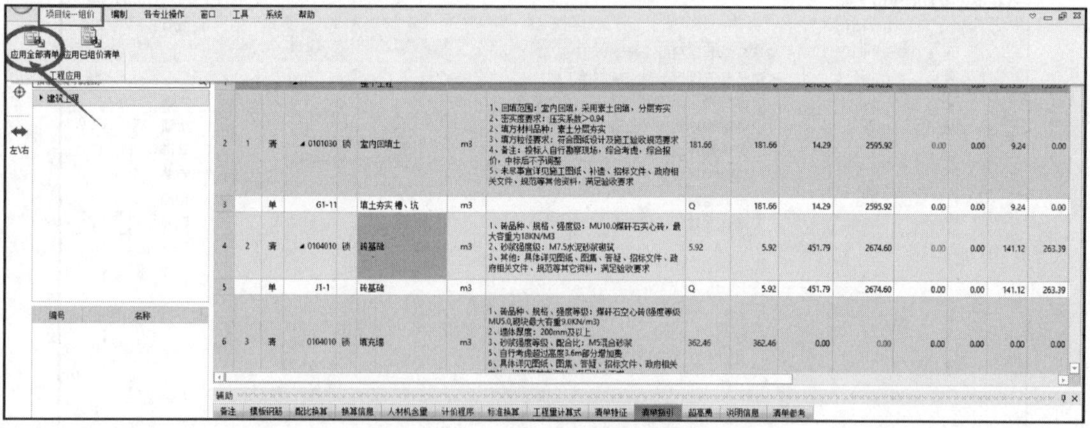

图 6.67   "应用全部清单"位置

方法二为点击右上角关闭按钮，如图 6.68 所示，会提示是否应用项目统一组价单位工程，点击"是"即可，如图 6.69 所示。

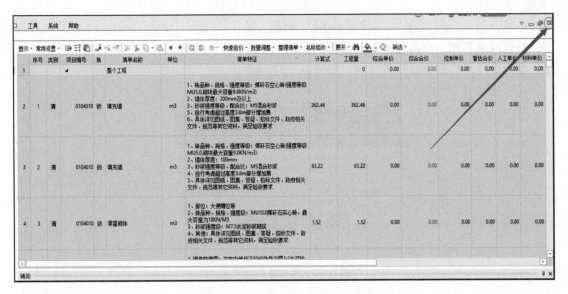

图 6.68　点击右上角关闭按钮

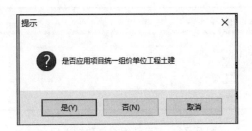

图 6.69　弹窗提示

6.3.5　自动组价

6.3.5.1　"自动组价"功能含义和原理

"自动组价"功能，顾名思义，就是采用软件自动组价，无须人工根据清单特征描述逐个查找定额的功能。在部分软件里，这个功能又称为"云组价"功能或者"智能组价"功能。

"自动组价"功能的基本原理在于建"组价库"。"库"里面是已组价的清单和对应的定额，使用"自动组价"功能时，将需要组价的清单与库里面已组价的清单对比，复制其组价。也就是说，库里数据越多，自动组价就越精确、越完善。"自动组价"本质上相当于"外工程复制"，差别在于"外工程复制"功能一般是复制某个固定已组价的工程，其已组价的数据有限，"自动组价"相当于将"已组价工程"清单变得足够丰富，数据足够多，不局限于某个固定工程，将其储存为一个"已组价清单定额库"。值得一提的是，"自动组价"功能不能完全解决组价问题，其组价也不一定准确，这跟数据库组价准确性和待组价清单匹配程度有关。

6.3.5.2 "自动组价"功能入口

新点造价软件"自动组价"入口有两处，从任何一个入口进入，第一步都需要先登录账号，如无账号可以进行注册后登录，如图 6.70 所示。

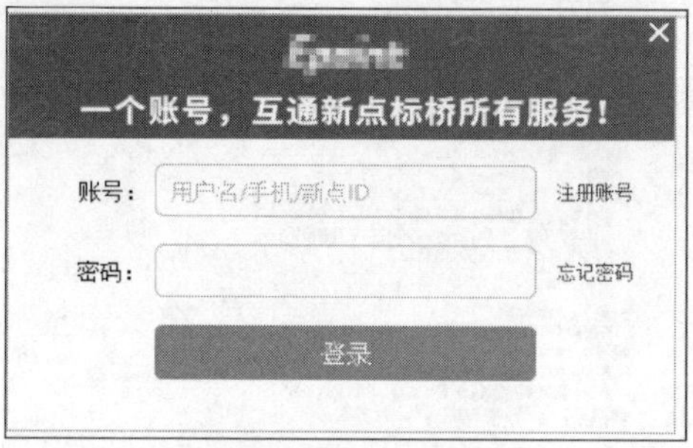

图 6.70　账号注册与登录

入口一在"项目"模块下，具体位置如图 6.71 所示。

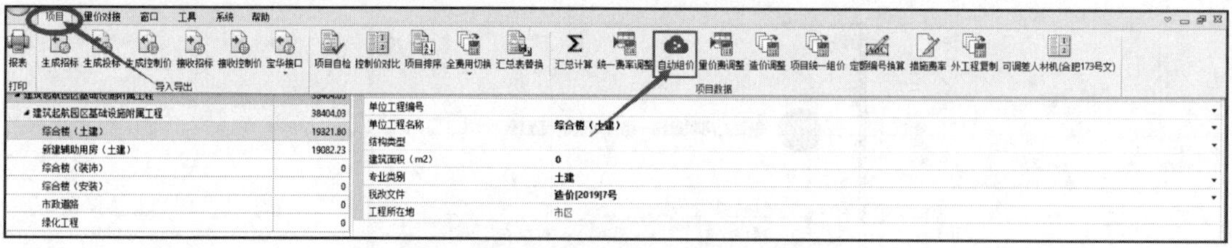

图 6.71　"自动组价"功能入口一

从入口一进入"自动组价"后的功能界面如图 6.72 所示。

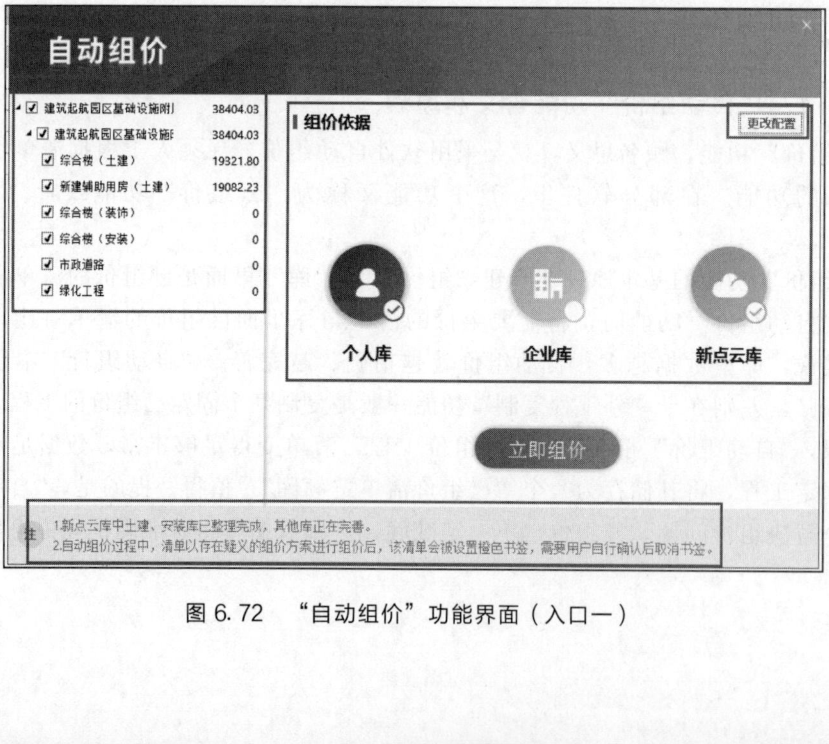

图 6.72　"自动组价"功能界面（入口一）

入口二在单位工程"编制"模块下，具体位置如图 6.73 所示。

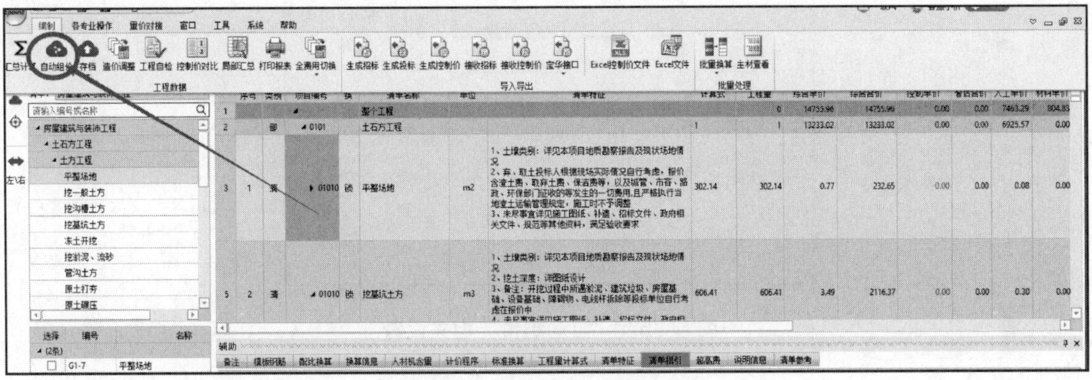

图 6.73　"自动组价"功能入口二

从入口二进入"自动组价"后的功能界面如图 6.74 所示。

图 6.74　"自动组价"功能界面（入口二）

以上两个入口进入均可进入"自动组价"，但是界面略有差异，从入口一进入将显示项目各个单位工程，从入口二进入则不显示。

6.3.5.3　"自动组价"功能的使用

一般"已组价清单定额库"（即组价依据、组价方案来源）分为三种：个人库、企业库、新点云库。

以从入口一进入"自动组价"功能为例，其左侧为本项目工程（待组价工程）；右侧为"组价依据"，即"已组价清单定额库"，一般可根据需要勾选；下方为软件相关提示；右上角可点击"更改配置"进行设置，选择组价范围（一般选择未组价清单）等。相关设置完成后，点击"立即组价"即可开始自动组价。点击"更改配置"后，弹窗如图 6.75 所示，根据需求修改即可。

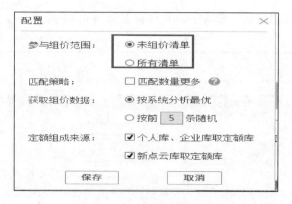

图 6.75　"自动组价"相关设置

　　点击"立即组价"后，出现弹窗如图 6.76 所示，显示自动组价进度等相关信息。点击进度栏"终止"按钮将停止自动组价；当其自动组价进度栏显示进度为 100％时，表示自动组价操作已完成，此时下方状态列红色问号表示未组价，绿色对钩表示已组价。

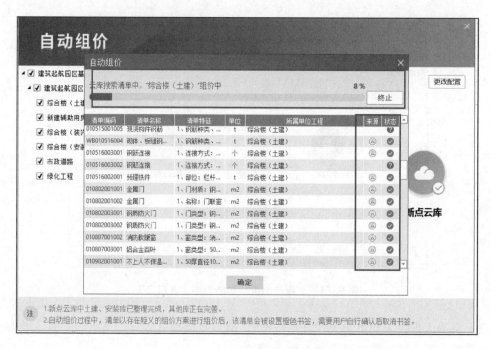

图 6.76　自动组价进度弹窗

　　自动组价完成后点击"确定"，将显示"自动组价"最终结果，如图 6.77 所示。点击"完成"可退出"自动组价"功能。

6.3.5.4　"自动组价"注意事项

　　需要注意的是，"已组价清单定额库"是需要数据维护和更新的，其数据越多组价越准确，其中"个人库"需要投标报价编制人员自己建立、维护，"企业库"是公司级别，需要公司人员共同建立、维护（大多数中小型企业没有建立企业库），"新点云库"是新点造价软件公司根据大数据自行建立和维护更新的。从组价方案准确性来说，"个人库"和"企业库"

图 6.77 "自动组价"最终结果

最为可靠,"新点云库"可靠性较低。

投标报价编制人员可根据需求选择其中一个库或者多个库进行自动组价。组价完成后需要核查"自动组价"的准确性,有问题项需要调整。自动组价完成后清单中橙色标记项可能组价有问题,需要进一步核查,如图 6.78 所示。一般情况下,自动组价的混凝土工程的混凝土标号、砌筑工程的砂浆标号都需要核查调整。另外,自动组价结果与组价来源可靠性和清单匹配性有关,软件未标记颜色的组价,也不一定合理,需要根据实际情况进行科学判断。

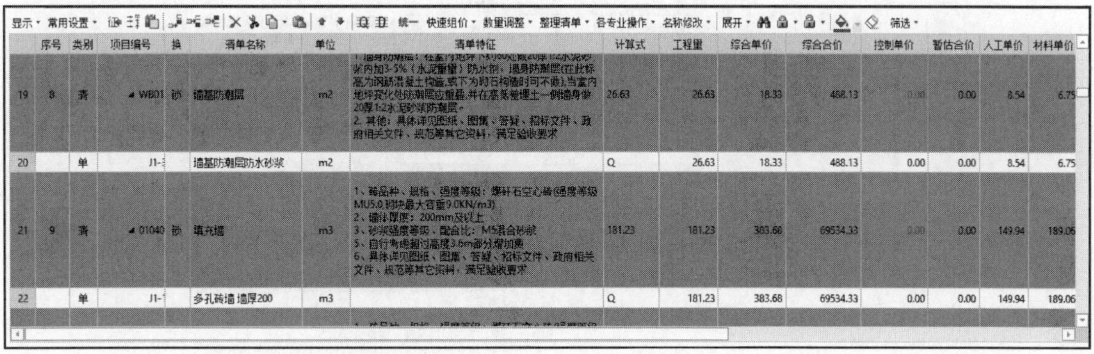

图 6.78 自动组价后的橙色标记项

6.3.5.5 "自动组价"库数据维护

库数据维护指的是增加和调整个人库、企业库、新点云库的"已组价清单定额"内容,以达到后续"自动组价"效果更好的目的。

个人库数据维护由投标报价编制人员个人完成(若不使用自动组价功能,可不维护),主要用到"存档"功能,其入口在单位工程编制模块下(需打开进入单位工程),如图 6.79 所示。

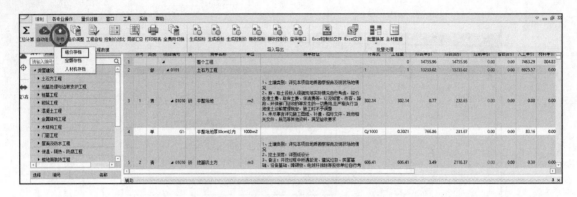

图 6.79   "自动组价"数据库维护（存档）入口

点击图 6.79 所示界面中"组价存档"按钮，会进入存档弹窗界面（如未登录会提示登录），此时首先点击左下角"全选"，再点击右下角"上传"，会弹窗选择"个人空间"或"企业空间"，如图 6.80 所示。这里的"个人空间"和"企业空间"指的就是"个人库"和"企业库"。

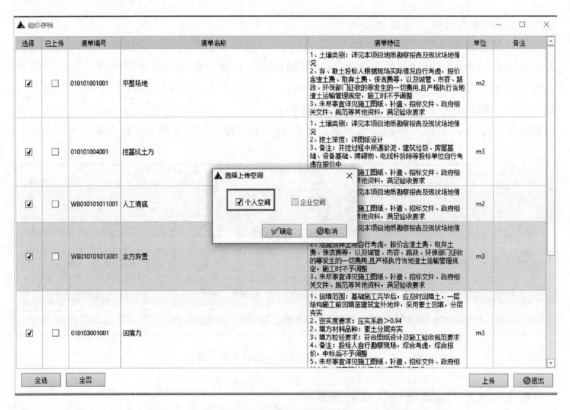

图 6.80   "自动组价"数据库维护存档空间（库）选择

点击"确定"后会开始上传，软件将显示是否上传成功。"新点云库"不需要造价人员进行数据维护，新点造价软件开发者将自行维护更新。

扫码看视频

定额缺项时的
处理办法

6.4 定额缺项的处理

定额缺项指的是由于新工艺、新材料的出现，施工技术的进步，或者定额测算时的遗漏等原因，造成了有的清单项没有对应定额的情况。在投标报价编制时会常碰到这种情况。一般我们在定额缺项的时候，有四种处理方式：套取类似定额、借用其他专业定额、采用独立费、采用简单定额。

6.4.1 套取类似定额

套取类似定额指的是在清单项没有对应的定额时套取工作内容类似或施工工艺类似的定额。前文提到定额组价方法和含义时已明确"定额组价时应根据工程量清单的项目名称及其项目特征描述、施工方案来选择对应的定额，本质上即是将清单的内容和定额的内容一一对应"，其核心是两者工作内容相对应。在没有对应定额子目的情况下，可以选择类似工作内容、施工工艺的定额，尽量对应原定额子目，从而确定其综合单价及其造价。

例如，土建定额中，没有"卵石灌浆 M2.5"定额，根据其工作内容和施工工艺，可以套取类似定额"基础垫层 碎石 灌浆"，两者工作内容和施工工艺基本一致（1. 拌和、铺设、找平、夯实；2. 调制砂浆、灌浆）。定额套取后主材"碎石"换算为"卵石"，砂浆强度标号对应换算为"M2.5 砂浆"即可。

6.4.2 借用其他专业定额

其他专业定额指的是本专业以外的定额，例如本单位工程为土建专业，某清单项土建专业没有对应定额子目，但是在市政专业里有。借用其他专业定额，其工作内容和施工工艺应与清单一致，其借用还可能涉及人工单价换算，也可能涉及借用子目的取费问题。不同专业的取费方式不同，投标按招标文件要求处理即可。

例如，土建定额中，没有清单项"道路碎石底层"对应的定额，可以借用市政定额中"碎石底层"定额（人工铺装或者人机配合铺装），对应换算其厚度即可。

6.4.3 采用独立费

采用独立费指的是在清单项没有对应的定额时不套取定额，采用"独立费"方式进行报价。定额组价的基本含义在于确定清单项目的综合单价，那么在符合招标文件要求的前提下，不套取定额也是可以确定综合单价的。独立费的报价依据是："成本＋利润"，其虽然不套取定额，但是可经过询价和过往施工经验、报价经验分析得到其合理的成本，从而确定其综合单价。

例如，土建专业中，没有清单项"预留洞口 PVC-D80"对应定额，经过询价得到其成本为 15 元/个，综合单价可按"成本＋管理费＋利润"计算，管理费按 20％考虑，利润按 15％考虑（自行考虑，合理即可），其综合单价为 15×（1＋15％＋20％）＝20.25（元/个），我们可以不套取定额直接报价为 20.25 元/个。在新点造价软件中，将鼠标放置于综合单价上，直接输入综合单价即可，如图 6.81 所示。

图 6.81　直接输入综合单价

输入综合单价后，点击屏幕任意一处，或者直接按"回车键"，会出现弹窗，如图 6.82 所示。

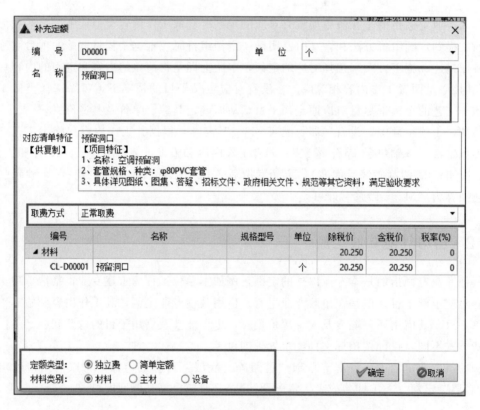

图 6.82　独立费弹窗

独立费弹窗界面可以调整独立费名称和取费方式，新点造价软件默认独立费在软件中以材料费形式显示，如无须调整，可以直接点击右下角"确定"，完成后如图 6.83 所示。

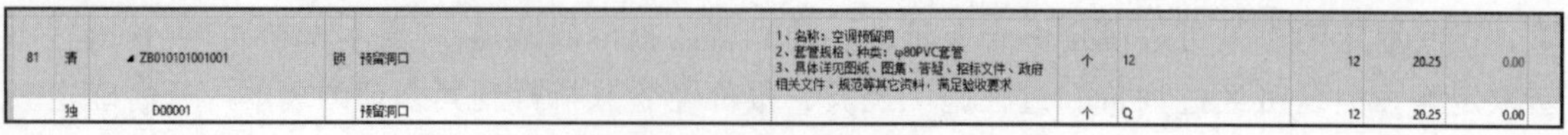

图 6.83　独立费报价完成

在人材机界面也可以看到独立费以材料费形式显示，如图6.84所示。

图 6.84　独立费在"人材机汇总"里以材料费形式显示

在新点软件中也可以使用另一种方式进行独立费报价，鼠标左键单击需要报价的清单项后，点击独立费报价快捷入口按钮，其位置如图6.85所示。

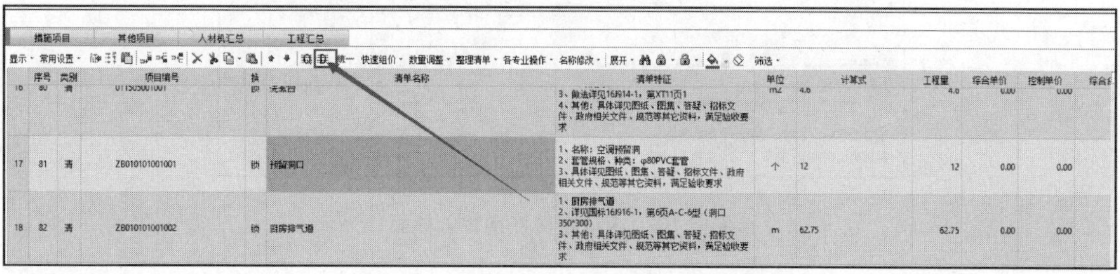

图 6.85　独立费报价快捷入口按钮位置

随后，会出现独立费报价弹窗（与图6.82界面相同），在弹窗中左键双击"除税价"后输入对应单价（例如输入"20.25"）后"确定"即可。

6.4.4　采用简单定额

简单定额可以理解为没有成熟的定额体系，但是已知完成某项工作所需要的人材机消耗量。许多工作的人材机消耗量来源与独立费基本相同，可根据以往施工经验分析得来，也可以通过询价得来。

例如，清单项"预留洞口PVC-D80"，经过以往施工经验得知，一个工人一天可预埋30个PVC预埋管（含加工PVC预埋管）；根据询价得知，预埋人工的工资为300元/天，PVC-D80管材费为10元/m，每个预埋管按墙厚0.2m计算，损耗按5%考虑；其他费用按5%考虑。

则可得出预埋100个预留洞口其人工费为：（100/30）×300＝1000（元）；预埋100个预留洞口其材料费为：100×0.2×（1＋5%）×10＝210（元）；其他费用为：（1000＋210）×5%＝60.5（元）。即1个预留洞口其人工费为：1000/100＝10（元）；其材料费为：210/100＝2.1（元）；其他费用为：60.5/100＝0.61（元）。

　　点击如图 6.85 所示独立费报价快捷入口进入独立费弹窗界面后，定额类型选择"简单定额"，并填入对应费用，如上述"预留洞口 PVC-D80"案例中，每个预留洞口人工费 10 元，材料费 2.1 元，其他费用 0.61 元。这里注意，简单定额显示的第三项机械费可调整名称为其他费用（此处已调整），也可不调整，基本无影响，这里软件默认人材机含税价＝人材机除税价，无须调整。上述操作界面如图 6.86 所示。

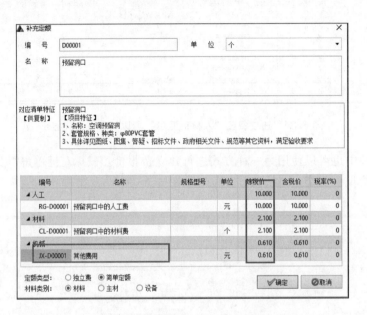

图 6.86　简单定额费用输入界面

　　输入完成后鼠标左键点击右下角"确定"，即可完成简单定额输入，软件自动根据对应专业计价程序计算管理费和利润，如图 6.87 所示。

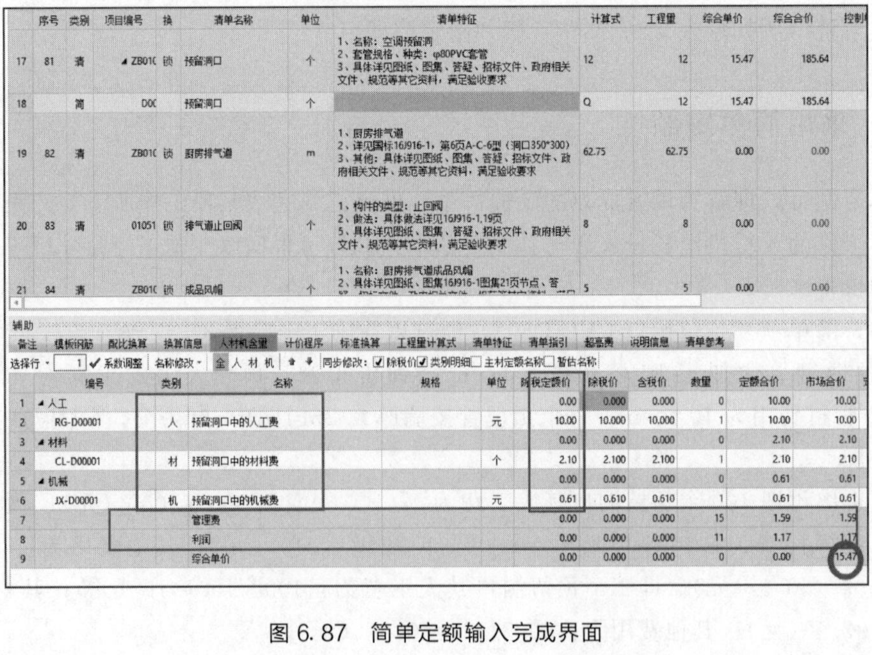

图 6.87　简单定额输入完成界面

简单定额也可以直接按消耗量的形式表达，同样为上述案例清单项"预留洞口 PVC-D80"，一个工人一天可预埋 30 个 PVC 预埋管（含加工 PVC 预埋管）；每个预埋管按墙厚 0.2m 计算。其消耗量分析结果为：每 100 个预埋管洞，需要 3.33 个工日；20m 长的 D80-PVC，考虑 5% 损耗后为 20×1.05＝21（m）；其他如水电相关费用可按 5% 考虑。其简单定额"预留洞口 PVC-D80"人材机消耗量为：单位，100 个；人工，3.33 工日；D80-PVC 材料，21m；其他费用，5%。

点击如图 6.85 所示独立费报价快捷入口进入独立费弹窗界面后，定额类型选择"简单定额"，根据项目当地的对应专业名称调整人工、材料及机械台班的名称、单价和单位。如案例工程，当地土建定额人工名称为"综合工日"，人工单价为"145"元，单位为"工日"；材料名称为"D80-PVC"，单价为"10"元，单位为"m"。调整输入，如图 6.88 所示，点击右下角"确定"后弹窗关闭。

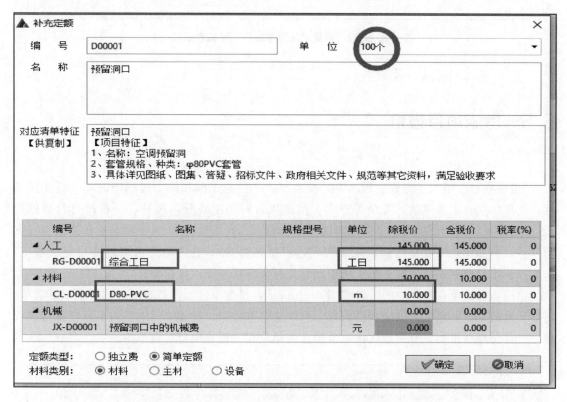

图 6.88　简单定额人材机名称、单位、单价调整输入界面

鼠标左键单击简单定额，可查看"人材机含量"。根据数据调整人工、材料含量，其他费用可以计算后填写为机械费合计，或者可以填写具体机械（含量），软件自动计算其管理费和利润。调整界面如图 6.89 所示。

需要注意的是，两种形式的"简单定额"的结果综合单价有差异，其原因在于一个按实际费用计算，一个按消耗量计算，两者人工费单价不同，即实际人工费单价和定额人工费单价存在差异。对于投标报价编制人员而言，无论是用含量形式表达的"简单定额"还是费用形式表达的"简单定额"，都需要符合招标文件评审的要求。

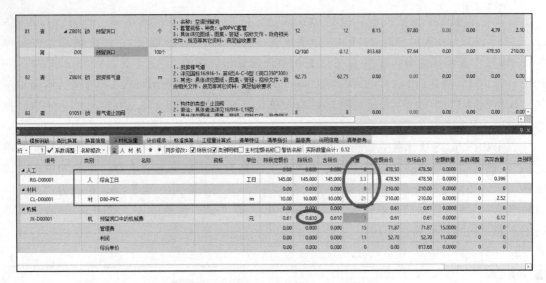

图 6.89　调整"简单定额"人材机含量

6.5　措施项目报价

　　"措施项目"指为了完成工程施工，发生于该工程施工前和施工过程中的非工程实体项目，主要包括技术、生活、安全等方面。措施项目费用主要分为两种，一种是总价措施费（不方便计量，例如土建专业里的夜间施工增加费、二次搬运费），另一种是单价措施费（方便计量，例如土建专业里的脚手架工程费、模板工程费），具体划分由当地费用定额规定，作为投标报价编制人员，按工程量清单结合招标文件评审要求报价即可。

　　措施项目清单在软件中的入口如图 6.90 所示，每个单位工程都有对应的措施项目清单。需要注意的是，各地区对措施项目的规定和叫法略有差异，比如部分地区将单价措施清单放在"分部分项"里面，有的地区将单价措施清单放在"措施项目"清单中。

序号	类别	项目编号	换	清单名称	单位	计算式	工程量	计算基础	综合单价	费率(%)	综合合计	暂估合计	人工单价	材料单价	机械单价	管理费	利润
1				措施项目费			0		295.97	0	295.97						
2	1	JC-01		夜间施工增加费	项	1	1	分部分项人工基价+分部	23.87	0.5	23.87	0.00	0.00	0.00	0.00	0.00	0.00
3	2	JC-02		二次搬运费	项	1	1	分部分项人工基价+分部	47.74	1	47.74	0.00	0.00	0.00	0.00	0.00	0.00
4	3	JC-03		冬雨季施工增加费	项	1	1	分部分项人工基价+分部	38.19	0.8	38.19	0.00	0.00	0.00	0.00	0.00	0.00
5	4	JC-04		已完工程及设备保护费	项	1	1	分部分项人工基价+分部	4.77	0.1	4.77	0.00	0.00	0.00	0.00	0.00	0.00
6	5	JC-05		工程定位复测费	项	1	1	分部分项人工基价+分部	47.74	1	47.74	0.00	0.00	0.00	0.00	0.00	0.00
7	6	JC-06		非夜间施工照明费	项	1	1	分部分项人工基价+分部	19.09	0.4	19.09	0.00	0.00	0.00	0.00	0.00	0.00
8	7	JC-07		临时保护设施费	项	1	1	分部分项人工基价+分部	9.55	0.2	9.55	0.00	0.00	0.00	0.00	0.00	0.00
9	8	JC-08		赶工措施费	项	1	1	分部分项人工基价+分部	105.02	2.2	105.02	0.00	0.00	0.00	0.00	0.00	0.00

图 6.90　措施项目清单

单价措施项目一般可以通过定额组价来确定综合单价进行报价，如模板工程等；总价措施项目我们一般按费率进行报价，如夜间施工增加费、二次搬运费等。一般而言，软件接收电子标工程量清单后，总价措施项目会按当地对应专业的费用定额自动报价，如图 6.90 所示；单价措施项目需要投标报价编制人员自行报价。

虽然软件根据费用定额已自行选择计价程序，但是需要核查清单是否正确（在本书第 5 章新建工程中已提及接收工程量清单时税改文件号选择不同措施项目可能不同）。措施项目的核查主要核查其"专业""清单项"以及"报价"是否符合要求。不同专业措施项目的项目编号不同，如某地的建筑专业总价措施项目编号以"JC"开头，安装专业以"AC"开头，市政专业以"SC"开头。

投标报价编制人员将软件中措施项目与 Excel 格式（或者 PDF 格式）工程量清单对比核对，不一致时进行调整即可。例如，发现软件中措施项目与 Excel 格式（或者 PDF 格式）工程量清单专业不同时，可以点击"措施项目"下"总价措施"中的"提取"，如图 6.91 所示，弹窗提示"……是否继续"，如图 6.92 所示。

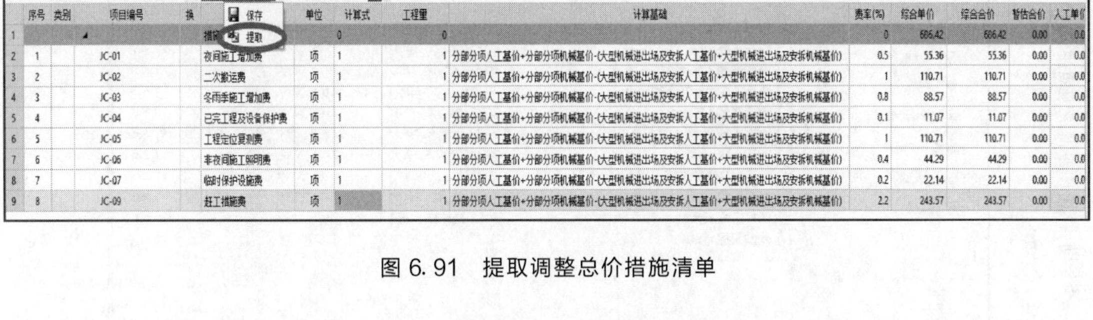

图 6.91　提取调整总价措施清单

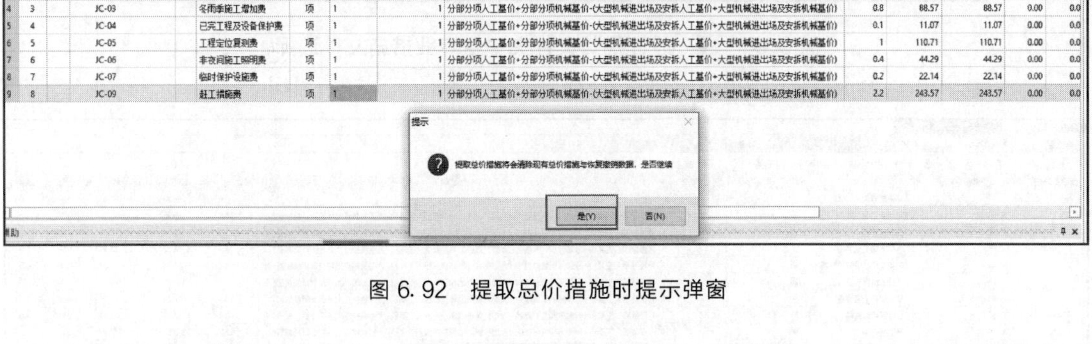

图 6.92　提取总价措施时提示弹窗

点击"是"，软件再次弹窗，可选择总价措施项目文件，如图 6.93 所示。可根据需求选择"简易计税"或"一般计税"文件夹，里面会有各专业措施文件，如"一般计税"文件夹中各专业措施文件如图 6.94 所示。鼠标左键双击或者单击选中后点击图 6.94 所示窗口右下角"打开"，软件会自动提取并提示是否成功，如图 6.95 所示。

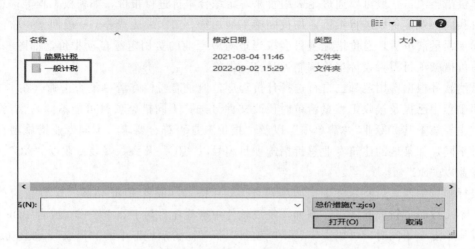

图 6.93   选择总价措施项目文件

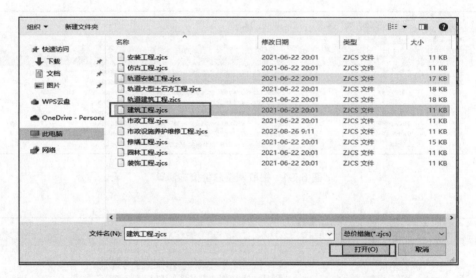

图 6.94   "一般计税"文件夹中各专业措施文件选择

图 6.95   提取成功提示

　　如果发现提取后，项目编号一致，但是清单多项或者少项，若多项选中删除即可，若少项可以选中任一清单后右击鼠标"复制"后再"粘贴"，如图 6.96 所示，然后双击复制项调整项目编码、项目名称、费率等即可。注意，计算基础为费用定额规定，不得调整。

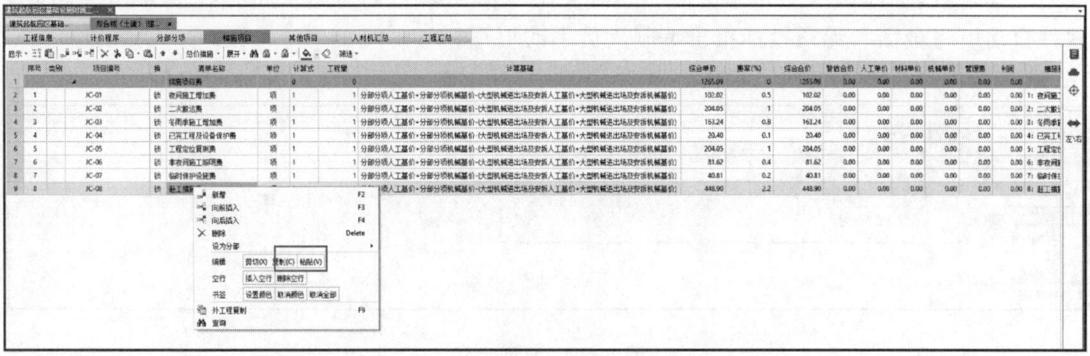

图 6.96　复制、粘贴清单措施项

　　关于总价措施项目报价，需要结合招标文件评审要求，如费率要求、费用（综合单价/综合合价）要求等进行考虑。

6.6　其他项目报价

　　"其他项目"清单一般包含"暂列金额""专业工程暂估价""计日工""总承包服务费"等内容。进入单位工程后，点击"其他项目"，可进入其报价界面，如图 6.97 所示。点击左侧"暂列金额""专业工程暂估价""计日工""总承包服务费"等具体清单，可进入具体子目报价界面。

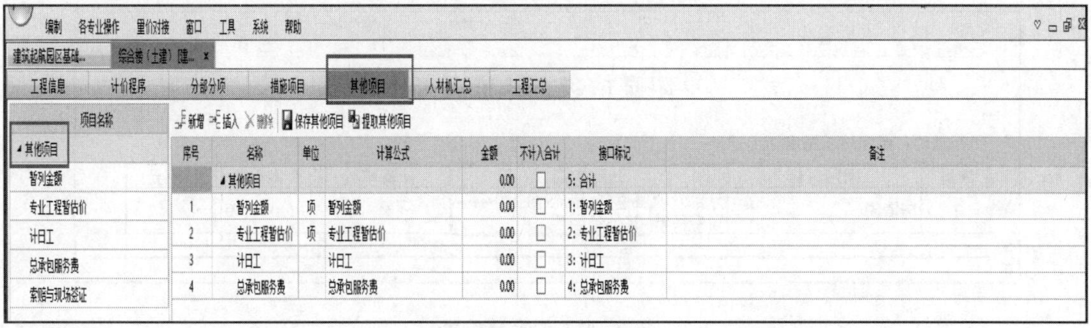

图 6.97　其他项目清单

6.6.1　暂列金额报价

　　"暂列金额"指招标人在工程量清单中暂定并包括在合同价款中的一笔款项，用于施工合同签订时尚未确定或者不可预见的所需材料、设备、服务的采购，施工中可能发生的工程变更、合同约定调整因素出现时的工程价款调整以及发生的索赔、现场签证确认等。暂列金额为不可竞争费用，即报价时按照给定金额，不得增加亦不得减少，如工程量清单中暂列金额为“0.00”，报价亦只能为“0.00”，如图 6.98 所示。暂列金额一般由工程量清单给定，软件自动填写金额，无须投标报价编制人员手动填写。

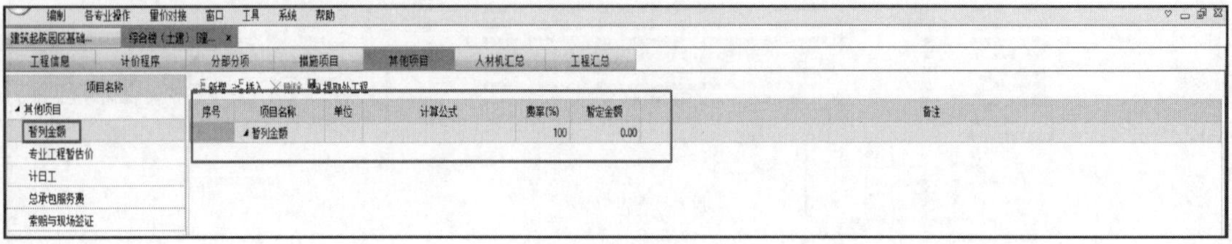

图 6.98 暂列金额

关于暂列金额报价，除了其本身是不可竞争费用之外，还需要注意招标文件要求“暂列金额”是否计取税金。“暂列金额不计税”的含义即是在税金计算基础中扣除暂列金额。

① 一般在招标文件正文清单控制价（最高限价）说明中会描述是否计取税金，也可参考清单控制价其税金计价报表中的“税金计算基础”确定。

② 如果招标文件描述与清单控制价编制说明相矛盾，招标文件又没有明确其优先解释顺序，可电话咨询招标代理要求其书面澄清。

③ 如果招标文件未明确是否计取税金，控制价编制说明明确计取税金，可计取税金。

④ 如果招标文件与清单控制价说明、清单控制价税金计价表（如图 6.99 所示）中的“计算基础”皆没有明确是否计取税金，或无此报表，一般按计取税金处理，也可电话咨询招标代理要求其书面澄清。

其各处关于“暂列金额”是否计取税金若互相矛盾，应咨询代理要求其以书面文件澄清答疑。

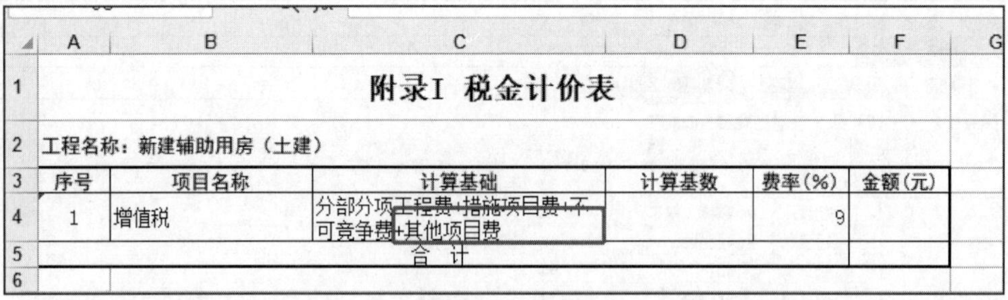

附录I 税金计价表

工程名称：新建辅助用房（土建）

序号	项目名称	计算基础	计算基数	费率(%)	金额(元)
1	增值税	分部分项工程费+措施项目费+不可竞争费+其他项目费		9	
		合 计			

图 6.99 税金计价表

“暂列金额”是否计取税金的要求描述，其不同招标文件的说法可能略有不同，如“不计取税金”“已计取税金”“计取税金”“已含税金”“单独计取税金”等，投标报价编制人员应注意理解其说法含义，一般认为“不计取税金”“已含税金”和“已计取税金”在软件中都按不计取税金设置即可。软件中暂列金额默认计税，如图 6.100 所示。

图 6.100　软件默认暂列金额计取税金

　　暂列金额设置为不计取税金的操作方法为：在"暂列金额"对应的"工程汇总"处点击勾选"暂列金额不计税"，软件弹窗点击"是"，应用到其他单位工程即可，如图 6.101 和图 6.102 所示。一般都通过勾选确定是否计税，其操作较方便快捷，但投标报价编制人员也可以不勾选"暂列金额不计税"，通过手动调整计算基础达到暂列金额不计税的目的。

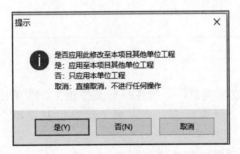

图 6.101　勾选"暂列金额不计税"弹窗提示

图 6.102　勾选"暂列金额不计税"后软件显示

"计取税金"和"单独计取税金"，在软件中都按暂列金额计取税金处理，即不勾选"暂列金额不计税"。

很多投标报价编制人员不理解为什么暂列金额"已含税金"和暂列金额"已计取税金"在软件中都按"不计取税金"处理设置，这里需要从造价角度理解：税金不能重复计取，而暂列金额（已计取税金）＝暂列金额未计税×（1＋税率）＝暂列金额（已含税金），因而在总的税金计算中应把此项扣除。

6.6.2　专业工程暂估价报价

"暂估价"指招标人在工程量清单中提供的用于支付必然发生但暂时不能确定价格的材料、工程设备的单价，以及专业工程的金额。专业工程暂估价为不可竞争费用，即报价时按照给定金额，不得增加亦不得减少，如工程量清单中此金额为"0.00"，报价亦只能为"0.00"，如图6.103所示。专业工程暂估价一般由工程量清单给定，软件自动填写金额，无需投标报价编制人员手动填写。

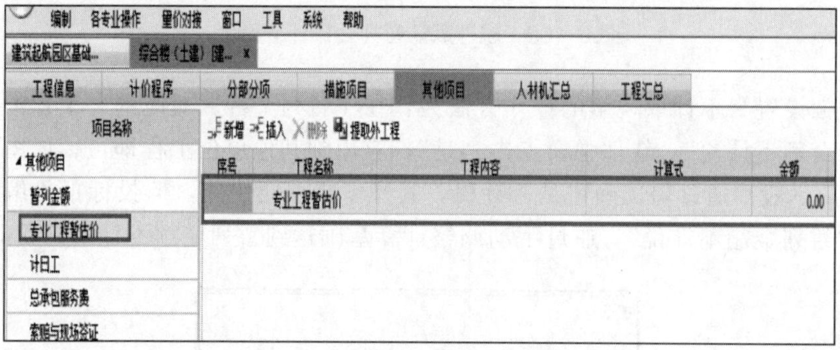

图6.103　专业工程暂估价

与暂列金额是否计取税金类似，一般在招标文件正文、清单控制价（最高限价）说明中会描述专业工程暂估价是否计取税金，也可参考清单控制价税金计价表中的"计算基础"确定。

① 若招标文件描述与清单控制价编制说明相矛盾，招标文件又没有明确其优先解释顺序，可电话咨询招标代理要求其书面澄清。

② 若招标文件未明确是否计取税金，控制价编制说明明确计取税金，可计取税金。

③ 若招标文件与清单控制价说明、清单控制价税金计价报表中的"计算基础"皆没有明确是否计取税金，或无此报表，一般按计取税金处理，也可电话咨询招标代理要求其书面澄清。

④ 其各处关于"专业工程暂估价"是否计取税金若互相矛盾，应电话咨询招标代理要求其以书面文件澄清答疑。

关于专业工程暂估价是否计取税金在软件中的操作和软件显示界面皆与暂列金额是否计税相同，此处不再赘述。

专业工程暂估价不计税即是在税金计算基础中扣除专业工程暂估价，一般都通过勾选确定是否计税，其操作更方便快捷，但投标报价编制人员也可以不勾选"专业工程暂估价不计税"，通过手动调整计算基础达到专业工程暂估价不计税的目的。

6.6.3 计日工报价

"计日工"指在施工过程中，承包人完成发包人提出的施工图纸以外的零星项目或工作，按合同中约定的综合单价计价的一种方式。"计日工"一般分为"计日工人工""计日工材料""计日工施工机械"三类。此费用为投标人自主报价。

在招投标阶段中，计日工报价分两种情况，即没有计日工工程量的情况和有计日工工程量的情况，如图 6.104 和图 6.105 所示。在房建和市政工程项目招投标阶段，计日工有工程量的情况相对很少见，其原因是大多数清单控制价编制人员将本就少见的计日工工程量编列进"分部分项"工程量清单之中了。在"其他项目"模块中，点击左侧"计日工"即可进入其报价界面。

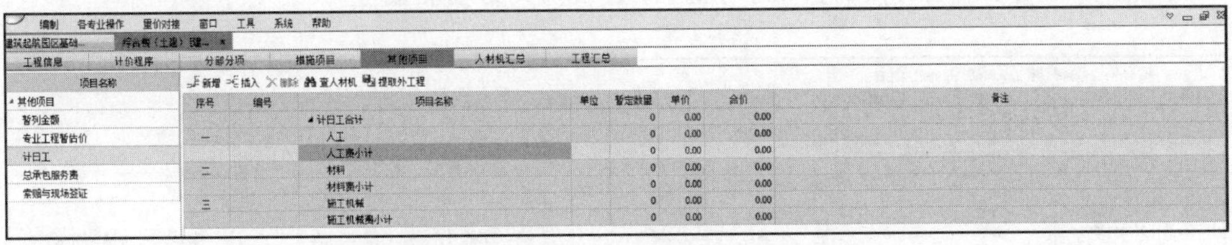

图 6.104 计日工报价界面（无工程量）

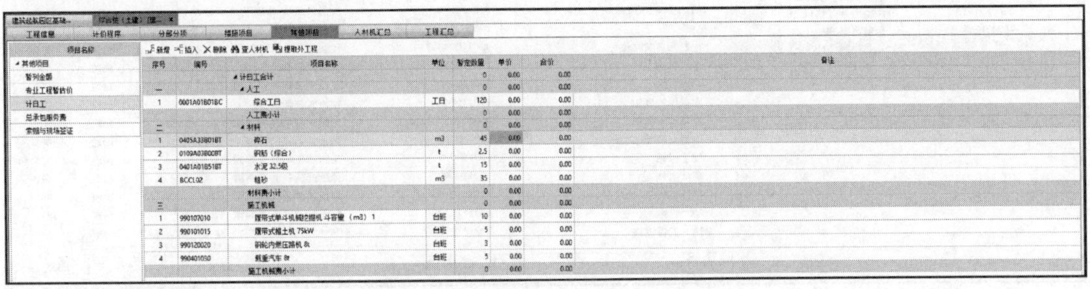

图 6.105 计日工报价界面（有工程量）

计日工一般不通过定额组价确定综合单价（无适用定额），可以从综合单价费用构成去分析：综合单价＝人工费＋材料费＋机械费＋管理费＋利润，那么计日工报价在基础单价（人工单价/材料单价/机械台班单价）的基数上增加其对应专业的管理费和利润即可。管理费、利润的取费可参考本专业计价程序中的管理费费率、利润费率，如图 6.106 所示。

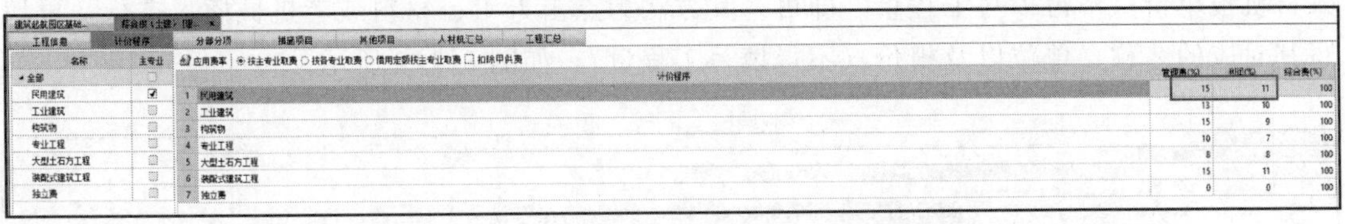

图 6.106 计价程序中管理费费率、利润费率

如碎石材料单价市场价为 240.00 元/m³，计日工报价可为 240.00×（1＋11％＋15％）＝302.40（元/m³），在其对应单价位置填写即可，如图 6.107 所示。

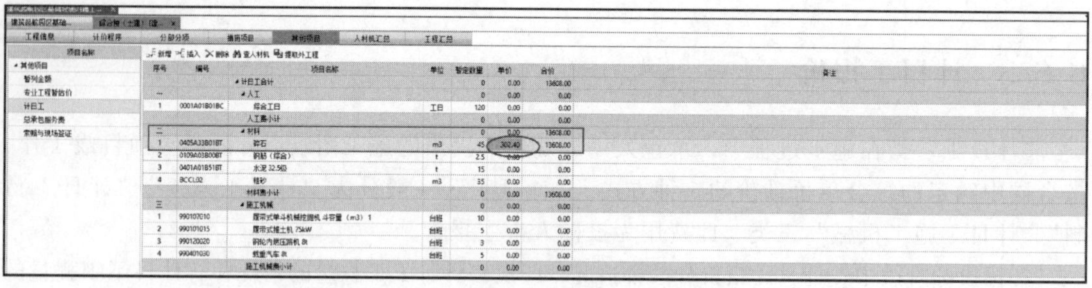

图 6.107　填写计日工单价

也可通过点击"查人材机"了解其价格，如图 6.108 所示，需要注意，这里查询的价格为定额基价（定额编制时候的价格水平），不建议以其为基准报价。

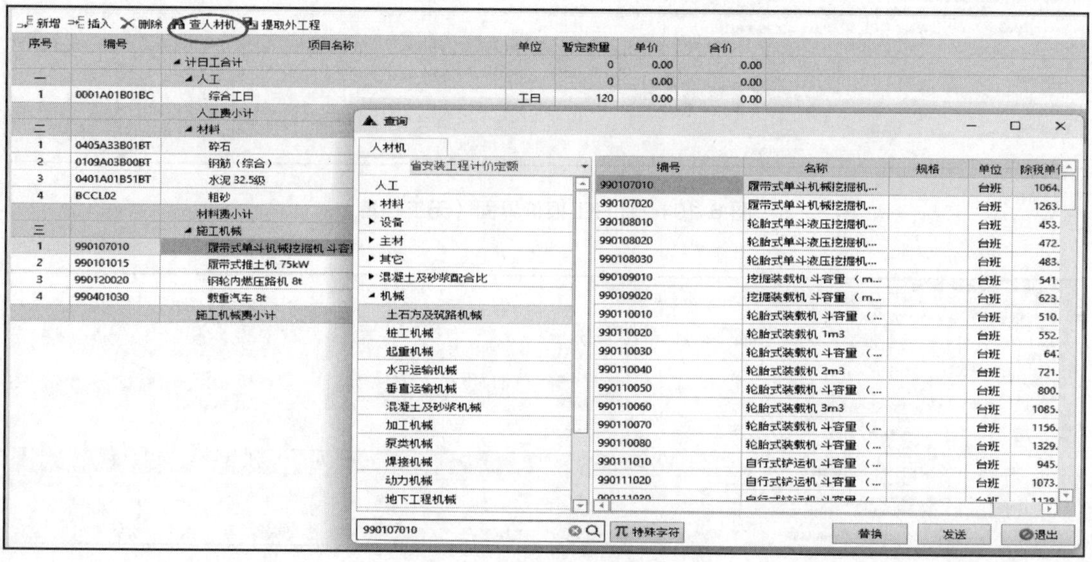

图 6.108　查看人材机单价

有的投标报价人员常常疑惑：如果工程量清单中没有计日工工程量，是否需要报价？从"计日工"定义——"计日工是指在施工过程中，承包人完成发包人提出的施工图纸以外的零星项目或工作，按合同中约定的综合单价计价的一种方式"可知，在项目施工过程中，可能会有零星工程需要按计日工计价，据此，建议工程量清单中没有计日工工程量时，按常见人材机报单价（不得填写工程量）即可。其方法为点击人工、材料或者机械插入空行，再填写其对应的名称、单位以及报价（不得填写工程量），如图 6.109 所示。

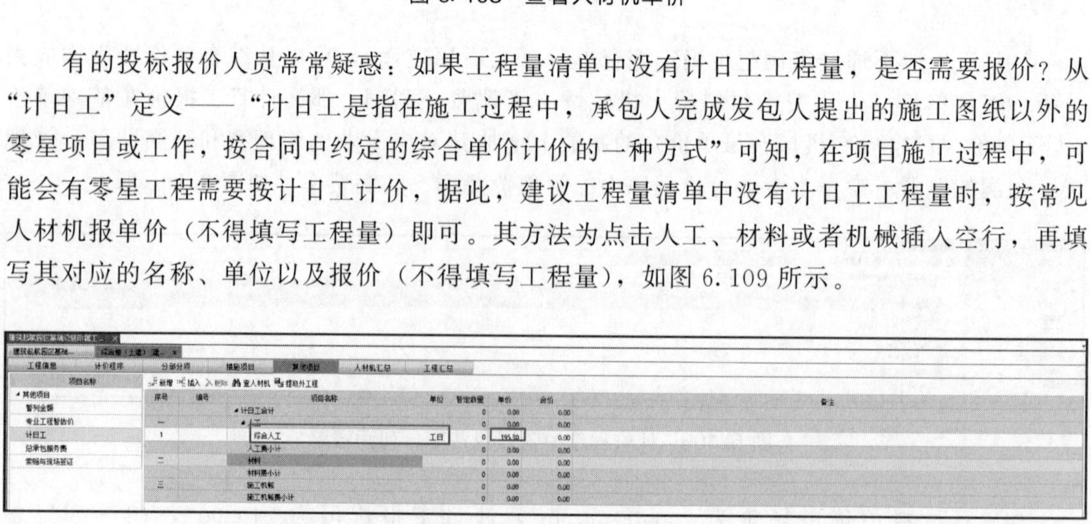

图 6.109　填写对应的人材机名称、单位、单价

　　有的投标报价编制人员会疑惑：计日工中人工、材料、机械的基础单价（不含管理费和利润）是以调差后的定额价为准还是以实际施工的单价为准？例如，某地定额人工调差后为155.00 元/日，实际施工中普通人工为 180.00 元/日，木工为 300.00 元/日；机械台班费用单价也是如此，远高于调差后的机械台班费用单价；材料单价如果按信息价，将高于实际材料购买价。两者对比，差异较大，投标报价以何为基础呢？按照前者（调差后定额价），机械台班和人工报价低于实际台班和人工费用，中标后岂不是亏本？

　　其实这里可以从两方面进行考虑，一方面分部分项综合单价报价多数都是通过定额组价而来，即调差后的定额价报价（人材机单价）；另一方面计日工报价过高，后续中标后施工过程中如果有零星工程，建设单位可能不会同意按计日工报价结算。综上考虑，计日工单价基础（不含管理费利润）中，人工单价以调差后的人工单价为准，机械台班以调差后的机械台班为准，材料单价以调差后的材料单价为准。点击对应单位工程中的"人材机汇总"可查看人材机单价，如图 6.110～图 6.112 所示，注意分辨含税单价和不含税单价（计日工报价基础以不含税单价计算）。

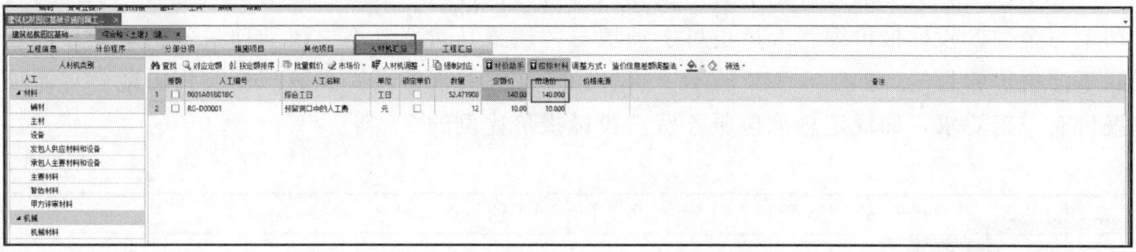

图 6.110　人材机汇总——人工单价

图 6.111　人材机汇总——材料单价

图 6.112　人材机汇总——机械台班单价

6.6.4   总承包服务费报价

"总承包服务费"指总承包人为配合协调发包人进行的专业工程分包，对发包人自行采购的设备、材料等进行保管以及施工现场管理、竣工资料汇总整理等服务所需的费用。从其定义可知，此项费用不是每个项目都有，无总承包服务费时报价界面如图 6.113 所示。

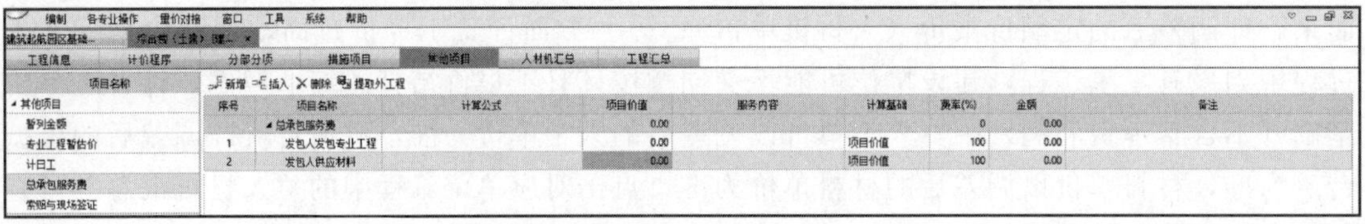

图 6.113   无总承包服务费时的报价界面

总承包服务费一般为可竞争费用投标人可自行报价。一般工程量清单给定后，软件将自动填写金额，投标报价编制人员也可手动填写、调整其费率（不得改动项目价值金额）以达到下浮报价的目的，如图 6.114 所示，符合招标文件要求即可。少数招标文件可能会对该项报价有一定要求，如规定总承包服务费占投标报价比例的 2% 等。

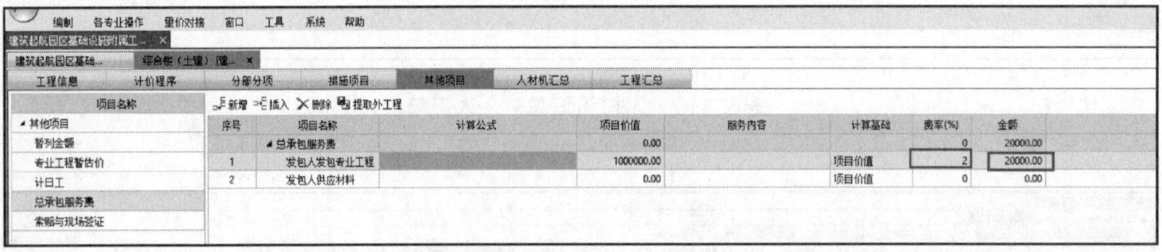

图 6.114   改动费率下浮报价

6.7   单位工程汇总

由前文工程造价基础知识可知，项目造价＝Σ 单项工程造价＝Σ 单位工程造价，单位工程造价＝分部分项费用＋措施项目费用＋其他项目费用＋（规费）＋税金。分部分项组价和措施项目、其他项目初步报价结束后，可以查看本单位工程造价汇总，点击"工程汇总"即可进入，如图 6.115 所示。

在工程造价基础知识章节已提及，各地费用组成不同，其单位工程汇总亦不同，例如，部分地区单位工程汇总有一项"规费"或者某地有一项"人工调整系数"，有的地区单位工程汇总中没有"不可竞争费"这一项，等，各地单位汇总程序由其当地费用定额确定。新建工程接收电子标工程清单时，选择不同的税改文件号会影响项目文件的措施费费率、人工调

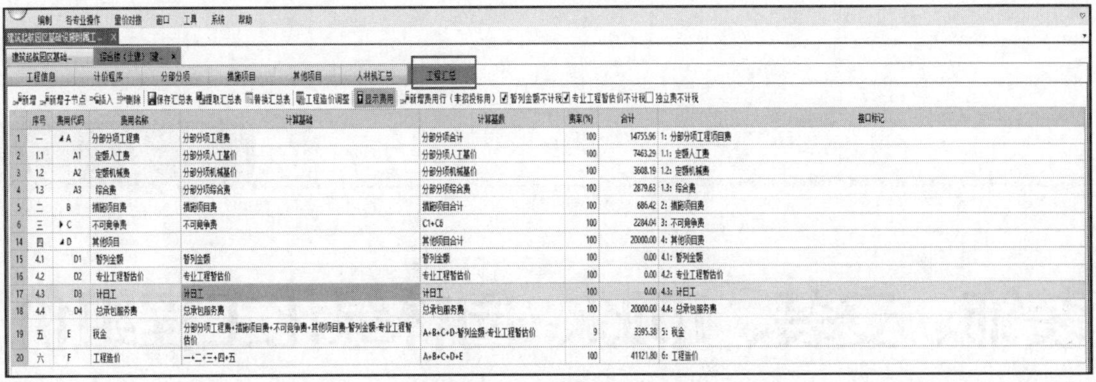

图 6.115 单位工程汇总

整或者其他内容。单位工程汇总是需要与工程量清单（Excel 格式或者 PDF 格式）核对调整的。

当发现单位工程汇总的专业与工程量清单不同时，我们可以通过提取单位工程汇总表进行调整：点击"提取汇总表"，点击"一般计税"后选择最新的税改文件号或者对应地区，之后选择对应专业，点击右下角"确定"即可，如图 6.116 所示。

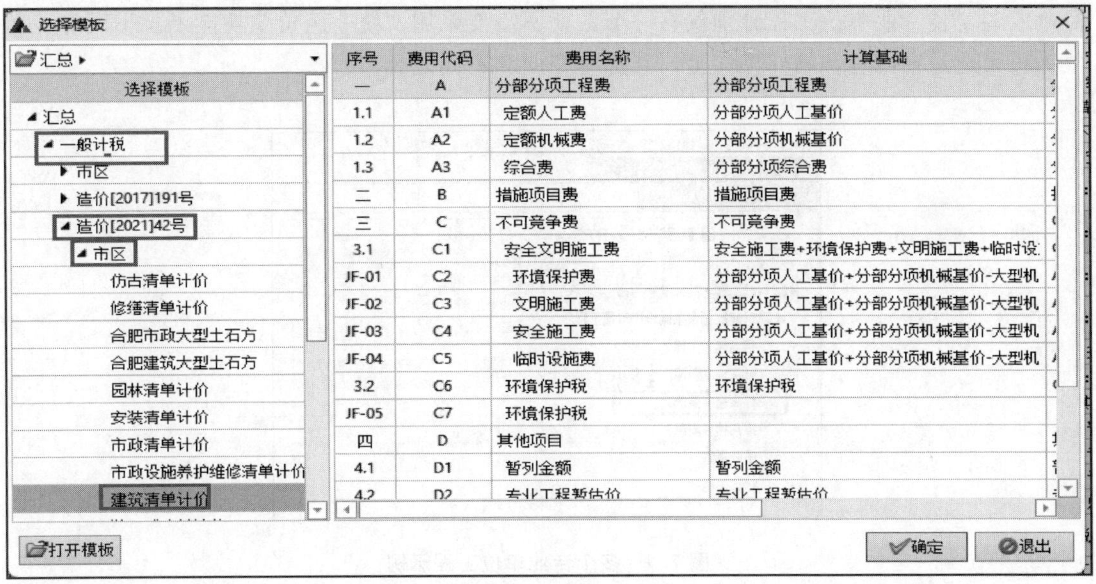

图 6.116 单位工程汇总专业的调整

若提取对应专业汇总表后，发现其各项费率与工程量清单（控制价）或者招标文件要求费率仍然不一致，可以手动填写调整其对应费率（双击即可修改）。

装饰、安装、市政、园林绿化工程组价

一个项目工程往往由一个或者多个专业组成，如土建专业、装饰专业、安装专业、市政专业以及园林专业，如图7.1所示。在同专业单位工程组价结束后（同专业可采用"统一组价"功能），开始进入下一个不同专业的单位工程的组价。

双击需要组价的单位工程即可进入组价，若某专业单位工程仅有一个，如图7.1中装饰专业或者安装专业单位工程分别仅有一个，就不需要采用"统一组价"功能了。不同专业单位工程无论是在内容和软件操作上，其都有相同和不同之处。

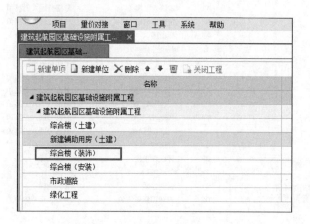

图7.1 多个专业单位工程示例

7.1 各专业分析

不同专业进入软件报价界面后其操作相同，可双击打开进入。

不同专业费用构成都相同：详见费用定额，清单与费用定额构成相对应。

不同专业定额组价方式和操作也相同：定额组价应根据工程量清单的项目名称及其项目特征描述、施工方案来选择对应的定额，本质上即是将清单的内容和定额的内容一一对应。这里需要注意的是，在很多时候一个清单项可能有好几个定额工作内容与其对应，结合实际情况选择其一即可。其组价时应根据投标人的施工方案和企业定额的计算规则、招标图纸等对应计算其定额工程量。实际工作中，由于投标时间紧迫的缘故，不少投标报价编制人员，往往忽视了定额工程量的计算，直接采用清单工程量，这样并不是正规的做法。在定额单位和清单单位相同情况下，组价完成后，软件是自动出定额工程量的，即定额工程量＝清单工程量。

不同专业采用不同定额，如图7.2所示，土建专业采用建筑定额（土建定额），装饰专业采用装饰装修定额，市政专业采用市政定额等。

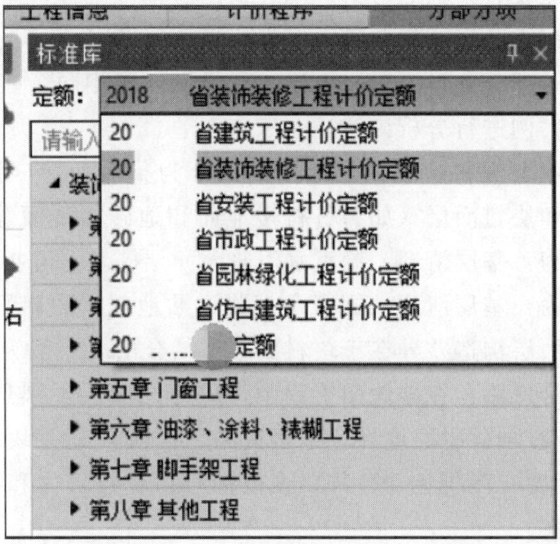

图 7.2　不同专业采用不同定额

不同专业其计价程序中管理费、利润不同，如图7.3、图7.4所示，该案例工程中，装饰专业的管理费为17%，利润为12%；安装专业管理费为17%，利润为9%。注意，地区不同、专业不同，费率都可能存在差异，按当地相关专业费率执行即可。

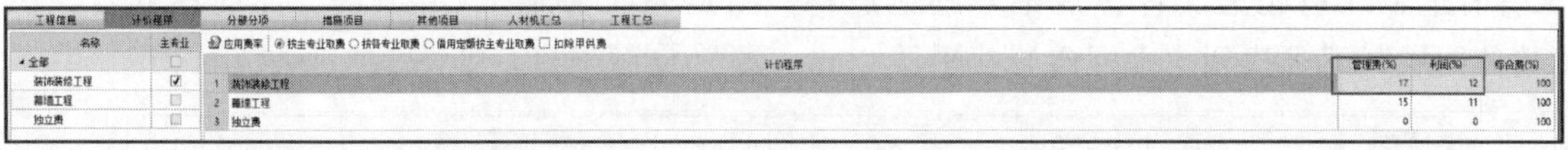

图 7.3　装饰专业管理费和利润

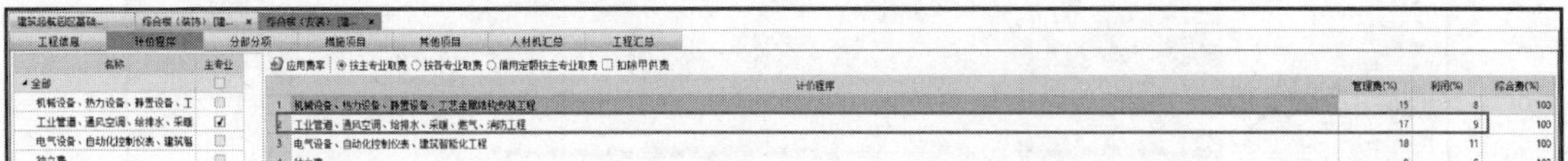

图 7.4　安装专业管理费和利润

7.2 各专业定额组价及解读

7.2.1 装饰工程

双击打开需要组价的装饰专业单位工程后，按清单项顺序逐一进行定额组价。

装饰工程主要包括室内外抹灰工程、饰面安装工程和玻璃、油漆、粉刷、裱糊工程等。由于各清单编制人员编制习惯、建设单位要求，以及各地费用定额规定不同，根据具体情况部分项目的装饰工程可能没有单独划分为一个装饰专业单位工程，而是编列在土建专业单位工程之中，投标报价编制人员按照清单进行组价（报价）即可。

装饰工程之中，可能部分建设内容与土建工程建设内容相同，如墙体砌筑工程等。这里主要以楼地面工程作为案例进行分析讲解。

楼地面工程中，一般定额将常见的楼地面面层分为整体面层（如水泥砂浆、现浇水磨石、混凝土楼地面等）和块料面层（如为石材楼地面和地砖楼地面等）。一般楼地面整体面层主要施工流程和工序为：基层清理、刷素水泥浆、面层施工、养护等。一般楼地面块料面层主要施工流程和工序为：基层清理、刷素水泥浆、贴地砖（块料）、擦缝、清理净面、养护等。整体面层与块料面层构造差异在于块料面层有结合层（一般为水泥砂浆）。

楼地面工程定额组价思路：在楼地面工程中，应考虑面层类别是整体面层（水泥砂浆/水磨石/混凝土/自流平/金刚砂耐磨地坪，是否嵌条、压纹）还是块料面层（石材/地砖/陶瓷锦砖）；整体面层的厚度、混凝土（砂浆）强度标号；块料尺寸和结合层材料（砂浆或者专用胶黏剂，是否有图案）。

接下来介绍楼地面工程组价的软件实操步骤。

（1）水泥砂浆地面

组价时应结合清单的描述、定额的具体子目内容以及施工现场的实际情况开展工作。如案例清单中，有清单项"水泥砂浆地面　1、原建筑地面砂浆找平；2、1∶2.5 水泥砂浆厚度 20mm；3、部位：配电室、弱电间；4、其他未尽事宜详见图纸、图集、招标文件、招标文件补遗、政府相关文件、规范等其他资料，满足验收要求"。由项目特征描述分析，在"整体面层"下可找到"水泥砂浆找平层 20mm 厚"定额子目，如图 7.5 所示。

图 7.5 水泥砂浆找平层定额

　　鼠标左键双击定额子目"水泥砂浆找平层 20mm 厚"时软件出现换算弹窗，如图 7.6 所示。

图 7.6　换算弹窗（调整厚度、水泥砂浆配合比）

　　根据其特征描述调整厚度和水泥砂浆配合比：其厚度 20mm 厚无需调整；水泥砂浆配合比调整为 1：2.5；项目特征中一般不描述素水泥浆，此处按默认即可。厚度和配合比调整完成后点击确定，此清单项组价完成，如图 7.7 所示。

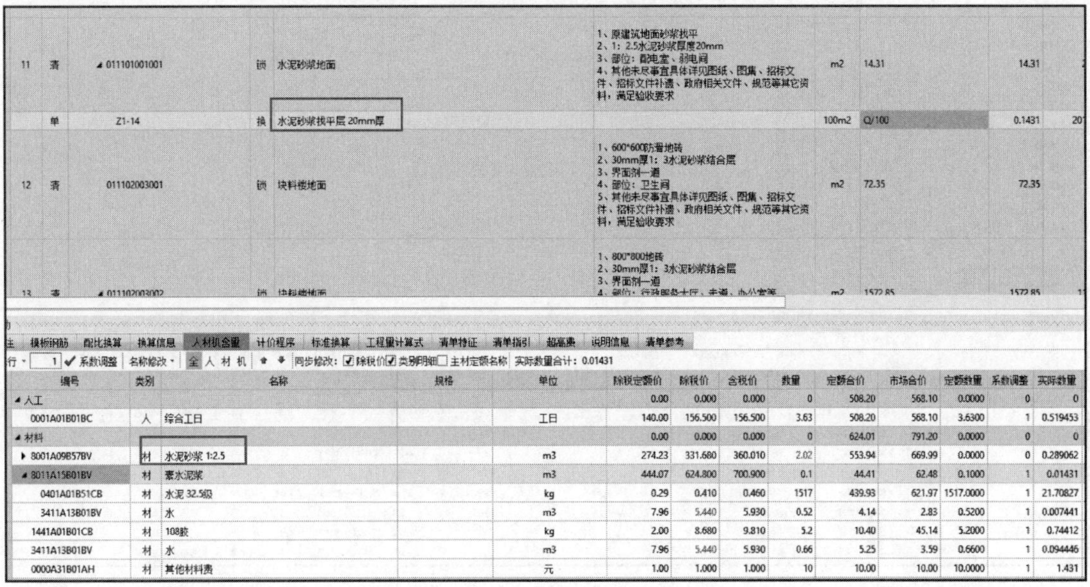

图 7.7　定额组价完成

（2）块料楼地面

　　如案例清单中，有清单项"块料楼地面　1、800×800 地砖；2、30mm 厚 1：3 水泥砂浆结合层；3、界面剂一道；4、部位：行政服务大厅、走道、办公室等；5、其他未尽事宜详见图纸、图集、招标文件、招标文件补遗、政府相关文件、规范等其他资料，满足验收要求"。由项目特征分析可知为块料地砖面层，地砖周长为 800mm×4＝3.2m，界面剂为素水泥浆。在"块料面层"下可找到定额子目"地砖周长 3.2m 以内 干硬性水泥砂浆"，如图 7.8 所示。

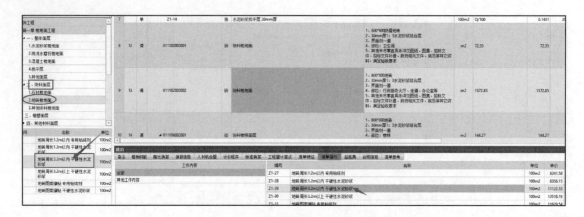

图 7.8　找到定额子目"地砖周长 3.2m 以内 干硬性水泥砂浆"

双击图 7.8 中定额子目后软件出现换算弹窗，如图 7.9 所示。

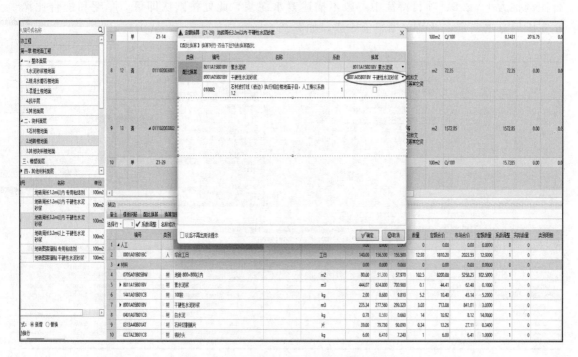

图 7.9　换算弹窗（调整水泥砂浆配合比）

根据其特征描述调整弹窗选项，此处所有选项无须调整，点击"确定"即可。随后换算其主要材料规格为 800×800 地砖，此定额为水泥砂浆 $1:3$，每 $100m^2$ 施工面积的工程量为 $3.03m^3$，分析可得出其结合层厚度为 30mm［$30mm \times 100m^2 = 3m^3$，其损耗按 1% 计算，$3m^3 \times (1+1\%) = 3.03m^3$］，结合层厚度无须调整。此清单项定额组价完成，如图 7.10 所示。

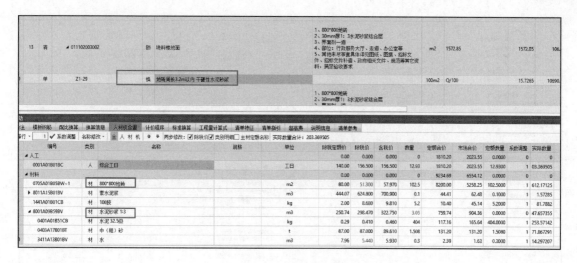

图 7.10　定额组价完成

7.2.2　安装工程

双击打开需要组价的安装专业单位工程后，按清单项顺序逐一进行定额组价。

安装工程是指各种设备、装置的安装工程，通常包括电气工程、通风工程、给排水工程以及设备安装等工作内容，工业设备及管道、电缆、照明线路等往往也涵盖在安装工程的范围内。安装工程类别较多，这里主要以电气工程作为案例进行分析讲解。

在房建工程项目中电气工程一般包含配电箱安装、桥架安装、配管、配线等工作内容。安装工程定额组价可以先从分析其设备和安装工作的特点入手。

例如，配电箱分为悬挂式、嵌入式、落地式，桥架分为托盘式、槽式、梯式，其材质有钢制、玻璃钢、铝合金等。下面将详细介绍两者的组价思路及软件实操步骤。

（1）配电箱安装

组价思路：应考虑是什么安装形式（悬挂式、嵌入式、落地式）；明装还是暗装；是否为空箱；工作面是否狭小（施工困难）；尺寸多少。

案例清单中，有清单项"配电箱　1、名称：照明总配电箱1AM；2、安装方式：落地式、槽钢基础0.2m；3、其他：未尽事宜详见设计图纸、图集、答疑、招标文件、政府相关文件、规范等其他资料，满足验收要求"。可知配电箱为"落地式"安装；不是空箱，若为空箱体一般项目特征会明确描述；未明确安装工作空间大小；尺寸未明确（若定额考虑尺寸，就需要查看对应图纸标注的尺寸）。

通过清单指引或者定额树找到定额子目"成套配电箱安装 落地式"，如图7.11所示，该定额子目未考虑箱体尺寸。

鼠标左键双击定额后软件出现换算弹窗，如图7.12所示，此处工作面正常，非空箱体，不满足系数调整项的换算条件，所以不用勾选调整。主材与特征描述不符，可进行调整，并填写材料单价（除税价），如图7.13所示。

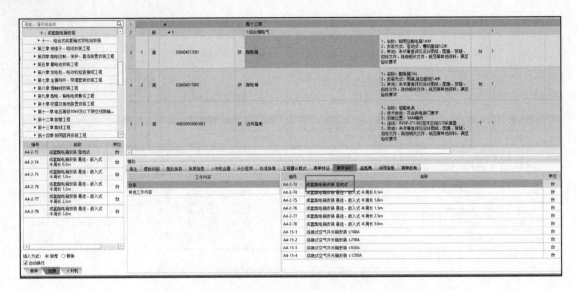

图 7.11　找到定额子目"成套配电箱安装 落地式"

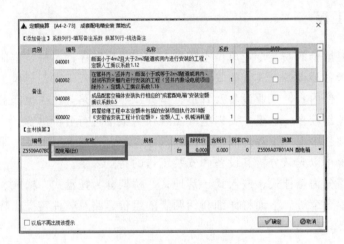

图 7.12　换算弹窗

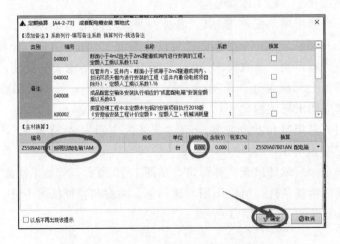

图 7.13　换算主材、填写单价（除税价）

换算完毕，点击"确定"，组价即可完成，完成界面如图 7.14 所示。主材名称、单价也可不在图 7.13 所示换算弹窗中调整，可以在组价后于"人材机含量"模块（即图 7.14 所示界面）里调整。

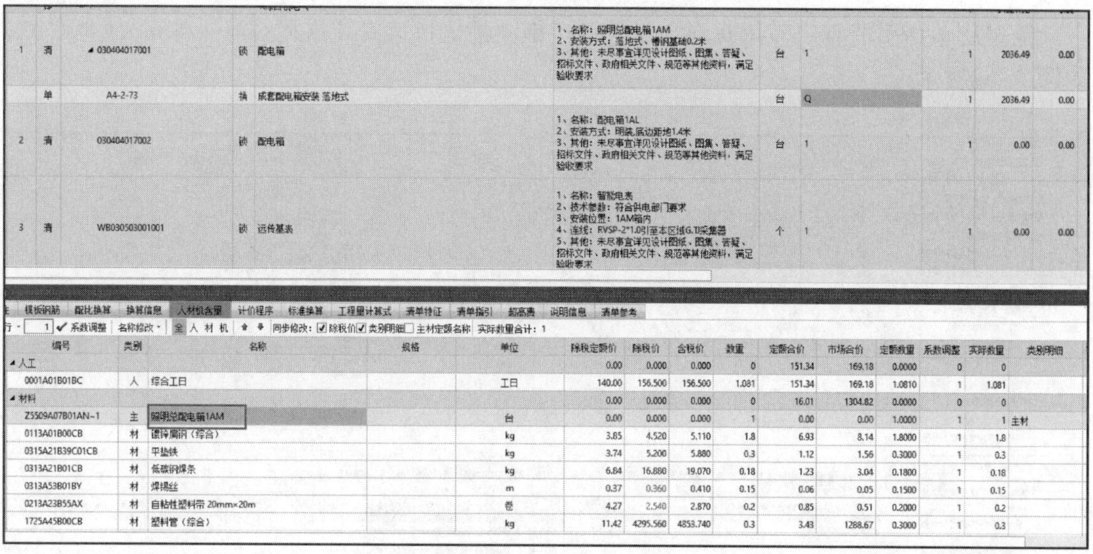

图 7.14　组价完成界面

安装主材单价也可在分部分项界面"主材单价"列输入，如图 7.15 所示。

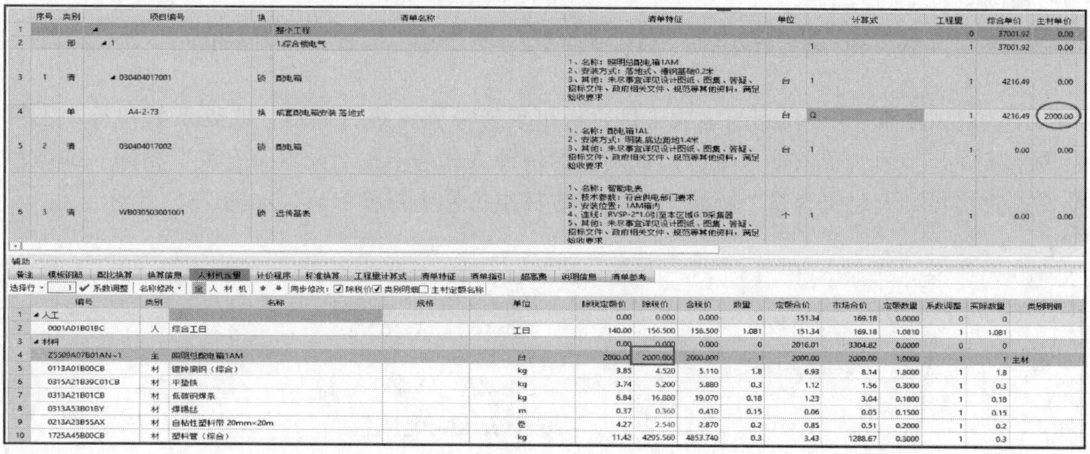

图 7.15　输入主材单价

（2）桥架安装

组价思路：应考虑是什么形式（托盘式、槽式、梯式）；什么材质（钢制、玻璃钢、铝合金）；尺寸多少。

例如案例清单中，有清单项"桥架　1、名称：金属桥架；2、型号：槽式桥架 200×100；3、材质：钢制；4、要求：开洞尺寸为 200×300；防火封堵；5、其他：未尽事宜详见设计图纸、图集、答疑、招标文件、政府相关文件、规范等其他资料，满足验收要求"。

由项目特征描述可知桥架为"槽式桥架"，尺寸为"200×100"，即宽200mm、高100mm；材质为"钢制"；防火封堵相关事项一般在防火工程清单单独列项考虑；宽＋高＝200＋100＝300（mm），300mm＜400mm，适用"钢制槽式桥架安装（宽 mm＋高 mm）≤400"定额。

通过清单指引或者定额树找到定额子目"钢制槽式桥架安装（宽 mm＋高 mm）≤400"，如图7.16所示。

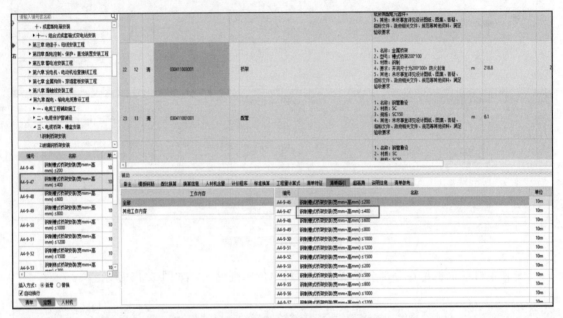

图7.16　找到对应定额"钢制槽式桥架安装（宽 mm＋ 高 mm）≤400"

左键双击图7.16中找到的定额子目后，出现换算弹窗进行调整，此处系数调整项不符合调整条件，不做勾选调整；主材换算调整的两种方式与上述"配电箱安装"相同，即弹窗换算或直接在"人材机含量"模块里调整。定额组价和主材换算后，如图7.17所示。

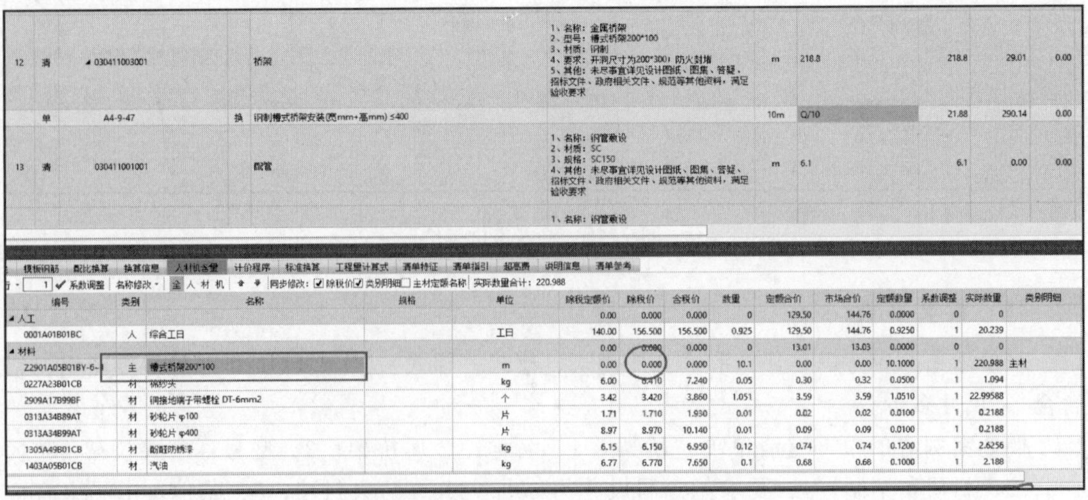

图7.17　定额组价、主材换算完成

7.2.3　市政工程

双击打开需要组价的市政专业单位工程后，按清单项顺序逐一进行定额组价。

市政工程一般是指城市建设中的各种公共交通、给水、排水、燃气、城市防洪、环境卫生及照明等基础设施建设，例如市政道路工程等。此处主要以市政道路工程为案例进行分析讲解。

市政道路工程定额组价可以从道路构造和施工内容入手。不同的道路类型其构造不同，其构造一般包含路床、垫层、底层、基层、面层等；施工方法一般是人工或者人工配合机械施工；其施工内容主要包含路基（路床）的碾压修整、基层碎石（水泥稳定碎石层）的摊铺碾压以及面层的摊铺、养护等内容。

（1）级配碎石底基层

组价思路：应考虑是什么材质基层（碎石、卵石、块石等），基层厚度，人工施工还是人工配合机械施工等。

案例清单中，有清单项"级配碎石底基层　1、种类：碎石底基层；2、部位：机动车道部位；3、厚度：250厚；4、压实度≥96％；5、未尽事宜详见图纸、答疑、图集、招标文件、政府相关文件、规范等其他资料且满足验收要求"。可知基层材质为"碎石"，"250厚"即厚度为25cm；没有明确采用人工施工或者人工配合机械施工（在实际施工中，除了工程量极小或者机械无法到场的情况下，优先考虑人工配合机械施工）。没有合适厚度的定额子目，可以先找到定额子目"人机配合铺装 碎石底层 厚15cm"，后续进行厚度换算调整。

通过清单指引或者定额树找到定额子目"人机配合铺装 碎石底层 厚15cm"，如图7.18所示。

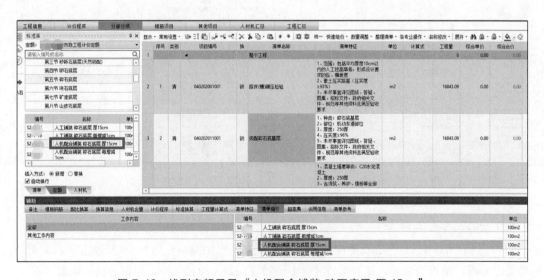

图7.18　找到定额子目"人机配合铺装 碎石底层 厚15cm"

鼠标左键双击图7.18中定额子目，软件出现换算弹窗，如图7.19所示，在其"换算"列填写厚度"25"，其系数自动填写为"10"。

图 7.19 定额换算弹窗（厚度调整）

调整完成后点击图 7.19 右下角"确定"，即可组价完成，完成界面如图 7.20 所示。

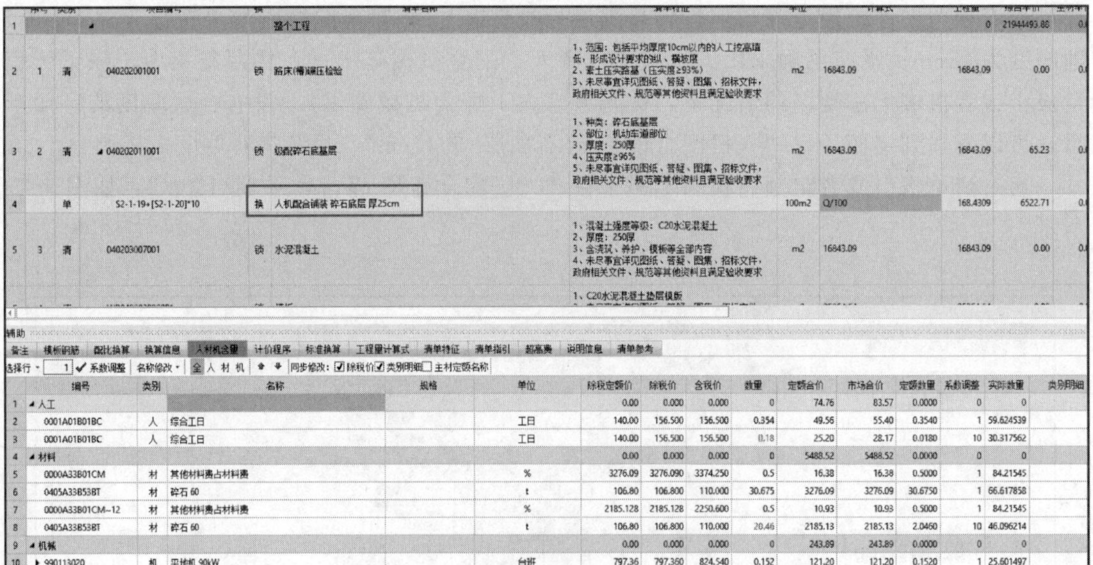

图 7.20 组价完成

（2）水泥混凝土面层

组价思路：应考虑是什么材质面层（沥青混凝土、水泥混凝土等）；面层厚度；水泥混凝土标号强度等级，是否为泵送，是否商品混凝土；沥青混凝土粒径大小，是否为商品混凝土等。

案例清单中，有清单项"水泥混凝土   1、混凝土强度等级：C25 水泥混凝土；2、厚度：250 厚；3、含浇筑、养护等全部内容；4、未尽事宜详见图纸、答疑、图集、招标文件、政府相关文件、规范等其他资料且满足验收要求"。可知面层材质为"C25 水泥混凝土"，"250 厚"即厚度为 25cm；没有明确是否采用商品混凝土与是否泵送（在实际施工中，在城镇市区政策规定为减少污染，一般采用商品混凝土，禁止自拌；道路施工中一般采用非泵送，除非施工环境不允许，运输混凝土的罐车无法进入，方采用泵送）；还应考虑养护（养护一般也称为"养生"）。没有合适厚度的定额子目，可以先找到定额子目"水泥混凝土路面层 厚 20cm"，后续再进行厚度换算调整。

通过清单指引或者定额树找到定额子目"水泥混凝土路面层 厚 20cm"，如图 7.21 所示。

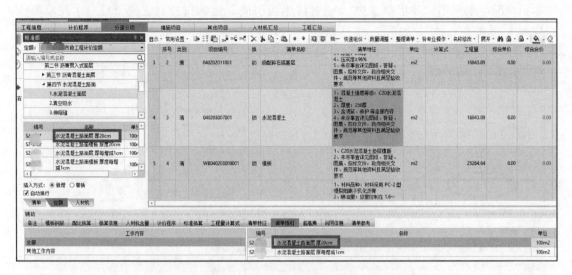

图 7.21　找到定额子目"水泥混凝土路面层 厚 20cm"

鼠标左键双击图 7.21 中定额子目后，软件出现换算弹窗，可换算调整混凝土标号等级和面层厚度。在"换算"列对应调整为"厚度 25""商品混凝土 C25（非泵送）"，其他不满足无须勾选调整，如图 7.22 所示。点击右下角"确定"。

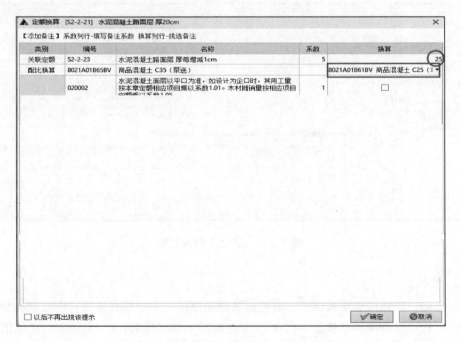

图 7.22　换算弹窗（调整厚度、混凝土标号）

关于混凝土养护（养生），定额一般从两个角度考虑：常规气温养护和特殊高低温养护。一般混凝土面层定额其工作内容已包含了常规气温的洒水养护，特殊气候需要的养护应单独设置定额考虑。综上，投标人针对混凝土面层报价，考虑其面层养护时除了需要结合项目特征要求，还应考虑是否有高低温气候的养护（需要结合施工方案）。

混凝土面层养护定额子目中养护分两种："塑料液养护"和"养生布养护"，根据现场施工养护情况一般采用"养生布养护"。通过清单指引或者定额树找到定额子目"水泥混凝土面层养生 养生布养护"，如图 7.23 所示。

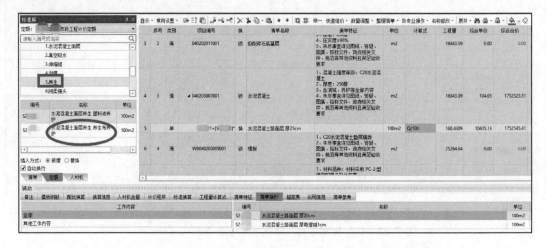

图 7.23　找到定额子目"水泥混凝土面层养生 养生布养护"

鼠标左键双击图 7.23 中定额子目，即可完成"养生"组价，完成界面如图 7.24 所示。

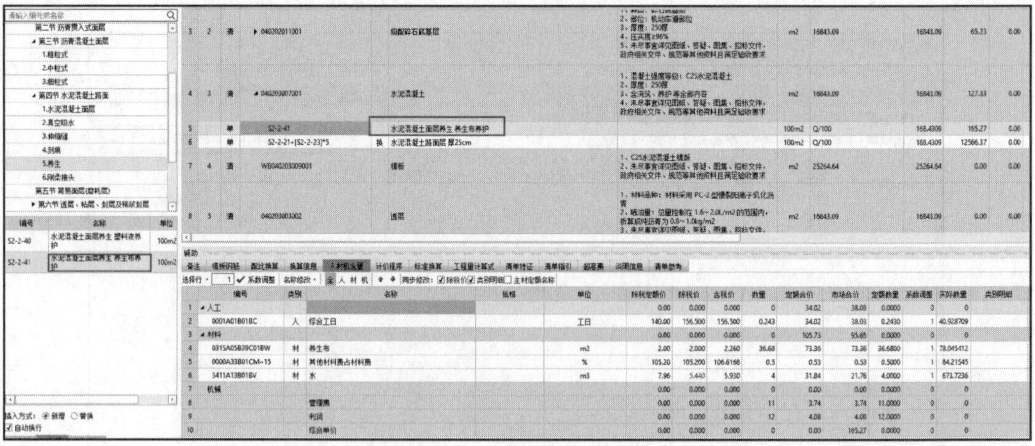

图 7.24　"养生"组价完成

（3）模板

组价思路：道路面层模板组价一般考虑其路面厚度（对应模板厚度）以及模板材质。

案例工程中有清单项"模板　1、C25 水泥混凝土面层模板；2、未尽事宜详见图纸、答疑、图集、招标文件、政府相关文件、规范等其他资料且满足验收要求"。根据其项目特征描述，其部位为水泥混凝土路面面层，模板厚度没有描述，可根据其上一条清单项分析得出厚度为 25cm。定额子目中有"水泥混凝土路面模板 厚度 20cm"，调整其厚度即可。

通过清单指引或者定额树找到定额子目"水泥混凝土路面模板 厚度 20cm"，如图 7.25 所示。

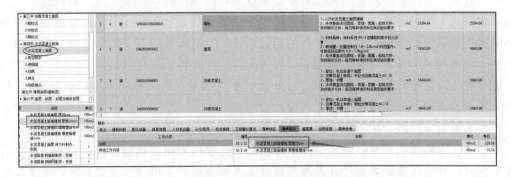

图 7.25　找到定额子目"水泥混凝土路面模板 厚度 20cm"

鼠标左键双击图 7.25 中定额子目后，出现换算弹窗，如图 7.26 所示，在"换算"列输入厚度"25"。

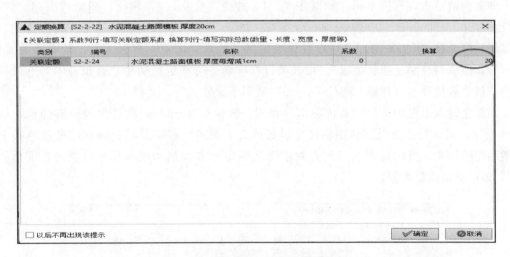

图 7.26　换算弹窗（调整模板厚度）

换算完成后，点击图 7.26 右下角"确定"，即可完成组价，完成界面如图 7.27 所示。

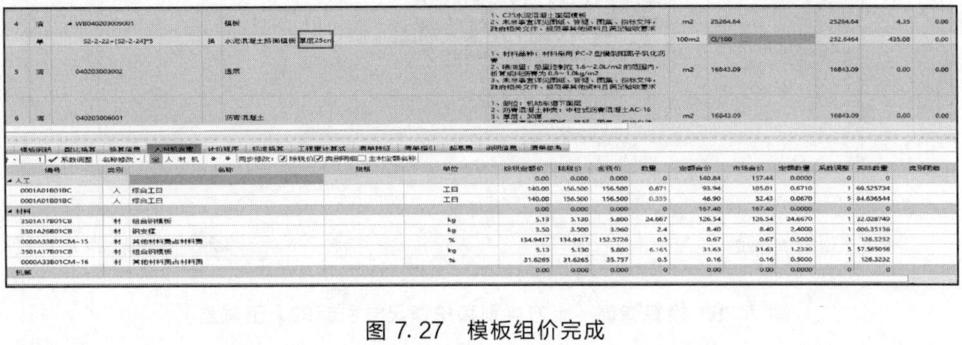

图 7.27　模板组价完成

7.2.4 园林绿化工程

双击打开需要组价的园林绿化专业单位工程后，按清单项顺序逐一进行定额组价。

园林绿化工程是保护生态环境、改善城市生活环境的重要措施，泛指园林城市绿地和风景名胜区中涵盖园林建筑工程在内的环境建设工程，包括园林建筑工程、土方工程、园林筑山工程、园林理水工程、园林铺地工程、绿化工程、花卉种植工程等。

此处主要以苗木栽植工程为案例进行分析讲解。苗木栽植工程主要包含整理绿化用地、起挖、栽植、养护、树木支撑等施工内容。

苗木栽植组价思路：应考虑其属于乔木还是灌木，其胸径或者土球直径、灌丛高。

查看某地定额说明可知：带土球乔、灌木起挖、栽植土球的规格按设计要求确定，当设计无规定时，乔木按胸径 8 倍计算土球直径，灌木按地径的 7 倍计算土球直径，不能按地径计算时，灌木或亚乔木（如丛生状桂花等）按其蓬径的 1/3 计算土球直径。（各地定额说明可能有差异）

（1）栽植乔木

如案例清单中，有清单项“栽植乔木　1、种类：合欢；2、胸径：ϕ16～18；3、株高、冠径：H500～550、P350～400；4、分支点：220～250；5、圃地苗、全冠、树姿优美、至少保留三级分枝；6、备注：未尽事宜详见图纸、答疑、图集、招标文件，政府相关文件、规范等其他资料且满足验收要求”。由其项目特征描述可知定额树中“栽植乔木”下可找到定额子目“栽植乔木（裸根）胸径＜18cm”适用于此处。

鼠标左键双击定额子目“栽植乔木（裸根）胸径＜18cm”时软件出现换算弹窗，如图 7.28 所示，可进行土方类别和挖塘尺寸引起的人工调整。根据其项目特征没有描述其土方类别和挖塘尺寸，投标报价人员核查对应图纸确定土方类别和挖塘尺寸后点击右下角“确定”，即可退出换算界面。

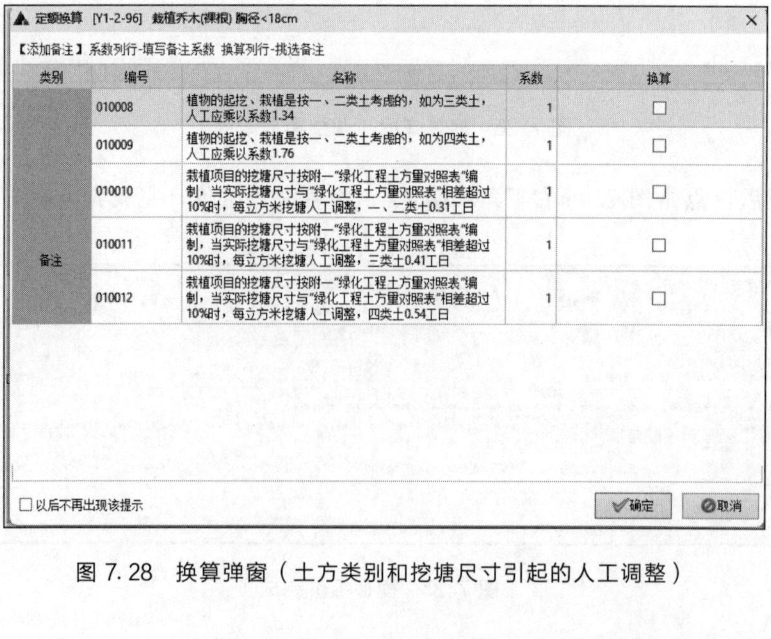
定额换算 [Y1-2-96] 栽植乔木(裸根) 胸径<18cm

【添加备注】系数列行-填写备注系数 换算列行-挑选备注

类别	编号	名称	系数	换算
备注	010008	植物的起挖、栽植是按一、二类土考虑的，如为三类土，人工应乘以系数1.34	1	☐
	010009	植物的起挖、栽植是按一、二类土考虑的，如为四类土，人工应乘以系数1.76	1	☐
	010010	栽植项目的挖塘尺寸按附一“绿化工程土方量对照表”编制，当实际挖塘尺寸与“绿化工程土方量对照表”相差超过10%时，每立方米挖塘人工调整，一、二类土0.31工日	1	☐
	010011	栽植项目的挖塘尺寸按附一“绿化工程土方量对照表”编制，当实际挖塘尺寸与“绿化工程土方量对照表”相差超过10%时，每立方米挖塘人工调整，三类土0.41工日	1	☐
	010012	栽植项目的挖塘尺寸按附一“绿化工程土方量对照表”编制，当实际挖塘尺寸与“绿化工程土方量对照表”相差超过10%时，每立方米挖塘人工调整，四类土0.54工日	1	☐

☐以后不再出现该提示　确定　取消

图 7.28　换算弹窗（土方类别和挖塘尺寸引起的人工调整）

退出换算界面后，查看组价后定额的"人材机含量"，发现除了辅材"水"之外，没有主材乔木，如图7.29所示。

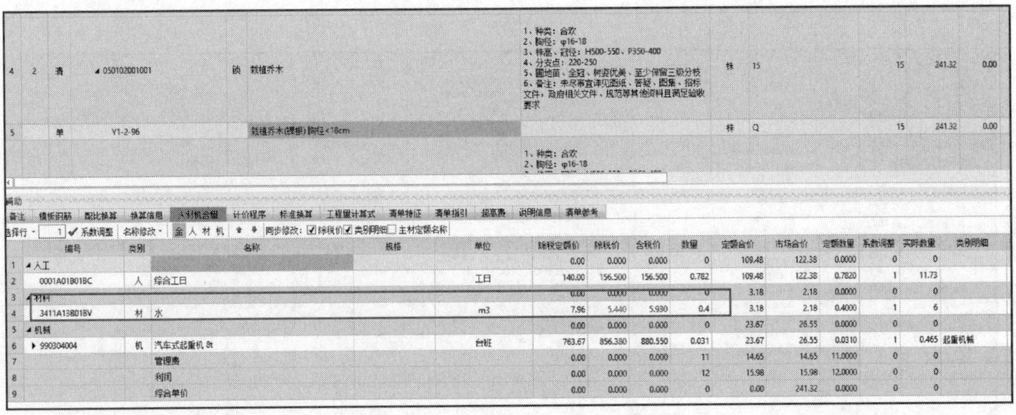

图 7.29　查看"人材机含量"

分析清单名称和项目特征描述可知，此清单项乔木属于购买栽植，不属于移栽（苗木移栽时无主材，苗木购买栽植时有主材），需要手动添加主材乔木"合欢"。

软件里添加主材的方式如下。

在"人材机含量"界面选中其材料右键点击后选择"插入主材 按定额"或"插入主材按清单"，如图7.30所示，插入后界面如图7.31所示。

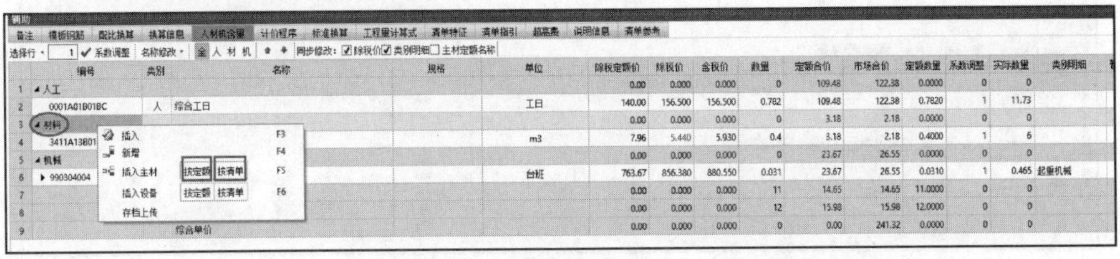

图 7.30　选中材料后右键点击插入主材

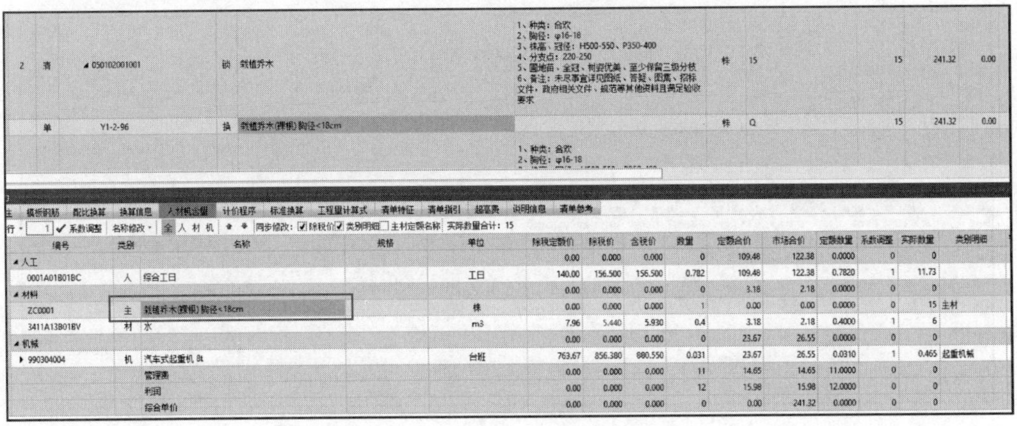

图 7.31　插入主材后界面

　　左键双击图 7.31 中材料名称后填写"合欢"即可；或右键点击，选择"材料取清单特征"，如图 7.32 所示，按需要在如图 7.33 所示弹窗中勾选种类、胸径，选择"更改材料名称"后"确定"即调整完成，完成界面如图 7.34 所示。

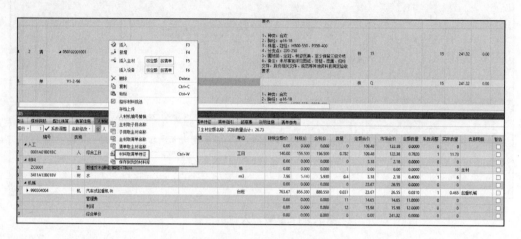

图 7.32　选择"材料取清单特征"

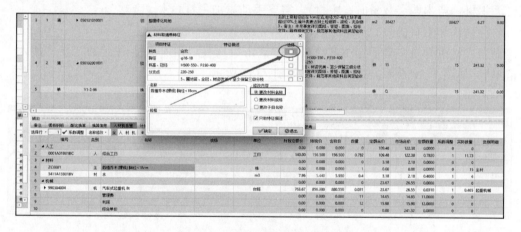

图 7.33　勾选调整材料名称

图 7.34　主材名称调整完成界面

（2）乔木成活养护

关于苗木养护，一般定额从三方面考虑，即栽植期的养护，绿化成活养护和绿化保存养护。一般苗木栽植定额内已考虑栽植期的养护；成活养护定额一般按月编制，每月按 30 天计算；绿化保存养护定额按年编制，每年按 365 天计算。

如案例清单中，有清单项"乔木成活养护 1、种类：合欢；2、胸径： $\phi 16 \sim 18$ ；3、株高、冠径： $H500 \sim 550$ ， $P350 \sim 400$ ；4、养护期：3 个月；5、备注：未尽事宜详见图纸、答疑、图集、招标文件、政府相关文件、规范等其他资料且满足验收要求"。合欢树属于落叶乔木，结合其项目特征描述，定额子目"落叶乔木成活养护 胸径（20cm 以内）"适用于此处，如图 7.35 所示。

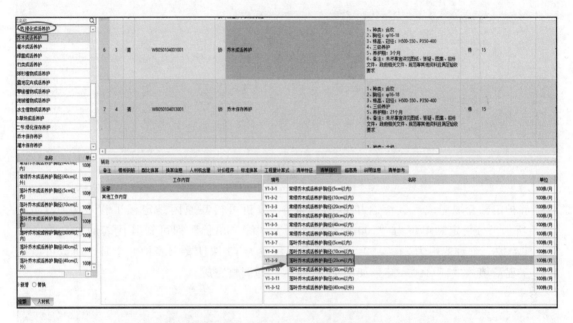

图 7.35 找到定额子目"落叶乔木成活养护 胸径（20cm 以内）"

鼠标左键双击图 7.35 中定额子目"落叶乔木成活养护 胸径（20cm 以内）"后，软件出现换算弹窗，如图 7.36 所示，若采用自动喷淋养护则需要调整人工含量，此处未做要求，不作调整。

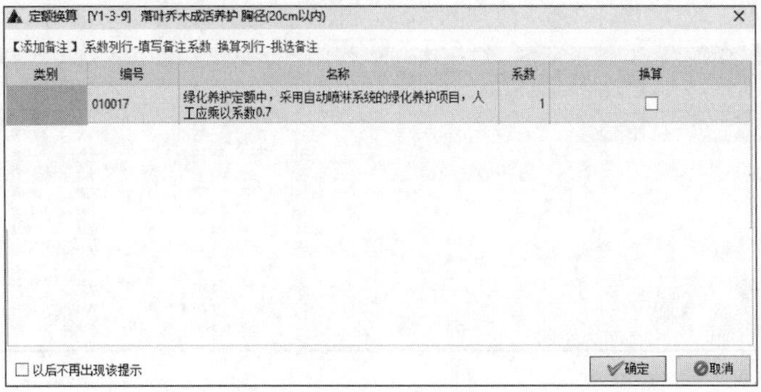

图 7.36 换算弹窗

点击图 7.36 右下角"确定"后定额套取完成，如图 7.37 所示。

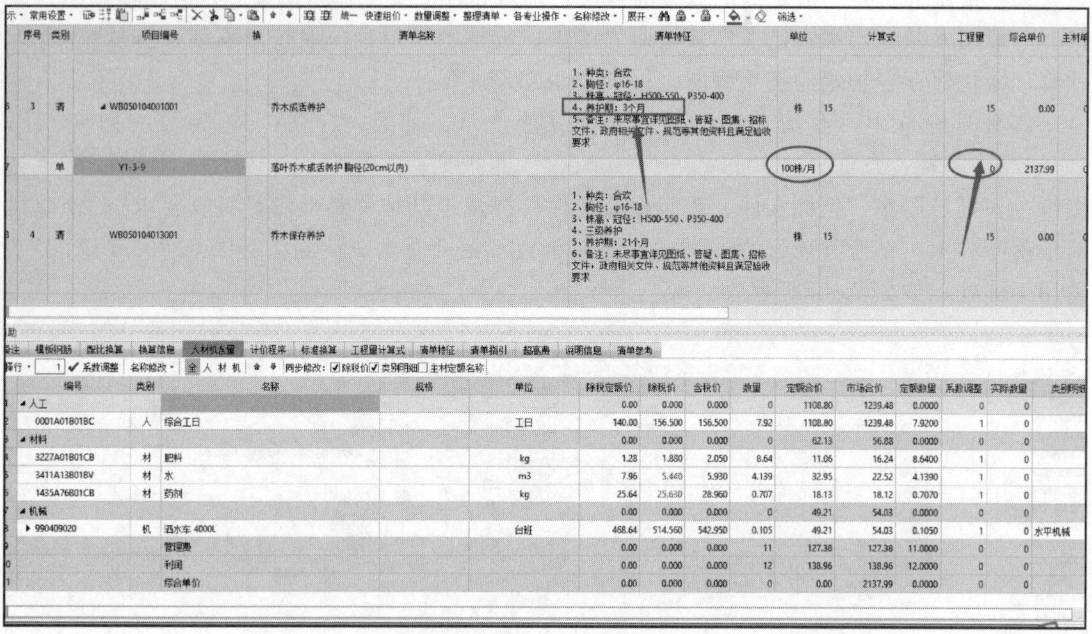

图 7.37　定额套取完成

养护定额套取完成后其综合单价仍然为 0，分析可得其原因是定额工程量为 0，如图 7.37 所示。分析定额单位为"100 株/月"，结合"综合单价"列可知其代表的含义为"每 100 株养护一个月费用为 2137.99 元"，清单工程量为 15 株且要求养护 3 个月，所以可以在定额工程量填入"15/100×3"，如图 7.38 所示，即调整完成。

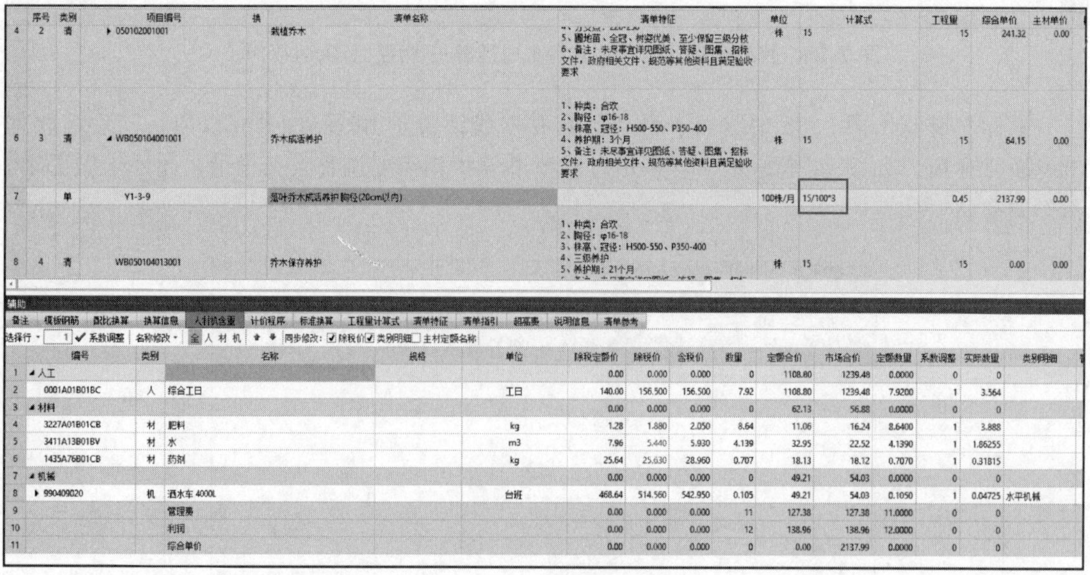

图 7.38　定额工程量调整后

（3）乔木保存养护

保存养护一般分为三个养护等级，定额项目按照二级养护的标准编制，不同养护等级需要换算调整系数（不同地区可能略有差异）。

案例清单中，有清单项"乔木保存养护 1、种类：合欢；2、胸径：$\phi16\sim18$；3、株高、冠径：$H500\sim550$，$P350\sim400$；4、三级养护；5、养护期：21个月；6、备注：未尽事宜详见图纸、答疑、图集、招标文件、政府相关文件、规范等其他资料且满足验收要求"。由清单名称和项目特征可知，定额子目"落叶乔木保存养护 胸径（20cm以内）"适用于此处，如图 7.39 所示。

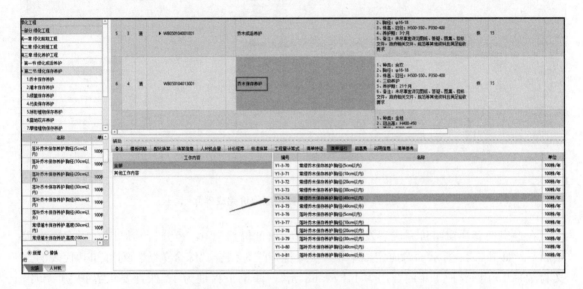

图 7.39　找到定额子目"落叶乔木保存养护 胸径（20cm以内）"

双击图 7.39 定额子目"落叶乔木保存养护 胸径（20cm以内）"后，出现换算弹窗，按项目特征描述为三级养护，在换算弹窗界面勾选调整为"三级养护"，其他不符合不作调整，如图 7.40 所示。

图 7.40　换算弹窗（养护等级等的调整）

换算完成后，点击图 7.40 右下角"确定"即可退出换算弹窗，组价完成，如图 7.41 所示。

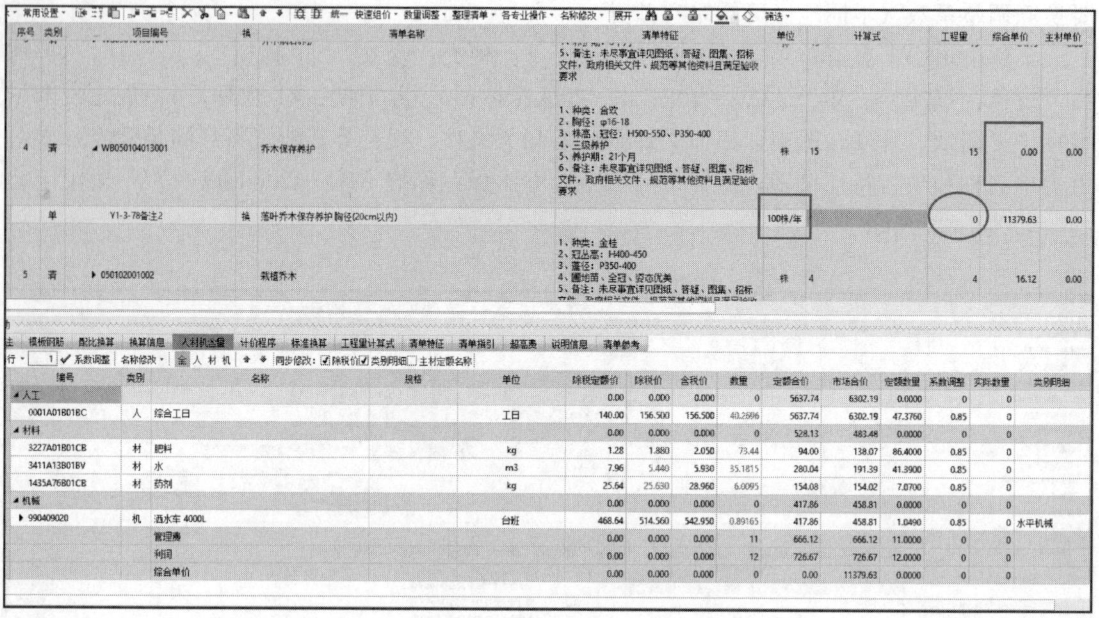

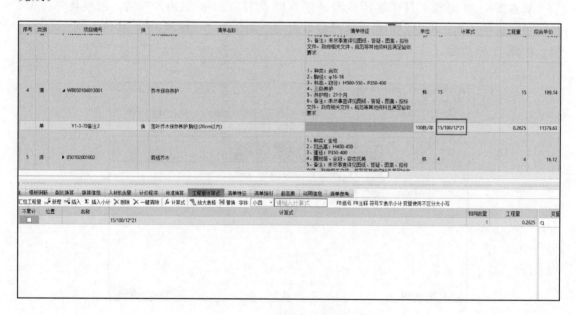

图 7.41　退出换算弹窗后组价完成界面

在退出换算弹窗组价完成后发现其清单综合单价仍然为 0，经分析其原因在于定额工程量为 0，如图 7.41 所示。对应定额单位"100 株/年"，结合"综合单价"列可知其代表的含义为"每 100 株养护 1 年的费用为 11379.63 元"，清单工程量为 15 株且要求养护 21 个月，而一年为 12 个月，所以可以在定额工程量填入"15/100/12×21"，如图 7.42 所示，即调整完成。

图 7.42　定额工程量调整

（4）树木支撑架

支撑架一般考虑材质（如树棍桩、毛竹桩、预制混凝土桩等）和支撑架类型（如四脚桩、三角桩、一字桩、长单桩、短单桩等）。

案例工程中有清单项"树木支撑架　1、支撑类型、材质：四角桩支撑；2、支撑应牢固、美观、整齐；3、备注：未尽事宜详见图纸、答疑、图集、招标文件，政府相关文件、规范等其他资料且满足验收要求"。分析其项目特征可知，树木支撑架为四角桩支撑，材质未描述，可查看图纸明确材质要求，如"毛竹桩"，经查找有定额子目"树木支撑毛竹桩 四脚桩"适用，如图 7.43 所示。

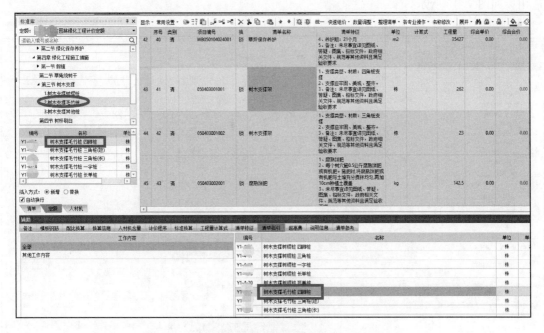

图 7.43　找到定额子目"树木支撑毛竹桩 四脚桩"

鼠标左键双击图 7.43 中定额子目"树木支撑毛竹桩 四脚桩"后组价完成，如图 7.44 所示。

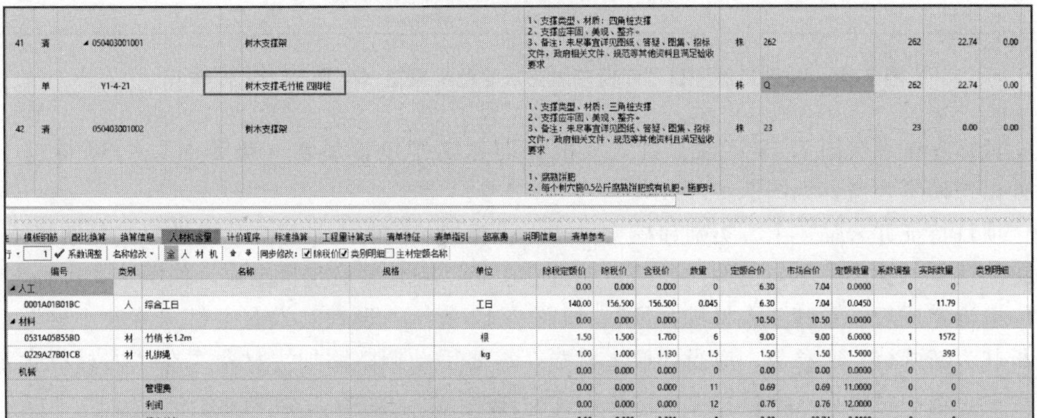

图 7.44　组价完成

（5）栽植色带

色带一般除了考虑是栽植普通色带还是图案色带两种情况外，还考虑其种植密度，如 36 株/m^2，以及土方类别、挖塘尺寸等。

例如案例工程中有清单项"栽植色带 1、苗木、花卉种类：紫叶小檗；2、株高或蓬径：$H35\sim40$、$P30\sim35$；3、单位面积株数：36 株/m^2，满铺满栽，不见黄土；4、备注：未尽事宜详见图纸、答疑、图集、招标文件、政府相关文件、规范等其他资料且满足验收要求"。项目特征描述没有明确是否要求彩文图案，可查看对应图纸做法要求，一般没有明确要求按普通色带进行报价。综上，定额子目"栽植普通花坛等色带植物（花灌木）＜36 株/m^2"适用，如图 7.45 所示。

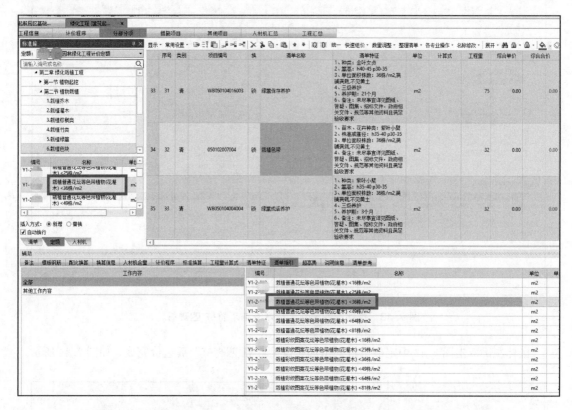

图 7.45 找到定额子目"栽植普通花坛等色带植物（花灌木）＜ 36 株/m^2"

鼠标左键双击图 7.45 定额子目"栽植普通花坛等色带植物（花灌木）＜36 株/m^2"，软件出现换算弹窗，如图 7.46 所示。

项目特征并未描述土方类别和挖塘尺寸，投标报价编制人员可查看图纸等进行明确，此处按默认（二类土）不勾选调整处理，点击右下角"确定"后组价完成，如图 7.47 所示。

组价完成后查看其"人材机含量"，如图 7.47 所示，发现其没有主材"紫叶小檗"。经分析其为新栽植，非移栽，应当计取主材费，需要手动调整添加主材费。在"人材机含量"模块中，选中材料后右击鼠标点击"插入主材 按定额"，如图 7.48 所示。

插入后出现主材"栽植普通花坛等色带植物（花灌木）＜36 株/m^2"，选中后右击选择"材料取清单特征"，如图 7.49 所示。

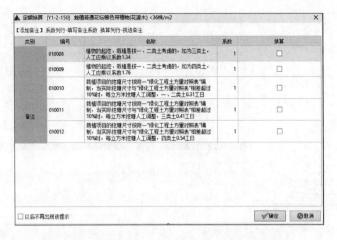

图 7.46　换算弹窗（土方类别、挖塘尺寸调整）

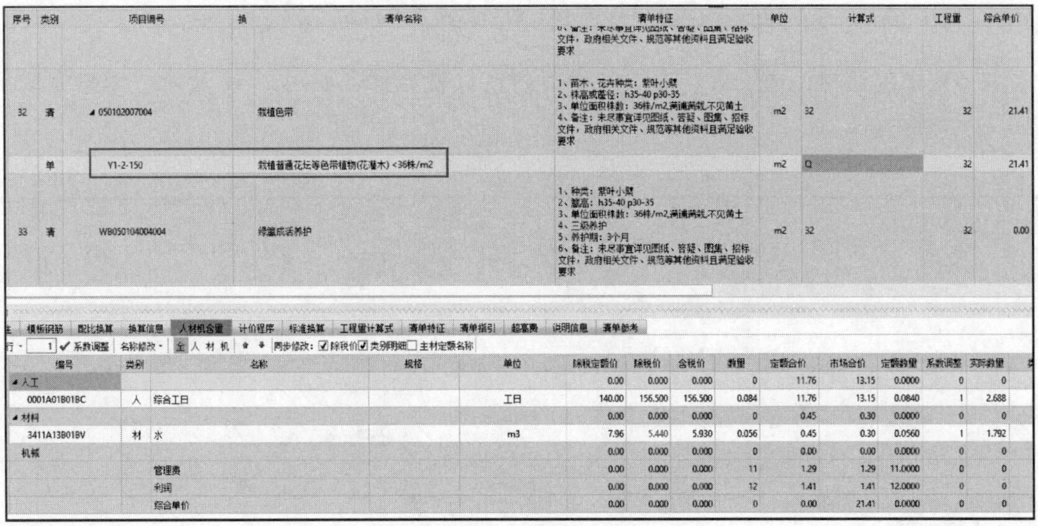

图 7.47　组价完成界面

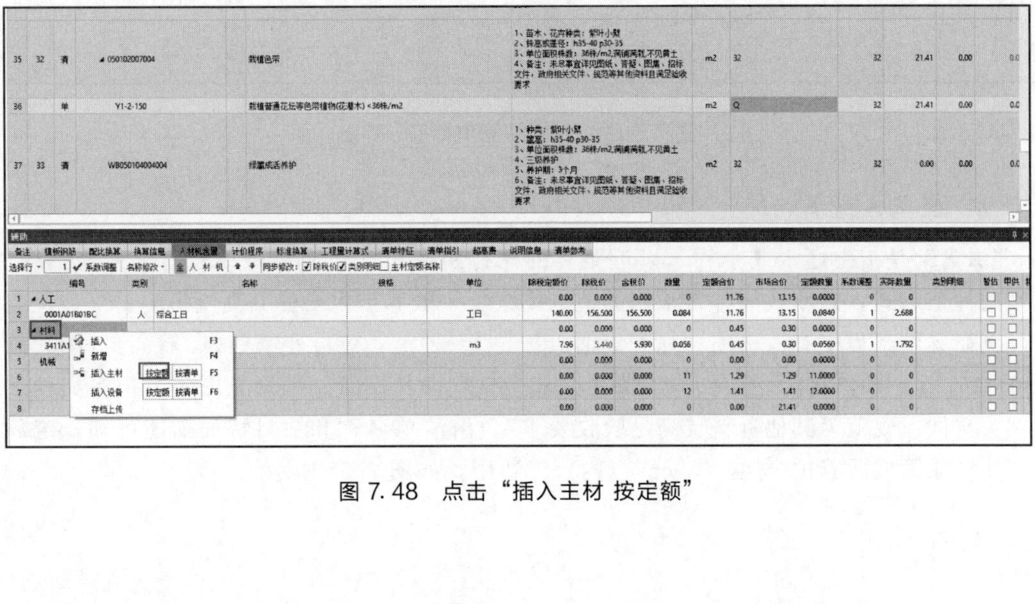

图 7.48　点击"插入主材 按定额"

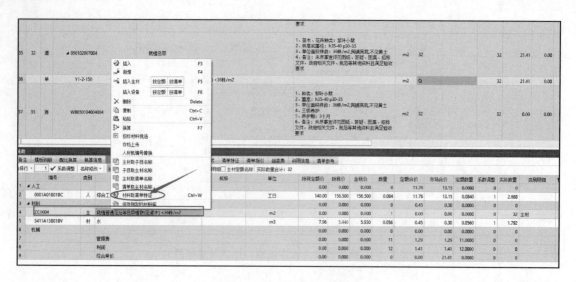

图 7.49   点击"材料取清单特征"

在弹窗中勾选相关选项后，按需求手动调整材料名称，如图 7.50 所示，调整完成后，如图 7.51 所示。

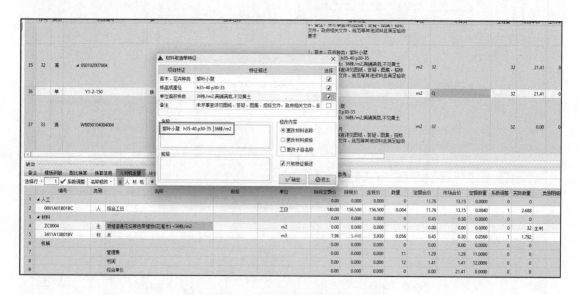

图 7.50   "材料取清单特征"弹窗

（6）绿篱成活养护

"绿篱"是指由灌木或小乔木以近距离的株行距密植，栽成单行或双行，紧密结合的、规则的种植形式，是欧式园林常采用的造景手法。一般养护主要受其高度影响。

例如案例工程中有清单项"绿篱成活养护 1、种类：紫叶小檗；2、篱高：$H35\sim40$、$P30\sim35$；3、养护期：3 个月；4、备注：未尽事宜详见图纸、答疑、图集、招标文件、政府相关文件、规范等其他资料且满足验收要求"。由清单名称和项目特征描述可知，定额子目"片植绿篱成活养护 高度（50cm 以内）"适用，如图 7.52 所示。

图 7.51　弹窗调整完成界面

图 7.52　选中定额子目"片植绿篱成活养护 高度（50cm 以内）"

鼠标左键双击图 7.52 中定额子目"片植绿篱成活养护 高度（50cm 以内）"后软件出现换算弹窗，如图 7.53 所示。

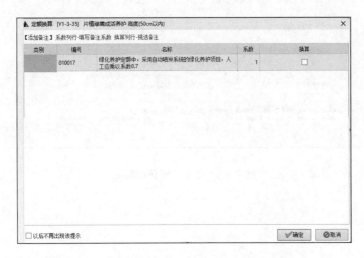

图 7.53　换算弹窗（采用自动喷淋人工含量调整）

　　根据项目特征描述，此处没有明确采用自动喷淋，不需勾选调整，点击图 7.53 右下角"确定"，组价完成，完成界面如图 7.54 所示。

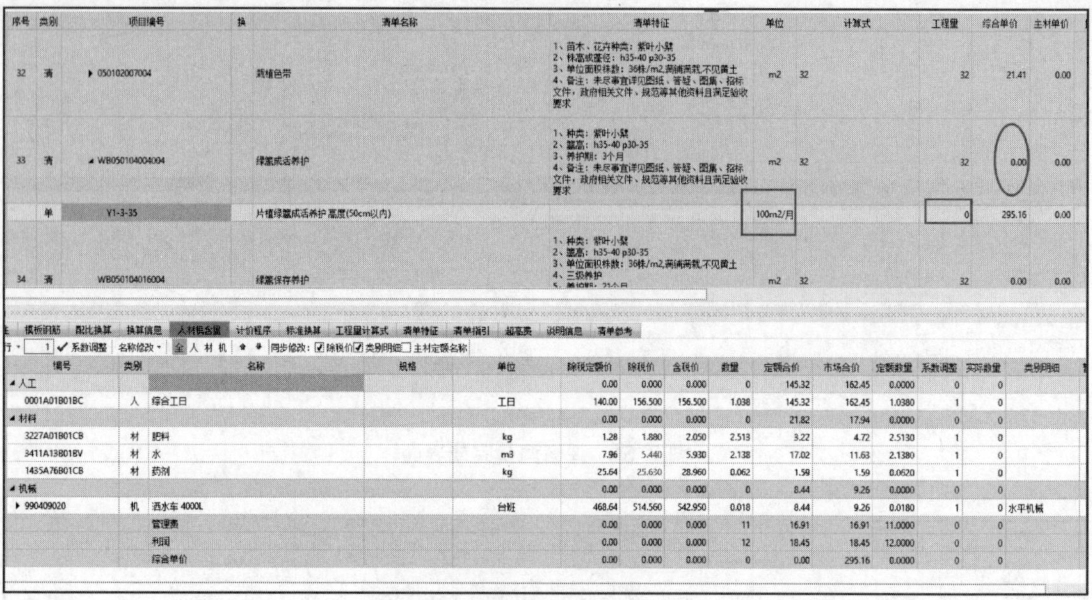

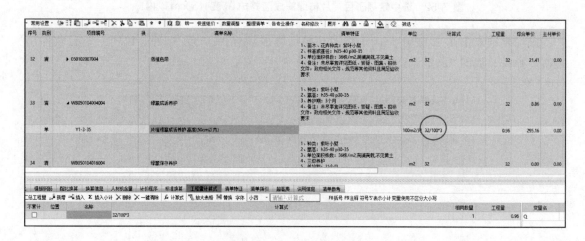

图 7.54　组价完成

　　组价完成后，其单价为 0，如图 7.54 所示。经分析其原因是定额工程量为 0。定额单位为"100m²/月"，清单工程量为 32m²，且要求养护 3 个月，所以可在定额工程量填入"32/100×3"，如图 7.55 所示，即调整完成。

图 7.55　定额工程量调整后

7.3　各专业措施费、造价汇总解读

不同专业其措施费项目清单可能不同，如装饰装修专业措施项目编号以"ZC"开头，安装专业以"AC"开头等，如图7.56、图7.57所示。对应的措施费费率也不尽相同。

图 7.56　装饰装修专业措施项目

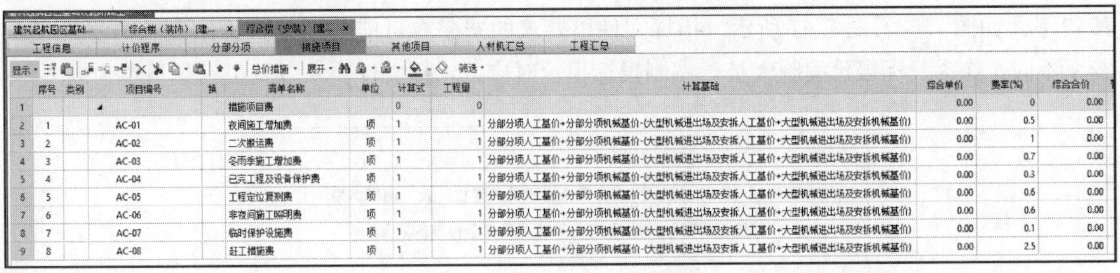

图 7.57　安装专业措施项目

不同专业其单位工程造价汇总内容不同，如图7.58、图7.59，装饰装修专业和安装专业，其序号代号不同、费率不同，如装饰装修的不可竞争费明细中安全文明施工费字母代号为"ZF"开头，安装专业为"AF"开头等。

图 7.58　装饰装修专业单位工程造价汇总

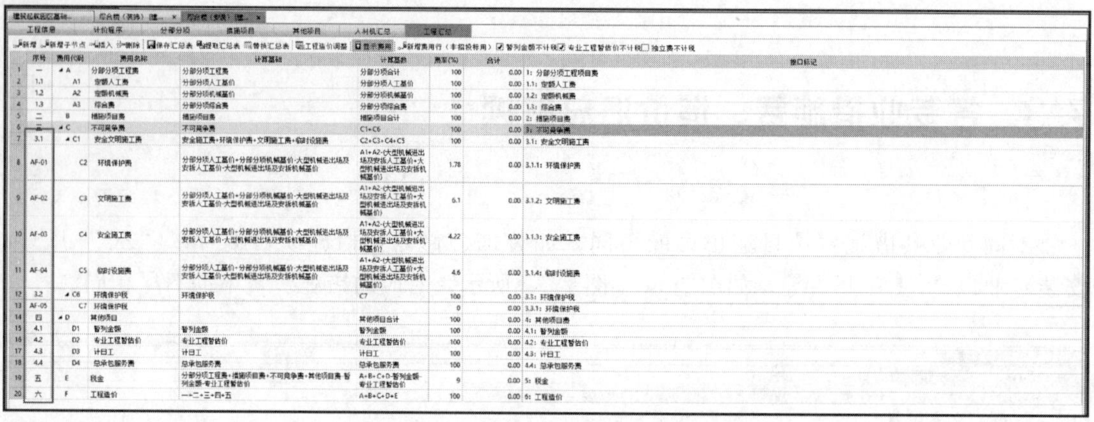

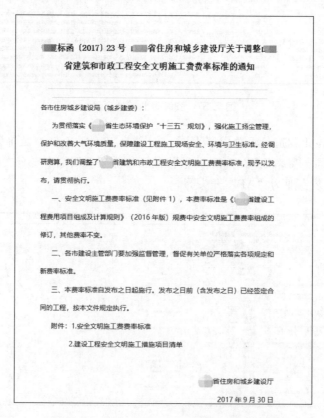

图 7.59　安装专业单位工程造价汇总

各专业除上述计价程序、措施清单、单位工程造价汇总等不同之外，其人工也可能不同。有的地区，不同专业工种不同、人工单价不同，如土建人工、装饰人工等，也有地区所有专业人工工种和单价都相同，如土建中是综合人工，安装也是综合人工等。

此处需要明确的是各地的措施费费率（总价措施）和安全文明施工费费率等不是一成不变的，除各地费用定额规定不同外，各地造价站（定额站）也会根据当地情况发布文件调整其费率，如图 7.60、图 7.61 所示。招标文件里要求的费率有可能与当地造价站发布的文件里的费率不同，作为投标报价编制人员，编制投标报价时应以招标文件要求以及工程量清单为准。

標函〔2017〕23 号 省住房和城乡建设厅关于调整 省建筑和市政工程安全文明施工费费率标准的通知

各市住房城乡建设局（城乡建委）：

为贯彻落实《 省生态环境保护"十三五"规划》，强化施工扬尘管理，保护和改善大气环境质量，保障建设工程施工现场安全、环境与卫生标准。经调研测算，我们调整了 省建筑和市政工程安全文明施工费费率标准，现予以发布，请贯彻执行。

一、安全文明施工费费率标准（见附件 1），本费率标准是《 省建设工程费用项目组成及计算规则》（2016 年版）规费中安全文明施工费费率组成的修订，其他费率不变。

二、各市建设主管部门要加强监督管理，督促有关单位严格落实各项规定和新费率标准。

三、本费率标准自发布之日起施行。发布之日前（含发布之日）已经签定合同的工程，按本文件规定执行。

附件：1.安全文明施工费费率标准

2.建设工程安全文明施工措施项目清单

省住房和城乡建设厅

2017 年 9 月 30 日

图 7.60　安全文明施工费费率调整文件示例

附件1：

安全文明施工费费率标准

一、建筑工程

（一）一般计税法下 （单位：%）

专业名称 费用名称	建筑工程
安全文明施工费	4.47
其中：1.安全施工费	2.34
2.环境保护费	0.56
3.文明施工费	0.65
4.临时设施费	0.92

（二）简易计税法下（单位：%）

专业名称 费用名称	建筑工程
安全文明施工费	4.29
其中：1.安全施工费	2.16
2.环境保护费	0.56
3.文明施工费	0.65
4.临时设施费	0.92

图 7.61　安全文明施工费费率调整文件附件示例

　　投标报价编制人员在各专业单位工程报价时，如检查核对发现软件中措施项目清单、单位工程造价汇总等内容与 PDF 格式（或者 Excel 格式）工程量清单不同，需要调整提取措施项目清单或者单位工程造价汇总，其操作与土建专业操作相同，此处不再赘述。

人材机单价的确定

通过工程造价基础知识和定额组价等相关内容的学习，了解到投标报价的构成和报价方式，最基本的报价单位是"综合单价"（包含分部分项费用和措施费），综合单价由人工费（人工数量×人工单价）、材料费（材料数量×材料单价）、机械费（机械数量×机械台班单价）、管理费和利润构成，通过定额组价已经确定了其人工数量（人工含量）、材料数量（材料含量）、机械数量（机械含量），费用定额的计价程序确定了其管理费和利润费率，接下来只需要确定人工单价、材料单价、机械台班单价，其施工图预算价就确定了。

在定额组价套取定额后，可发现其人工单价、材料单价、机械台班单价皆有，但其人材机单价分别为定额价（即为定额编制时的人材机单价水平），投标报价编制时，应按当前市场价格水平结合企业相关需求进行人材机单价调整，这项调整即为"人材机调差"或者"人材机调整"。

扫码看视频

人工单价确定
的注意点

8.1 人工单价的确定

人工单价并不是不变的，软件里默认的人工单价为定额编制发布时人工单价水平，在单位工程"人材机汇总"中点击左侧"人工"能查看此单位工程本专业人工工种和单价，如图 8.1 所示；在项目工程处点项目名称后选择右侧"项目人材机"可查看整个项目的人工工种和单价，如图 8.2 所示。各地造价站（定额站）会根据各地市场行情，发布文件对人工单价进行调整，有的地区按年度调整，有的地区按季度调整；有的地区不同专业其工种不同、单价不同；有的地区不同专业其工种和单价都相同。每个调整文件都有其文件号、适用范围以及发布时间、开始执行时间，如图 8.3 所示。

有的地区的造价站（定额站）调整人工也会在信息价中体现。"信息价"一般指的是当地造价站（定额站）发布的"市场价格信息"，其价格信息是建设工程投资估算、设计概算、施工图预算、最高投标限价（招标控制价）的编制依据，也可作为投标报价、进度款拨付、签证和索赔、竣工结算等的参考依据，可以通过相关网站进行查询，如图 8.4 所示。

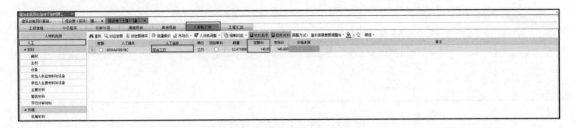

图 8.1　单位工程人工查询

图 8.2　项目工程人工查询

XX 市城乡建设委员会
关于调整我市建设工程定额人工
综合工日单价的通知

X 建管字〔2018〕61 号

各区、市建设行政主管部门，XX 区城市建设局，各相关单位：

为客观反映建设市场人工价格水平，合理确定工程造价，保障建设市场各方权益，结合我市实际，现调整我市建筑、装饰、安装、市政、园林绿化、轨道交通、房屋修缮、仿古建筑工程定额人工综合工日单价。相关事宜通知如下：

一、各专业定额人工综合工日单价。

1.执行《XX 省建筑、安装、市政、园林绿化工程消耗量定额》（X 建标字〔2016〕39 号）计价的建筑、装饰、安装、市政、园林绿化工程定额人工综合工日单价调整为：建筑工程为 113 元/工日，装饰工程为 126 元/工日，安装工程为 122 元/工日，市政工程为 103 元/工日，园林绿化工程为 100 元/工日。

2.2017 年 7 月 1 日前已发布招标文件且执行《XX 省建筑、安装工程消耗量定额》（X 建标字〔2003〕3 号）、《XX 省市政工程消耗量定额》（X 建标字〔2002〕11 号）、《XX 省园林绿化工程消耗量定额》（X 建标字〔2005〕7 号）计价的建筑、装饰、安装、市政、园林绿化工程定额人工综合工日单价调整为：建筑、

图 8.3　人工调整文件示例

工程造价信息价		
人工市场价格信息		
种 类	工程类别	工日单价（元/工日）
	建筑工程	120.00～136.00
装饰工程	普通	123.00～137.00
	高级	138.00～189.00
安装工程	安装	108.00～117.00
	调试	125.00～138.00
市政工程	道路	108.00～114.00
	桥梁	117.00～131.00
	管道	108.00～117.00
	绿化	108.00～114.00

建设工程预算定额

图 8.4　人工信息价

　　投标报价编制时，人工单价的确定以符合招标文件评审为第一原则，招标文件如有要求人工按多少计取，应响应其要求，如果无要求，可参考清单控制价说明、控制价人工单价。若招标文件和参考清单控制价说明皆未提及人工单价，我们可参考最近一期人工调整文件发布的人工单价。例如，招标文件要求综合工日单价按 156.50 元/工日进行投标报价编制，在计价软件中，直接在项目人材机中点击左侧"人工"在"市场价"填写"156.50"即可，调

整后点击"应用"，如图8.5所示。

图 8.5　项目工程人工费调差

需要注意，若人工分不同专业或者不同工种，应分别调差。人工费调差时，可直接在"项目人材机"处一次性调整所有单位工程的人工单价（图8.5），也可打开每个单位工程在其单位工程的"人材机汇总"处逐一调整单价，如图8.6所示。

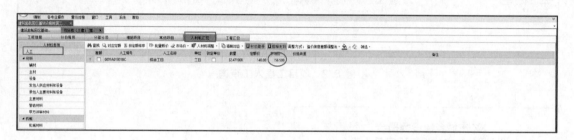

图 8.6　单位工程人工费调差

扫码看视频

8.2　材料单价的确定

材料价确定的注意点

在提及材料时，一般涉及主要材料、次要材料、甲供材、暂估价、暂定价等概念。

主要材料指作为建筑产品生产的物质基础，并构成建筑产品实体的材料，如水泥、砂石、混凝土等；次要材料指品种相对多、单耗并不大，且占工程造价比重小的一些建筑材料，如铁丝、焊条等；甲供材、暂估价、暂定价不可竞争。

材料价一般为可竞争费用，可通过查询信息价、市场询价等方式得到。市场询价指的是投标报价编制人员直接以打电话等方式询问材料供应商其材料价格，需要注意的是询价结果需要具备代表性，一般至少询三到五家材料供应商，采取其价格的中间值或者平均值作为最终材料价。

一般信息价上材料价格比询价得到的价格会略高，且不是所有材料价格都能在"信息价"上找到。无论是查找信息价还是进行市场询价，都需要注意其材料单价是含税价还是除税价（不含税价格）。

材料费调差时，可在单位工程"人材机汇总"处逐一调整材料单价，如图8.7所示；也可直接在"项目人材机"处一次性调整所有单位工程的材料单价，如图8.8所示。

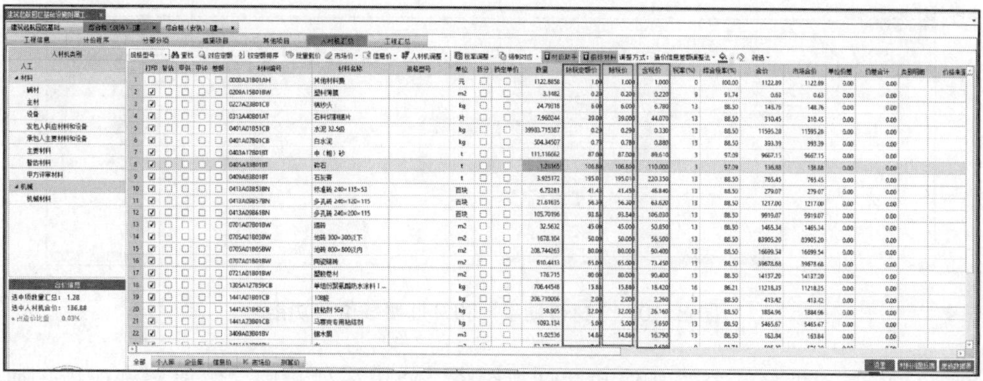

图 8.7 单位工程材料费调差

图 8.8 项目工程材料费调差

在调整材料单价时，在软件界面中应调整的是"除税价"或"含税价"，"除税定额价"一般无法调整，如图 8.7、图 8.8 所示，应注意将其查询的结果（如图 8.9 所示）填写在对应列。有的软件其叫法略有不同，比如除税市场价、含税市场价等。若将查询的价格错填，如除税价填写到含税价列，含税价填写到除税价列，又或者发现其除税价与含税价相等（税率为 0）等这些情况，只要符合招标文件评审要求，都不会出现废标情况，只是价格略有偏差。

序号	编码	名称	规格型号	单位	除税价	含税价	备注
50	8021A01B97BV	预拌混凝土	C55 GB/T 14902(非泵送)	m³	686.08	706.64	
51	8021A01B99BV	预拌混凝土	C60 GB/T 14902(非泵送)	m³	752.48	775.03	
52		预拌混凝土	C65 GB/T 14902(非泵送)	m³	879.73	906.10	
53		预拌混凝土	C70 GB/T 14902(非泵送)	m³	1037.71	1068.81	
54		预拌混凝土	C75 GB/T 14902(非泵送)	m³	1113.05	1146.41	
55		预拌混凝土	C80 GB/T 14902(非泵送)	m³	1230.92	1267.81	
56		陶粒混凝土 (非泵送)	LC10	m³	547.05	563.44	
57		陶粒混凝土 (非泵送)	LC15	m³	571.74	588.87	
58		陶粒混凝土 (非泵送)	LC20	m³	587.15	604.74	
59		陶粒混凝土 (非泵送)	LC25	m³	603.74	621.83	
60		陶粒混凝土 (非泵送)	LC30	m³	617.20	635.70	
61		彩色混凝土 (非泵送)	C15	m³	502.73	517.80	
62		彩色混凝土 (非泵送)	C20	m³	543.36	559.65	
63		彩色混凝土 (非泵送)	C25	m³	586.48	604.06	
64		彩色混凝土 (非泵送)	C30	m³	618.54	637.08	
65		彩色混凝土 (非泵送)	C35	m³	668.08	688.11	
66		彩色混凝土 (非泵送)	C40	m³	721.69	743.32	
67		植被混凝土 (非泵送)	C15	m³	470.22	484.31	
68		植被混凝土 (非泵送)	C20	m³	529.58	545.45	

图 8.9 信息价查询结果

一般计价软件，都可以在软件中进行查找并自动填写信息价，如新点造价软件中的"材价助手"和"批量载价"功能，如图 8.10 所示。

图 8.10　"材价助手"和"批量载价"功能

　　"材价助手""批量载价"功能和"自动组价"使用条件相同，需要登录使用（如无账号，注册账号即可）。登录账号点击"材价助手"会进入相应功能界面，可调整其材料地区和时间，如图 8.11 所示。

图 8.11　"材价助手"功能界面

　　在材料行，任意点击一材料名称，"材价助手"就会显示其对应的材料相关信息，双击下方材料助手中对应材料价格，材料价格会对应填写，如图 8.12 所示。

	暂估	甲评	甲评	差额	材料编号	材料名称	规格型号	单位	拆分	锁定单价	数量	除税定额价	除税价	含税价	税率(%)	综合税率(%)	合
1	□	□	□	□	0000A31B01AH	其他材料费		元	□	□	1122.8858	1.00	1.000	1.000	0	100.00	
2	□	□	□	□	0000A31B01AH	其他材料费		元	□	□	0.98	1.00	2.000	2.000	0	100.00	
3	□	□	□	□	0113A01B00CB	镀锌圆钢（综合）		kg	□	□	16.2	3.85	4.650	5.250	13	88.50	
4	□	□	□	□	0209A15B01BW	塑料薄膜		m2	□	□	3.1482	0.20	0.340	0.370	9	91.74	
5	□	□	□	□	0213A07B01BY	聚四氟乙烯生料带		m	□	□	1.5	0.13	0.270	0.310	13	88.50	
6	□	□	□	□	0213A23B55AX	自粘性塑料带20mm×20m		卷	□	□	1.8	4.27	2.540	2.870	13	88.50	
7	□	□	□	□	0227A23B01CB	铣纱头		kg	□	□	25.71318	6.00	6.410	7.240	13	88.50	
8	□	□	□	□	0233A01B01BW	草袋		m2	□	□	2461.2714	2.20	1.740	1.970	13	88.50	
9	□	□	□	□	0313A21B01CB	低碳钢焊条		kg	□	□	1.62	6.84	16.880	19.070	13	88.50	
10	□	□	□	□	0313A40B01AT	石料切割锯片		片	□	□	7.960244	39.00	79.730	90.090	13	88.50	
11	□	□	□	□	0313A53B01BY	焊锡丝		kg	□	□	1.35	0.32	0.360	0.410	13	88.50	
12	□	□	□	□	0315A21B39C01C	平垫铁		kg	□	□	2.7	3.74	5.200	5.880	13	88.50	
13	□	□	□	□	0401A01B51CB	水泥 32.5级		kg	□	□	66631.174167	0.29	0.410	0.460	13	88.50	19
	□	□	□	□	0401A07B01CB						504.24507	0.78	1.500	1.660	13	88.50	

	来源	名称	规格型号	单位	额税价	含税价	税率	历史价	供应商	品牌	报价时间
1		塑料薄膜		m2	0.34	0.38	13.00				2023-3
2		专用塑料薄膜		m2	5.32	6.01	13.00				2023-3
3		四乙氟保塑料薄膜		kg	44.91	50.75	13.00				2023-3

图 8.12　"材价助手"显示对应材料信息

登录账号点击"批量载价"会进入"批量载价"功能界面，如图 8.13 所示，上面"参与载价范围"即指调价范围，中间为价格数据来源，可自行选择。

图 8.13 "批量载价"功能界面

确定后点击图 8.13 右下角"下一步"，会进入相关价格信息界面，如图 8.14 所示。

图 8.14 相关价格信息显示

点击图 8.14 右下角"下一步"会显示批量载价结果，如图 8.15 所示。

图 8.15 批量载价结果

点击图 8.15 右下角"应用",弹窗提示"是否应用载价",点击"是"确认,如图 8.16 所示,批量载价完成。

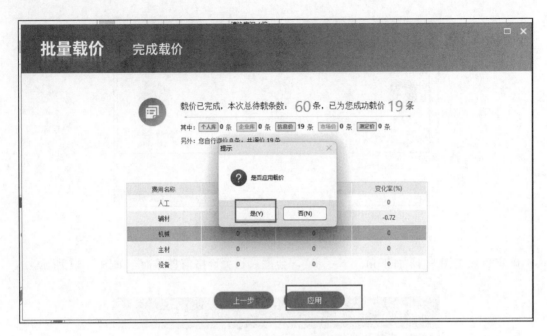

图 8.16　弹窗提示是否应用载价

8.3　机械台班单价的确定

机械台班费调差时,可在单位工程"人材机汇总"处逐一调整材料单价,如图 8.17 所示;也可直接在"项目人材机"处一次性调整所有单位工程的机械台班单价,如图 8.18 所示。

图 8.17　单位工程机械台班费调差

图 8.18　项目工程机械台班费调差

　　机械台班费调差与人工费、材料费调差略有不同,点击机械台班的"除税价"或者"含税价"列,会发现无法调整其价格。因为机械台班费一般是由机械台班定额确定,一般机械台班费调差时调整其台班费用构成中的人工费、材料费即可,点击左侧"机械材料",调整其机械人工、汽油、柴油、电等材料单价,其他如折旧费、安拆费、维护费、检修费、其他费则无须调整,调整完成后点击左上角"应用"即可,如图 8.19 所示。

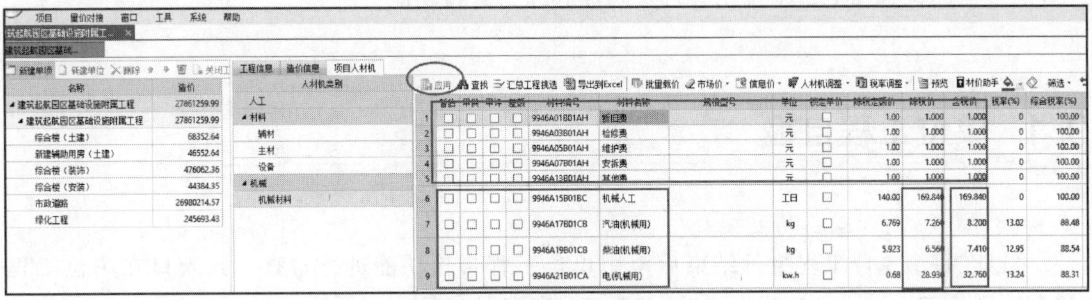

图 8.19　机械材料费调差

工程自检与项目自检

在定额组价完成、措施项目和单位工程汇总检查调整以及人材机调差完成之后，在最终投标报价尚未确定之前，投标报价编制人员可以利用软件进行辅助检查，看是否有问题。软件有两个辅助检查功能：单位工程自检功能和项目自检功能。

9.1 单位工程自检

可以在每个单位工程组价结束后使用单位工程自检功能进行检查，其入口在单位工程"编制"模块下，点击"工程自检"，即可开始软件辅助检查，如图 9.1 所示。

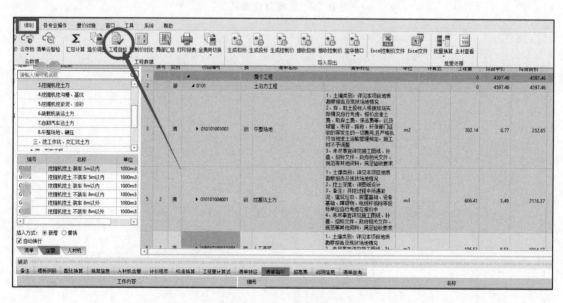

图 9.1 单位工程自检

　　工程自检需要一定时间，清单子目越多，检查耗时越长，检查结束后会弹窗显示，如图 9.2 所示。

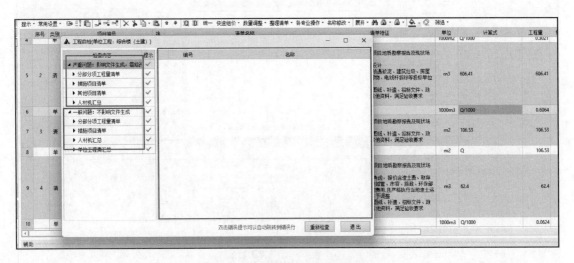

图 9.2　单位工程检查结果

　　弹窗左侧为检查项目，其显示"√"表示无问题；显示红色"!"表示可能存在问题，如图 9.3 所示。在右侧区域双击问题提示，会自动跳转定位至有问题的清单项或者其他问题处，如图 9.4 所示，需检查其问题产生原因后对应调整。

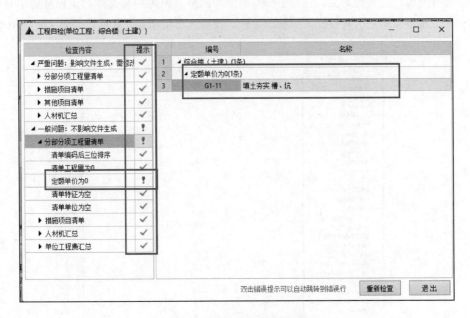

图 9.3　检查结果显示有问题

　　需要注意的是，软件显示红色"!"提示可能存在问题，不代表投标报价一定有问题，因为软件功能与投标报价评审要求不一定完全一致。"工程自检"功能是一个辅助功能，辅助软件使用者进行检查，其提示作用不仅仅针对投标报价编制人，也适用于其他造价人员，如清单控制价编制者，两者需求不一定相同。例如，单位工程自检功能中，其检查项"严重

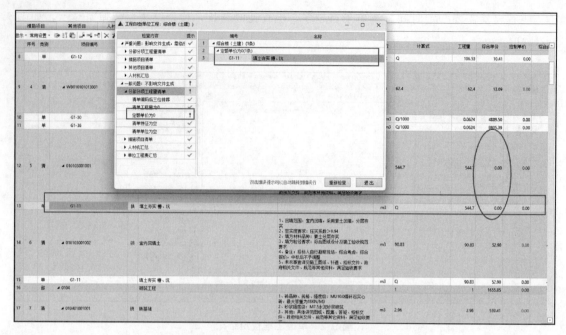

图 9.4　双击问题提示会定位至对应位置

问题"针对的就是清单编制相关问题，辅助清单编制人员检查清单规范性，如图 9.5 所示，若清单不规范，如项目编码空着，软件就会显示红色"！"提示错误。但此时软件提示的是工程量清单本身有问题，与报价无关，投标报价编制无须调整，因为招标文件对工程量清单有符合性评审要求，工程量清单是所有投标人报价的基础，投标人不得增加、删除、调整工程量清单。

图 9.5　清单规范性检查

9.2　项目自检

在单位工程检查完成、关闭所有单位工程、项目人材机调差结束后可以进行项目自检，其入口在"项目"模块下，如图 9.6 所示。

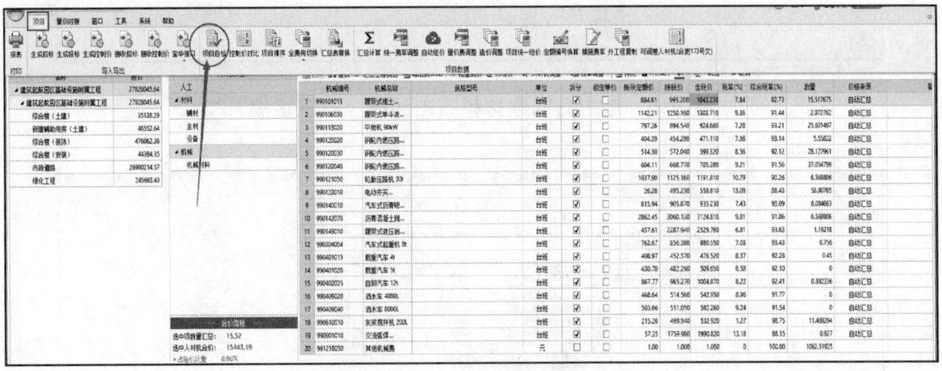

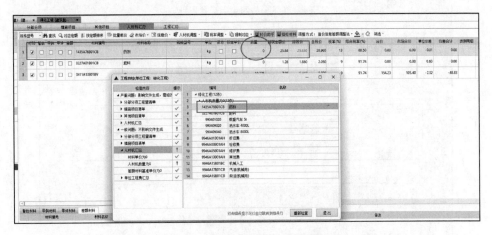

图 9.6　项目自检功能入口

项目自检功能操作和单位工程自检功能操作基本一致，不同之处在于检查范围，单位工程自检仅仅针对本单位工程，项目自检针对的是整个项目，包含所有的单位工程在内。同样，若检查提示有问题，双击其问题提示，能打开其对应单位工程并定位于问题存在处，检查并调整即可。

例如，若人材机显示有问题，可双击提示项定位并跳转至有问题的人材机清单，如图 9.7 所示。

图 9.7　双击定位跳转至问题处

选择对应的清单或者定额项后，点击左下角"跳转到选定定额"，检查并对应调整问题项即可。

如图 9.8 所示，选中有问题材料右击选择"对应定额"，软件将弹窗显示有问题材料清单项和定额相关内容，如图 9.9 所示；选择对应定额项（清单项）点击"跳转到选定定额"后，如图 9.10 所示，软件即可自动跳转至分部分项清单界面对应定额项（清单项）。

图 9.8   选中有问题材料右击选择"对应定额"

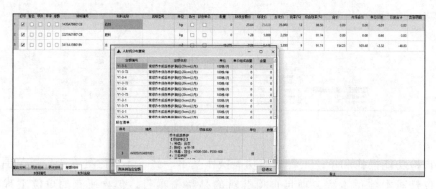

图 9.9   软件弹窗显示有问题材料清单项和定额相关内容

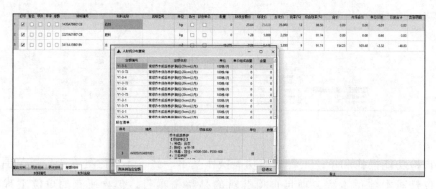

图 9.10   点击"跳转到选定定额"后软件跳转完成界面

9.3 预算价与招标控制价差别过大的原因分析和处理方式

在所有单位工程的定额组价、措施项目费调整、单位造价汇总检查、人材机调差、项目检查都完成之后，如果项目预算价（可以在项目界面查看，如图 9.11 所示）与招标控制价（最高投标限价）相差过大，例如超过 20%，这是有问题的，需要检查分析并调整。

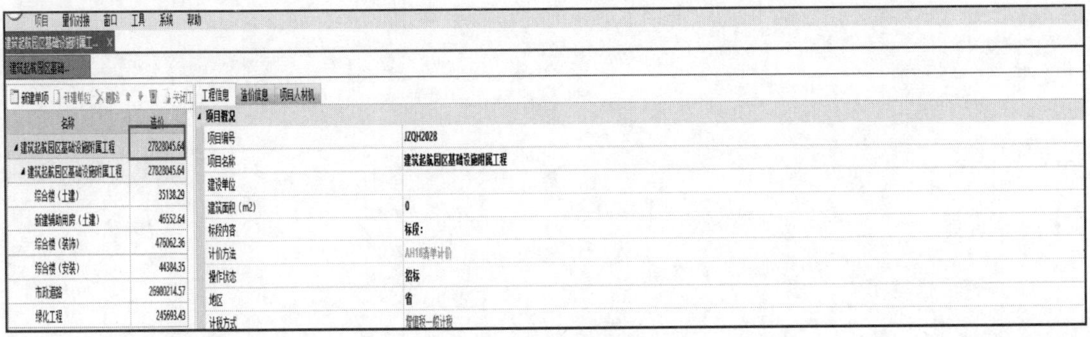

图 9.11 项目预算价

9.3.1 原因分析

一般情况下，项目预算价与招标控制价（最高投标限价）金额相差过大，主要有以下几个原因：

① 定额单位与清单单位不同时，定额工程量没有换算，例如清单路面混凝土按 m^3 计算，定额路面单位是 m^2；定额工程量为 0，未填写；

② 定额套取不合理，例如清单项土方运距 10km，套取的定额无运距或者运距过短；

③ 材料价填写有误，例如水泥单位有的是 t，有的是 kg，如填错结果将相差一千倍；信息价砂石材料单位是 m^3，软件里砂石单位为 t，没有对应换算其单价直接填写或者金额漏写小数点；

④ 安装工程主材价差别过大，如普通产品与采用名牌产品；

⑤ 模板工程量极大，使用材质不同；

⑥ 材料价近期单价浮动较大（上涨或下浮）；

⑦ 人工没有调差或调差错误；

⑧ 无意中调整了工程量清单的工程量；

⑨ 招标控制价（最高投标限价）编制有误；

⑩ 其他原因。

9.3.2　处理方式

　　按照前文分析的原因逐一检查和对应处理，思路是：先检查材料单价是否有填写错误（单位是否换算以及是否漏写小数点），再检查工程量大、合价大的子目（可以在 Excel 工程量清单中通过排序功能找出工程量最大和控制价合价最大的子目，检查其定额工程量是否有误），再检查其他可能原因，并对应调整。

　　若发现是清单控制价编制有误，应电话咨询招标代理要求其书面澄清调整招标控制价；若是发现是近期材料价变动幅度过大造成的造价差别过大，应将相关详细情况向公司汇报。

调 价

此处"调价"与前文"人材机调差"不同，调价针对的是最终投标报价，即如何调整出符合公司决策、符合招标文件评审要求和其他要求的总价。这里分三部分考虑：①如何调价（哪些可以调，哪些不能调）；②公司报价决策怎样（总价和单价）；③招标文件评审要求如何。其中第①条和第②条都以满足第③条的要求（招标文件要求）为前提。本章将分析讲解调价思路和调价方式。

调价方式和注意点

10.1 调价思路

调价第一步，应当理解为何要调价，调价从何入手，调价要注意什么。

之所以要调价，是因为预算价与公司决策的投标报价不一致，或者部分单价不符合公司要求。调价应从其费用构成入手：综合单价变动可以带动单位工程造价变动，从而使总造价发生变动；其综合单价由人工费、材料费、机械费、管理费、利润组成，调整其中可竞争费即可。

调价时应注意符合公司报价（单价或总价）决策和招标文件要求，当公司要求与招标文件要求不一致时，应汇报公司并优先满足招标文件要求。

10.2 常规调价方法

10.2.1 人工费调整

人工费由"人工数量×人工单价"得到，一般人工总价为可竞争费，可能会要求其金额不低于某个值，人工单价招标文件可能会要求其为不可竞争费，所以可以通过调整人工数量来调整综合单价，进而调整总造价。

人工数量（含量）在每个定额的人材机界面即可调整。在"分部分项"模块下，选中需要调整单价的清单下的定额如"平整场地"，点击左上角"显示"中"辅助模块显示"后点击"人材机含量"（有的软件叫"工料机"）即可调整人工数量（有的软件里叫作"消耗量"或者"含量"），如图 10.1 所示。

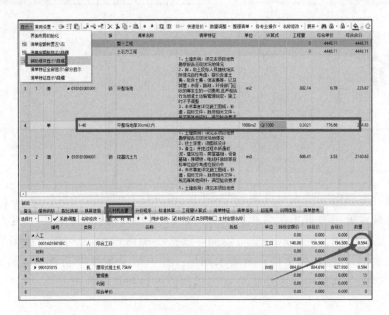

图 10.1　打开辅助模块-选中定额-调整人工数量

将图 10.1 中人工数量调整为"0.5"，确定后综合单价由"0.78"降低为"0.77"，如图 10.2 所示。

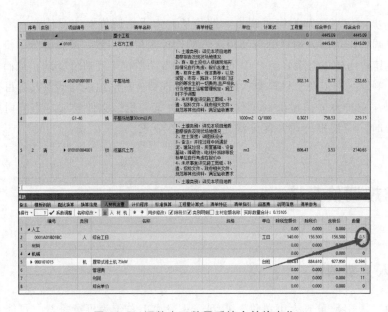

图 10.2　调整人工数量后综合单价变化

也可在辅助模块里左上角选择"人工"行后，在"系数调整"中输入大于 1 或者小于 1 的系数，点击"√"确认后调整，如图 10.3 所示，选中人工输入"0.5"后，其人工由"0.594"调整为"0.297"（0.594×0.5＝0.297），其综合单价由"0.78"变为"0.73"，如图 10.4 所示。

由此可见，输入小于原本的人工数量或者输入小于 1 的系数，确定后综合单价都会变低，其合价变低引起总造价降低，反之如果想提高造价，输入大于原本的人工数量或者大于 1 的系数即可。

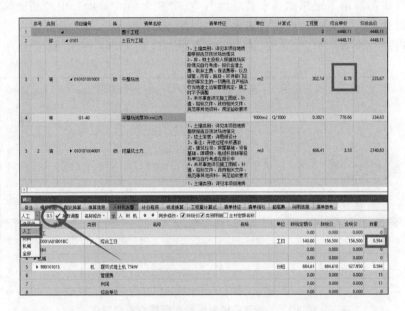

图 10.3　辅助模块选择"人工"行输入系数调整

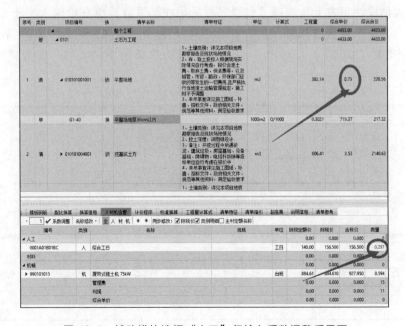

图 10.4　辅助模块选择"人工"行输入系数调整后界面

10.2.2 机械费调整

机械费由"机械台班数量×机械台班单价"得到，机械费总价一般为可竞争费（有的地区项目招标文件可能会要求其金额不低于某个值），所以可以通过调整机械台班数量来调整综合单价，进而调整总造价。

机械台班数量（含量）在每个定额的人材机界面即可调整。在"分部分项"模块下，选中需要调整单价的清单下定额如"平整场地"，点击左上角"显示"中"辅助模块显示"后点击"人材机含量"即可调整机械台班数量，同图10.1所示。

将机械台班数量调整为"0.5"，确定后综合单价降低为"0.73"，如图10.5所示。

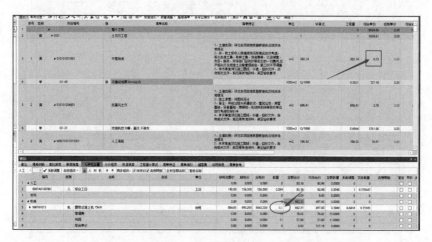

图 10.5 调整机械台班数量后综合单价变化

也可在辅助模块里左上角选择"机械"行后，在"系数调整"中输入大于1或者小于1的系数，点击"√"确认后调整。如图10.6所示，选中"机械"输入"0.5"后，其机械含量由"0.5"变为"0.25"（0.5×0.5＝0.25），其综合单价由"0.73"变为"0.42"，如图10.7所示。

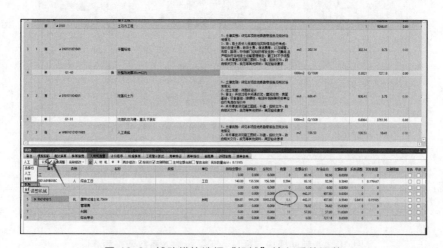

图 10.6 辅助模块选择"机械"输入系数调整

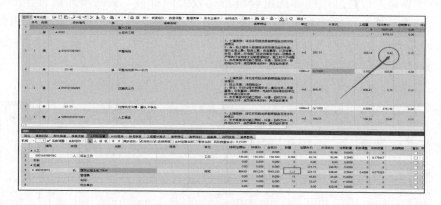

图 10.7　"机械"系数调整后综合单价变化

　　由此可见，输入小于原本的机械数量或者输入小于 1 的系数，确定后综合单价都会变低，其合价变低引起总造价降低，反之如果想提高造价，输入大于原本的机械数量或者大于1 的系数即可。

10.2.3　材料费调整

　　材料费总价由"材料数量×材料单价"得到，一般材料费总价和单价均为可竞争费（有的地区项目招标文件可能会要求其金额不低于某个值），与机械台班数量和人工数量不同，材料数量受工程量和工程实体影响其一般不做调整，所以可以通过调整材料单价来调整综合单价，进而调整总造价。

　　材料单价调整，本质上与本书 8.2 节中的"材料调差"一致，软件操作入口也相同。与机械数量和人工数量在每个定额的人材机界面调整不同，"材料价"一般不在其辅助模块"人材机含量"里调整，一般也不在单位工程的"人材机汇总"调整，因为每个单位工程可能有相同材料，分别调整可能会造成在同一个项目中一个材料有多个材料单价的不合理情况，所以在"项目人材机"模块下进行调整，如图 10.8 所示。其调整方法与本书 8.2 节中所述材料调差相同，对应调整材料单价（除税价或者含税价）即可。

图 10.8　材料单价调整入口（项目人材机——材料）

在材料价界面，可通过排序筛选出合价占比较大的材料，从而增加调价速度（合价越大，调整其单价总价变动幅度越大）。操作方式：在材料价界面，鼠标左键点击"市场合价"，材料价即会自动从小到大排序或者从大到小排序，如图 10.9 所示。与材料调差相同，材料单价调整结束后，需要点击左上角"应用"。

暂估	甲供	甲评	差额	材料编号	材料名称	规格型号	单位	拆分	锁定单价	数量	除税定额价	除税价	含税价	税率(%)	综合税率(%)	合价	市场合价 ▼	单位价差	价
☐	☐	☐	☐	3607A11B51AV	混凝土缘……		块		☐	74194.848	1.71	244.250	275.990	13	88.50	126873.19	(2298607.62)	242.54	179
☐	☐	☐	☐	8021A01B57BV	商品混凝土 C…		m3		☐	4273.934088	339.05	537.820	553.960	3	97.09	1449077.35	2298607.23	198.77	28
☐	☐	☐	☐	0405A33B53BT	碎石 60		t		☐	8612.714072	106.80	138.000	142.140	3	97.09	919837.86	1188554.54	31.20	3
☐	☐	☐	☐	8025A05B01BV	细粒式沥青混…		m3		☐	850.576045	906.00	1056.270	1193.530	13	88.50	770621.90	898437.96	150.27	11
☐	☐	☐	☐	8021A01B51BV	商品混凝土 C…		m3		☐	1158.5819	326.48	497.600	512.530	3	97.09	378253.82	576510.35	171.12	18
☐	☐	☐	☐	8025A07B01BV	中粒式沥青混…		m3		☐	510.345627	778.00	1056.270	1193.530	13	88.50	397048.90	539062.78	278.27	10
☐	☐	☐	☐	0705A01B03BW	地砖 300×300…		m2		☐	1678.104	50.00	51.300	57.970	13	88.50	83905.20	86086.74	1.30	6
☐	☐	☐	☐	0403A17B01BT	中（粗）砂		t		☐	831.27808	87.00	87.000	89.610	3	97.09	72321.19	72321.19	0.00	8
☐	☐	☐	☐	1331A05B01BT	乳化沥青		t		☐	17.179952	2192.00	1891.690	2137.500	13	88.50	37658.45	32499.14	-300.31	21
☐	☐	☐	☐	0707A01B01BW	陶瓷锦砖		m2		☐	610.4413	65.00	48.090	54.340	13	88.50	39678.68	29356.12	-16.91	4
☐	☐	☐	☐	0401A01B51CB	水泥 32.5级		kg		☐	66631.174167	0.29	0.410	0.460	13	88.50	19323.04	27318.78	0.12	0
☐	☐	☐	☐	0405A33B01BT	碎石		t		☐	196.24985	106.80	138.000	142.140	3	97.09	20959.48	27082.48	31.20	3
☐	☐	☐	☐	3411A13B01BV	水		m3		☐	4622.050538	7.96	5.440	5.930	9	91.74	36791.52	25143.95	-2.52	5
☐	☐	☐	☐	0413A09B61BN	多孔砖 240…		百块		☐	105.70196	93.84	154.880	175.010	13	88.50	9919.07	16371.12	61.04	19
☐	☐	☐	☐	8001A05B01BV	干硬性水泥砂浆		m3	✓	☐	55.533798	235.34	277.560	299.320	7.75	92.81	13069.32	15413.96	42.22	30
☐	☐	☐	☐	CL-D00001	大型机械设备…		项		☐	1	15000.00	15000.000	15000.000	0	100.00	15000.00	15000.00	0.00	
☐	☐	☐	☐	0721A01B01BW	塑胶卷材		m2		☐	176.715	80.00	74.360	84.020	13	88.50	14137.20	13140.53	-5.64	9
☐	☐	☐	☐	1725A45B00CB	塑料管（综合）		kg		☐	2.7	11.42	4295.560	4853.740	13	88.50	30.83	11598.01	4284.14	48
☐	☐	☐	☐	1305A127B59CB	单组份聚氨酯…		kg		☐	706.44548	15.88	15.880	18.420	16	86.21	11218.35	11218.35	0.00	

图 10.9   市场合价"从大到小"排序

10.2.4   管理费、利润调整

管理费和利润由"（定额人工费＋定额机械费）×费率"得到，打开单位工程，查看"计价程序"可见，如图 10.10 所示。各地计算基数可能不同，按当地计价规定即可。

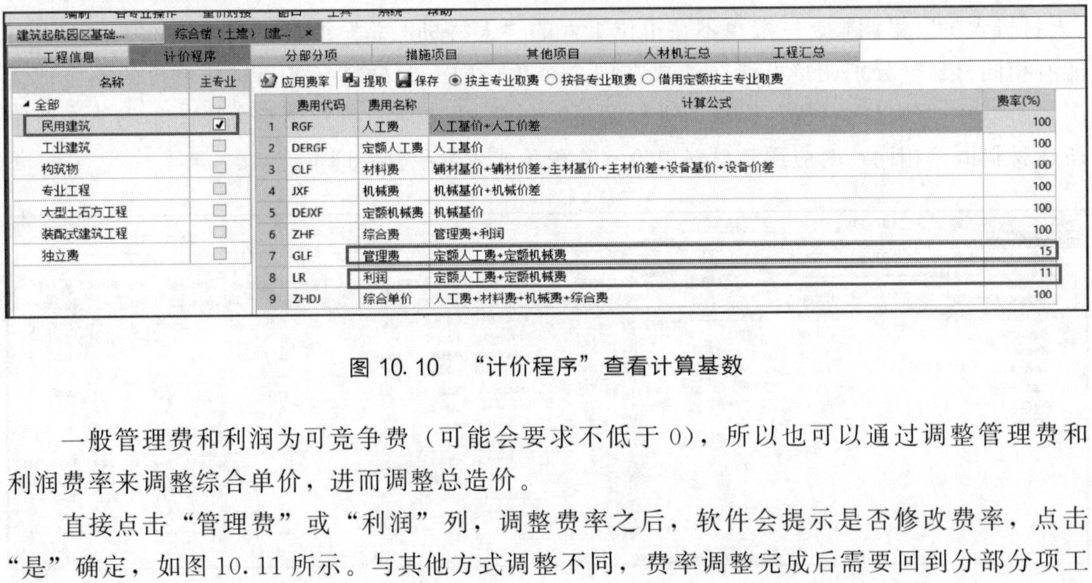

建筑起航园区基础…	综合楼（土建）[建…	×						
工程信息	计价程序		分部分项	措施项目	其他项目	人材机汇总	工程汇总	
名称	主专业		费用代码	费用名称	计算公式			费率(%)
全部		1	RGF	人工费	人工基价+人工价差			100
民用建筑	✓	2	DERGF	定额人工费	人工基价			100
工业建筑	☐	3	CLF	材料费	辅材基价+辅材价差+主材基价+主材价差+设备基价+设备价差			100
构筑物	☐	4	JXF	机械费	机械基价+机械价差			100
专业工程	☐	5	DEJXF	定额机械费	机械基价			100
大型土石方工程	☐	6	ZHF	综合费	管理费+利润			100
装配式建筑工程	☐	7	GLF	管理费	定额人工费+定额机械费			15
独立费	☐	8	LR	利润	定额人工费+定额机械费			11
		9	ZHDJ	综合单价	人工费+材料费+机械费+综合费			100

图 10.10   "计价程序"查看计算基数

一般管理费和利润为可竞争费（可能会要求不低于 0），所以也可以通过调整管理费和利润费率来调整综合单价，进而调整总造价。

直接点击"管理费"或"利润"列，调整费率之后，软件会提示是否修改费率，点击"是"确定，如图 10.11 所示。与其他方式调整不同，费率调整完成后需要回到分部分项工程模块确定，在弹窗中点击"是"后造价即会浮动，如图 10.12 所示。

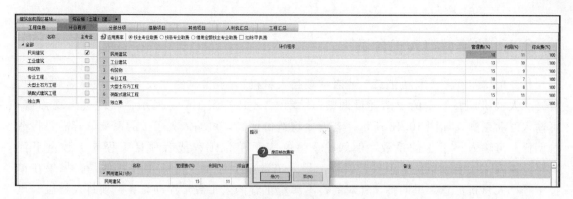

图 10.11 调整费率时弹窗提示

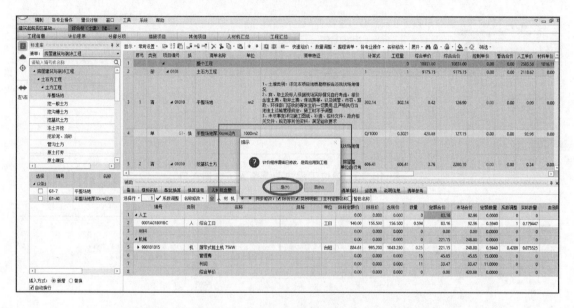

图 10.12 单位工程分部分项界面提示是否应用修改后费率

需要注意的是，上述调价方式中，人工数量、机械数量针对的是个别综合单价（逐个清单子目调整），项目人材机处调整材料单价针对的是整个项目中所有与调价材料相关的清单子目，管理费和利润费率针对的是本单位工程所有的综合单价。

10.3 软件快速调价

上述通过调整综合单价中"人、材、机、管、利"方式调整总造价，针对的要么是个别综合单价，要么是整个单位工程，调价速度相对缓慢，投标报价编制人员还可以通过一些操作，达到快速调整人工含量、快速调整机械含量、快速调整材料单价、快速调整综合单价，甚至直接整体下浮人材机费用、按目标价调整等目的。

10.3.1   快速调整人工含量

打开单位工程"人材机汇总"或者"项目人材机"，点击左侧"人工"后选择需调整项，打开"人材机调整"中的"消耗量调整"，如图 10.13、图 10.14 所示，软件会出现弹窗，可输入浮动系数，如图 10.15 所示。若需要将造价调高，可输入大于 1 的系数，若需要将造价调低，可输入小于 1 的系数，例如输入 0.9 表示单位工程或者项目工程人工数量下浮10%，输入 1.1 表示单位工程或者项目工程人工数量上浮 10%。需要注意的是，如果在单位工程"人材机汇总"里调整，针对的是本单位工程的人工数量浮动，在"项目人材机"里针对的是所有单位工程（整个项目）的人工数量浮动。

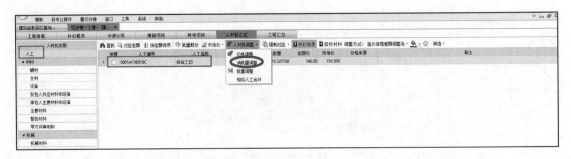

图 10.13   单位工程快速调整人工含量入口

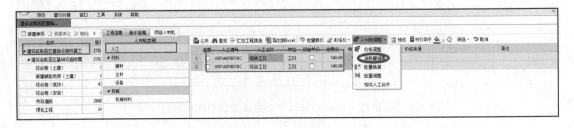

图 10.14   项目人材机快速调整人工含量入口

图 10.15   人工含量调整弹窗

在单位工程或者项目工程有多个人工项时，可按"Shift"键选择多项人工同时调整。

调整结束后，可点击"预览"，软件会弹窗显示调整结果，如图 10.16 所示。预览结束后，可点击左侧"应用"或"保存"。

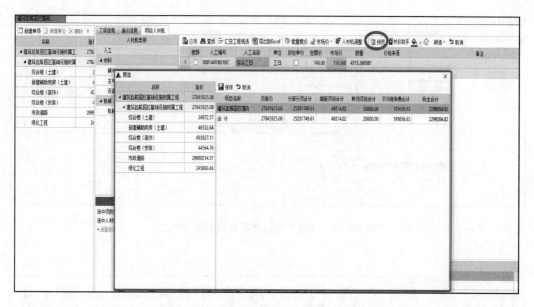

图 10.16　点击"预览"弹窗显示调整结果

10.3.2　快速调整机械含量

打开单位工程"人材机汇总"或者项目工程"项目人材机"，其快速调整机械含量入口分别如图 10.17、图 10.18 所示。

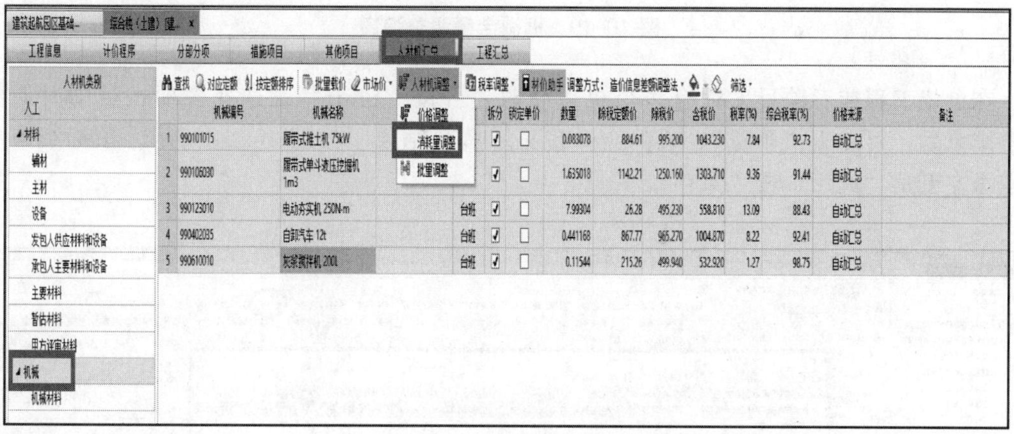

图 10.17　单位工程快速调整机械含量入口

点击图 10.17 或图 10.18 左侧"机械"后选择需调整项，打开"人材机调整"中的"消耗量调整"，软件会出现弹窗，可输入浮动系数，如图 10.19 所示。若需要将造价调高，可输入大于 1 的系数，若需要将造价调低，可输入小于 1 的系数（例如输入 0.9，表示单位工程或者项目工程机械数量下浮 10%；输入 1.1，表示单位工程或者项目工程机械数量上浮 10%）。需要注意的是，在单位工程"人材机汇总"里调整，针对的是本单位工程的机械数量浮动，"项目人材机"则针对的是所有单位工程（整个项目）的机械数量浮动。

图 10.18   项目工程快速调整机械含量入口

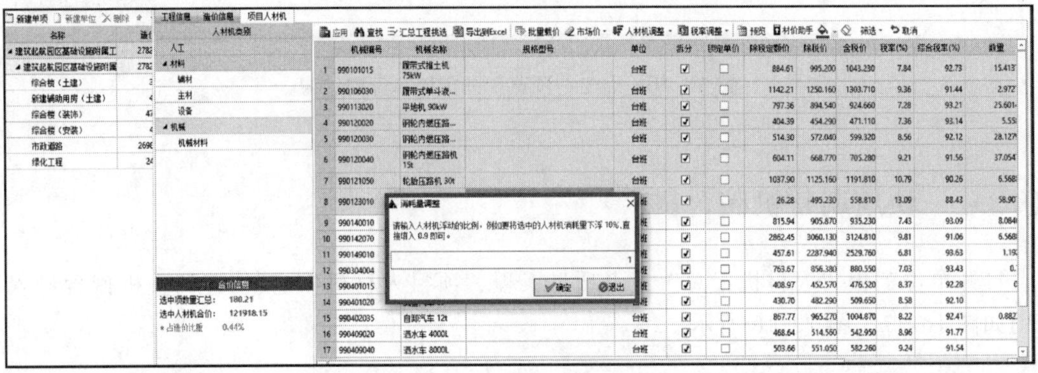

图 10.19   机械含量调整弹窗

在单位工程或者项目工程有多个机械项时，可按"Shift"键选择多项机械同时调整。调整结束后，可点击"预览"，软件会弹窗显示调整结果，如图 10.20 所示。预览结束后，可点击左上角"应用"或"保存"。

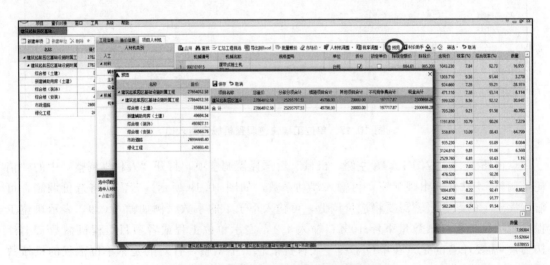

图 10.20   点击"预览"弹窗显示调整结果

10.3.3　快速调整材料单价

打开单位工程"人材机汇总"或者项目工程"项目人材机"，其快速调整材料单价入口分别如图 10.21、图 10.22 所示。

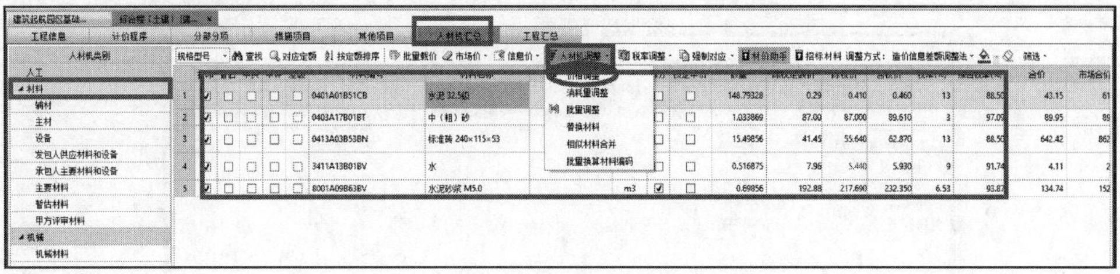

图 10.21　单位工程快速调整材料单价入口

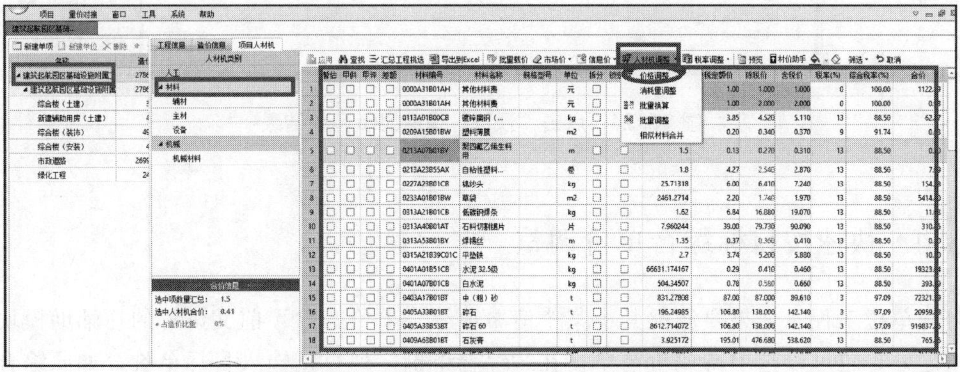

图 10.22　项目工程快速调整材料单价入口

点击图 10.21 或图 10.22 左侧"材料"后选择需调整项，打开"人材机调整"中的"价格调整"，软件会出现弹窗，可输入浮动系数，如图 10.23 所示。若需要将造价调高，可输入大于 1 的系数，若需要将造价调低，可输入小于 1 的系数（例如输入 0.9，表示单位工程中或者项目工程中选中的材料价格下浮 10%；输入 1.1，表示单位工程或者项目工程中选中的材料价格上浮 10%）。需要注意的是，在单位工程"人材机汇总"里调整，针对的是本单位工程的材料单价浮动，在"项目人材机"里针对的是所有单位工程（整个项目）选中的材料单价浮动。

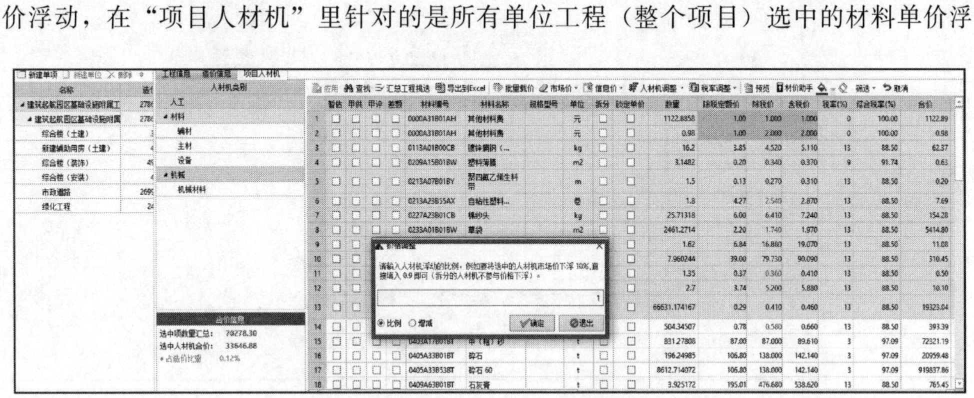

图 10.23　材料单价调整弹窗

在单位工程或者项目工程有多个材料项时，可按"Shift"键选择多项材料同时调整。调整结束后，可点击"预览"，软件会弹窗显示调整结果，如图 10.24 所示。预览结束后，可点击左侧"应用"或"保存"。

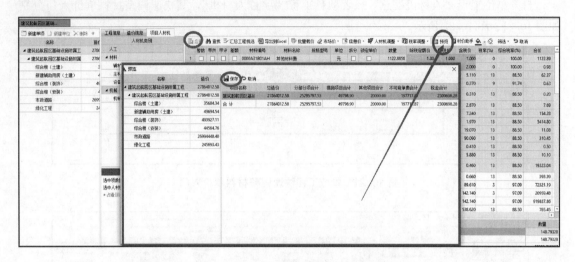

图 10.24　点击"预览"弹窗显示调整结果

10.3.4　快速按目标综合单价调整

打开单位工程，如果要调整其中某个清单项综合单价，除了前文讲解的在辅助模块调整人材机之外，也可以选中待调价清单，在"综合单价"列直接输入目标单价，如原综合单价为"0.45"，如想将其调整为"0.8"，可选中清单子目后在其"综合单价"列输入"0.8"，此时软件会弹窗，如图 10.25 所示。

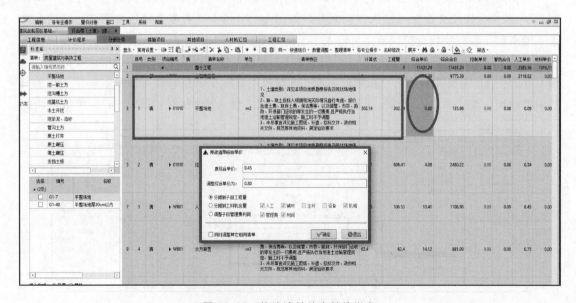

图 10.25　修改清单综合单价弹窗

根据弹窗提示选择调价方式（根据前文讲解的基础知识，调价方式可以调整人工含量、机械含量、材料单价、管理费费率、利润费率），例如可以选择"分摊到工料机含量"，并勾选"人工"和"机械"（材料含量一般不能调整）。虽然管理费和利润也可以调整，但是考虑中标后变更签证等需要执行主合同费率，所以一般不建议调整"管理费""利润"。选择分摊方式后，点击"确定"即可完成此综合单价的调价，由于软件是批量反推计算，所以调价结果与输入目标综合单价可能会有一定偏差，如图 10.26 所示。

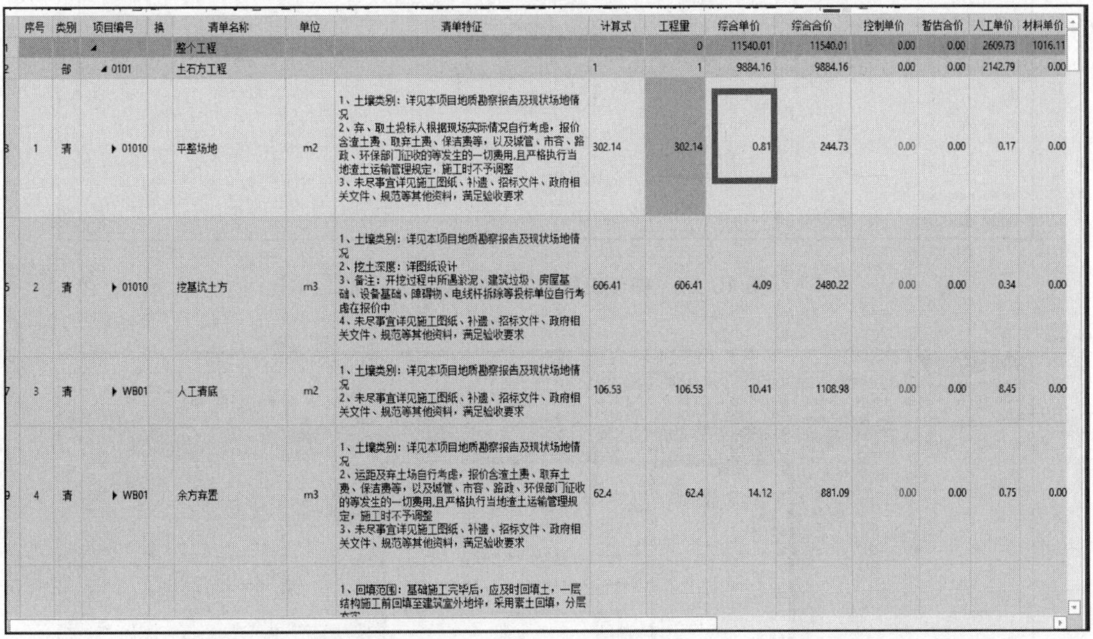

序号	类别	项目编号	换	清单名称	单位	清单特征	计算式	工程量	综合单价	综合合价	控制单价	暂估合价	人工单价	材料单价
1			▲	整个工程				0	11540.01	11540.01	0.00	0.00	2609.73	1016.11
2	部	▲ 0101		土石方工程			1	1	9884.16	9884.16	0.00	0.00	2142.79	0.00
3	1	清	▶ 01010	平整场地	m2	1、土壤类别：详见本项目地质勘察报告及现场场地情况 2、弃、取土由投标人根据现场实际情况自行考虑，报价含渣土费、取弃土费、保洁费等，以及城管、市容、路政、环保部门征收所发生的一切费用,且严格执行当地渣土运输管理规定，施工时不予调整 3、未尽事宜详见施工图纸、补遗、招标文件、政府相关文件、规范等其他资料，满足验收要求	302.14	302.14	0.81	244.73	0.00	0.00	0.17	0.00
5	2	清	▶ 01010	挖基坑土方	m3	1、土壤类别：详见本项目地质勘察报告及现场场地情况 2、挖土深度：详图纸设计 3、备注：开挖过程中所遇淤泥、建筑垃圾、房屋基础、设备基础、障碍物、电线杆拆除等投标单位自行考虑在报价中 4、未尽事宜详见施工图纸、补遗、招标文件、政府相关文件、规范等其他资料，满足验收要求	606.41	606.41	4.09	2480.22	0.00	0.00	0.34	0.00
7	3	清	▶ WB01	人工清底	m2	1、土壤类别：详见本项目地质勘察报告及现场场地情况 2、未尽事宜详见施工图纸、补遗、招标文件、政府相关文件、规范等其他资料，满足验收要求	106.53	106.53	10.41	1108.98	0.00	0.00	8.45	0.00
	4	清	▶ WB01	余方弃置	m3	1、土壤类别：详见本项目地质勘察报告及现场场地情况 2、运距及弃土场自行考虑，报价含渣土费、取弃土费、保洁费等，以及城管、市容、路政、环保部门征收所发生的一切费用,且严格执行当地渣土运输管理规定，施工时不予调整 3、未尽事宜详见施工图纸、补遗、招标文件、政府相关文件、规范等其他资料，满足验收要求	62.4	62.4	14.12	881.09	0.00	0.00	0.75	0.00
						1、回填范围：基础施工完毕后，应及时回填土,一层结构施工前回填至建筑物外地坪，采用素土回填，分层								

图 10.26 选择分摊方式后的综合单价

选择此种方式按目标单价调整，除了不建议调整其子目的管理费和利润之外，也不建议将高单价调为低单价，意思是不适用于目标综合单价低于原综合单价的情况，这与软件设计逻辑和招标文件评审相关，高单价调为低单价有可能造成其子目人机消耗量为负数，不符合招标文件评审要求。

10.3.5 整体调整人材机

在新点软件之中，也可以整体调整（上浮或者下浮）人工和机械含量、材料单价。

打开单位工程，在其"分部分项"模块下，点击"数量调整"中的"含量调整"，如图 10.27 所示，随后会显示软件弹窗，可设置其调整方式和调整范围，如图 10.28 所示，可以选择在"人工下浮"和"机械下浮"后输入下浮或者上浮系数（系数大于 1 为上浮，小于 1 为下浮）。

关闭单位工程，在项目工程里，点击"量价费调整"即可进入项目工程人材机整体调整功能，如图 10.29 所示。

点击图 10.29 中"量价费调整"后软件会弹窗，可以选择调价方式"人材机含量"或者"人材机单价"。

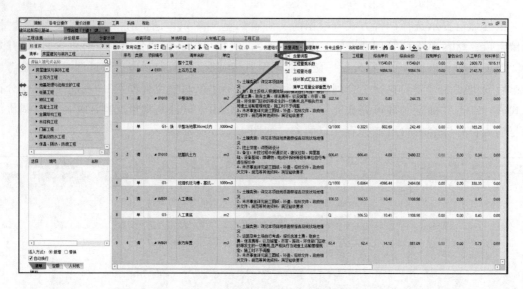

图 10.27　单位工程整体调整人机含量入口

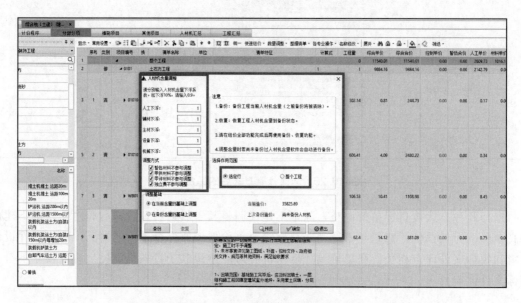

图 10.28　单位工程整体调整弹窗设置

图 10.29　项目人材机整体调整入口

在"量价费调整"功能弹窗如果选择"人材机含量"调整，如图 10.30 所示，可以在"调整系数"处对其对应的"人工"和"机械"输入大于 1 或者小于 1 的数字（大于 1 为上浮，小于 1 为下浮）；"全局选项"里，可以设置勾选"甲供材料""暂估材料""甲评材料"不参与调整（其为不可竞争费，不得下浮或者上浮）；也可在左下角项目树中设置调整范围（某个单位工程不参与调整等）。输入调整系数、确定调整范围后，点击右下角"预览"可看到调整结果，点击"调整"后完成调整。

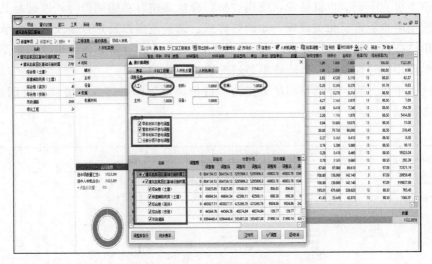

图 10.30　人材机含量调整

在"量价费调整"功能弹窗如果选择"人材机单价"调整，如图 10.31 所示，可以在"调整系数"处对其对应的"材料"输入大于 1 或者小于 1 的数字（大于 1 为上浮，小于 1 为下浮）；"全局选项"里，可以设置勾选"甲供材料""甲评材料""暂估材料"不参与调整（其为不可竞争费，不得下浮或者上浮）；也可在左下角项目树中设置调整范围（某个单位工程不参与调整等）。输入调整系数、确定调整范围后，点击右下角"预览"可看到调整结果，点击"调整"后完成调整。

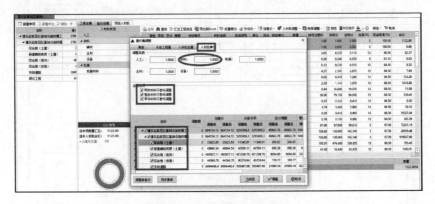

图 10.31　人材机单价调整

在使用"量价费调整"功能弹窗时，需要注意的是，人工和机械只能调整含量，材料只能调整单价，"甲供材料""甲评材料"和"暂估材料"为不可竞争费，不能调整。

10.3.6 按目标价调整

"按目标价调整"功能是较受欢迎的调价功能（各软件可能叫法不同，新点造价叫作"期望报价"），即在软件里输入目标造价，软件进行自动调整。"按目标价调整"功能本质上和其他调价功能相同，只要是调价，都离不开调整人机含量、材料单价、管理费、利润，都不能调整不可竞争费。也就是说，使用"按目标价调整"功能调价时，原理与其他调价功能相同，使用时也应进行相关设置，如调整方式、调整范围以及是否涉及不可竞争费等。另外，在使用"按目标价调整"功能之前，应先结合招标文件评审，将评审项调整至符合评审要求，如单价不超过控制价、措施费不超过对应控制价等。

关闭所有单位工程，在项目模块下点击"造价调整"即可进入"按目标价调整"功能，如图10.32所示。

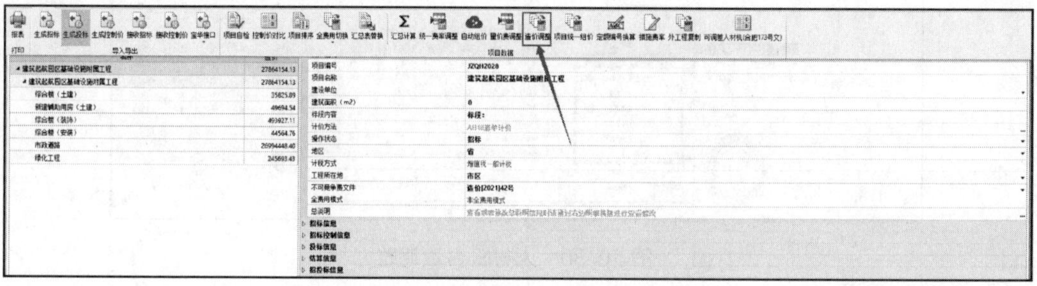

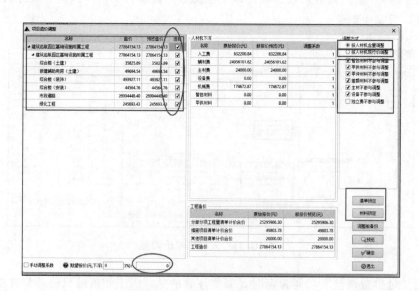

图10.32 "按目标价调整"功能入口

随后软件显示弹窗，可进行调价方式选择和相关设置，如图10.33所示。在"项目造价调整"功能弹窗左侧可勾选调整范围，右侧可选择按人材机含量调整或者人材机现行价调整，并可设置不可竞争材料不参与调整。

图10.33 "项目造价调整"弹窗

点击图 10.33 右侧"清单锁定",软件会弹窗,如图 10.34 所示,可勾选设置锁定清单,勾选后将锁定其含量,按含量调整时,其勾选清单的含量不受调整,勾选后点击"确定"即可完成清单锁定。

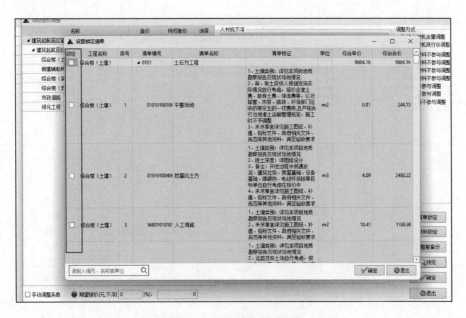

图 10.34　设置锁定清单

点击图 10.33 右侧"材料锁定",软件会弹窗,如图 10.35 所示,可勾选设置锁定材料含量。此处建议所有材料全部勾选,按前文调价方式所述,人机可调含量、不能调单价,材料可调单价、不能调含量,所以选择"按人材机含量调整"方式时,应锁定所有材料含量。点击"确定"即可完成材料含量锁定。

图 10.35　设置锁定材料

按上述方法，调价范围、调整方式和不可竞争费皆设置完成后，可在软件左下角右边方框输入目标造价，软件自动填写下浮点，如图 10.36 所示。点击"预览"可查看按目标价调整结果，预览后点击右下角"确定"即可完成调价。

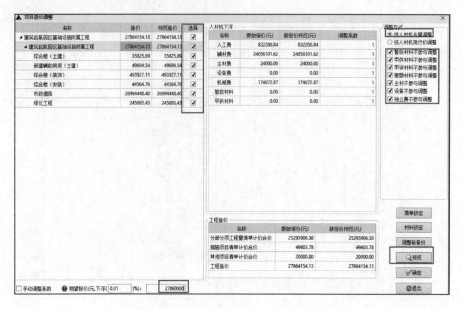

图 10.36　设置完成后输入"目标造价"

此外也可选择"按人材机现行价调整""手动调整系数"进行调价，操作方法与步骤与"按人材机含量调整"类似，不再赘述。

10.4　调价的注意事项

结合前文所述，"调价"有以下几点需要注意：

① 最终投标报价（总价）一般由公司决策，其报价给定时一般有三种形式：一是直接给定报价数值，如 68555556.55 元；二是控制价下浮 X 个百分点报价，如下浮 8 个百分点，则报价＝控制价×（1－8%）；三是按控制价的 X% 报价，如按控制价的 95% 报价，则报价＝控制价×95%。投标报价人员拿到报价后，若给定的不是具体数值报价，应自行计算后与公司核对。

② 不同企业不同项目对报价"精确度"要求不同，有的要求精确到分，有的要求精确到元，也有的要求误差在一千元或者一百元以内，需要跟企业确认报价偏差。

③ 有的企业对某些综合单价或者材料单价有成本要求，如土方开挖不低于 4.00 元/m³、水泥不低于 330 元/t，企业部分成本要求可能与招标文件评审要求冲突，这个时候需要以招标文件优先，并向企业汇报相关情况。

④ 明确哪些可以调（人工含量、机械含量、材料单价、管理费、利润），哪些不能调（不可竞争费）。

⑤ 调价应符合招标文件评审要求，如综合单价低于对应控制单价等。

⑥ 在调整最终报价前，应将报价相关项调整至符合招标文件评审要求，再精确调价。

⑦ 使用软件相关快速调价功能时，应注意设置不可竞争费和调价范围。

⑧ 投标报价人员的"预算价"（定额组价和人材机调差完成后的总造价）是最终投标报价的"参考价"，其定额组价（综合单价）和材料单价应当尽量合理。

⑨ 人材机里，同种人工含量合计不得为负数，同种机械含量合计不得为负数，材料消耗量不得下浮，管理费和利润应大于 0，人工单价一般也不得下浮调整（少数地区人工单价可竞争下浮）。

⑩ 预计施工过程中会变更减少的工程量子目价格调低，预计过程中会增加的工程量子目价格调高。

⑪ 调价时，应尽量采用均衡报价，尽量避免不均衡报价。建议多种调价方式结合使用，优先使用能整体下浮的方式（如调整利润率等）均匀下浮，避免造成不平衡报价。当报价相对控制价下浮较多时应对每个指标适当下浮，不能就一个指标调到"极致"。

⑫ 在使用"造价调整"功能输入目标造价进行调整后，软件可能弹窗提示与目标价有差异，询问是否需要精确调整，如图 10.37 所示。从弹窗提示能看到精确调价是通过调整材料含量实现，与前文所述调价方式中"材料不调整含量、调整单价"相矛盾。此处需要结合"材料实体消耗量"理解，若报价必须精准，且提示造价相差不多（如几分钱或者一元左右），可点击"是"，通过微调材料含量实现目标造价精确调整（材料消耗量考虑了损耗，调整几分钱仍然符合评审）。

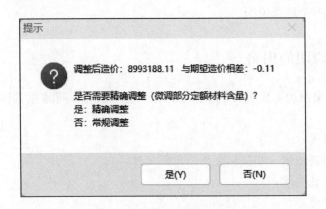

图 10.37　弹窗提示是否需要精确调整

⑬ 在最终调价前，软件里的预算价应符合各项评审，且其价格应高于目标造价（投标报价），调价时采用高价调低价的方式，避免采用低价调高价的方式。因为采用高价调低价方式可以通过锁定不能下浮材料单价，下浮其他材料单价实现调价且符合评审；而采用低价调高价方式无论是调整含量还是材料价格都无法控制综合单价不超过对应控制价单价，原因在于同一材料可能关联若干个综合单价，一项材料价格的调高，会引起相关联的综合单价的增加，从而可能超过对应的控制价，不符合评审。

收尾工作

11.1 编制说明的编写

一般投标报价调整完成后都需要编写"编制说明"。这里的"编制说明"指的是"投标报价编制说明",有的称呼可能不同,如"总说明"或者"说明"等,但是本质上都是对投标报价文件编制的一个解释说明。

11.1.1 编制说明的内容

一般投标报价编制说明应包含但不限于以下内容(投标人可根据具体项目情况和需求自行添加):

① 项目工程概况;

② 投标报价编制依据(如招标文件、定额文件等);

③ 项目工程特殊要求;

④ 报价特殊考虑;

⑤ 其他需要说明的问题。

11.1.2 编制说明的文件格式

多数地区特殊电子标格式报表内容里没有编制说明,都是在电子标制作工具里单独上传。投标报价人员在编写投标报价编制说明时,可直接采用 Word 编写;也可在计价软件里编写后导出 Excel 报表。在软件中编写编制说明的步骤如下:关闭所有单位工程,点击项目名称,选择右侧"工程信息"(图 11.1),单击总说明后面"…"后软件会弹窗,选择"投标"状态(图 11.2),在弹窗内编写完成后,点击右下角"确定"后完成编制说明编写工作。

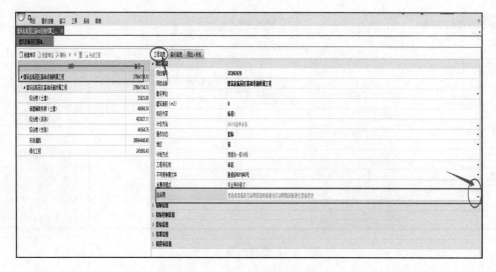

图 11.1 软件编制说明入口

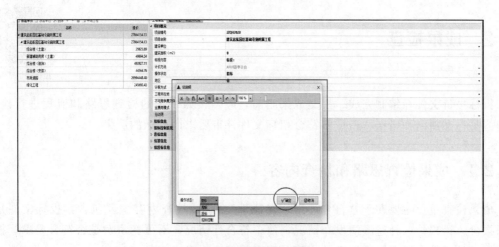

图 11.2 编制说明弹窗

编制说明编写完成后，点击项目模块下"报表"功能（图 11.3），点击左上角项目名称，勾选"投标报价报表"后（图 11.4），在中间部分选择需导出的说明文件格式（Excel、Word 或者 PDF）导出即可。

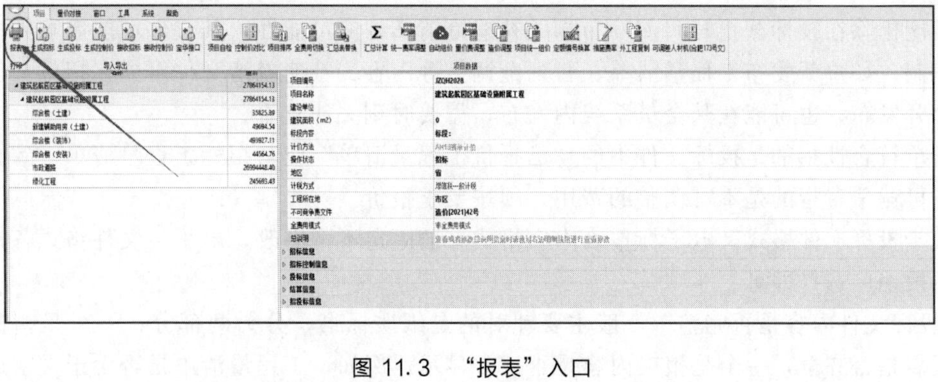

图 11.3 "报表"入口

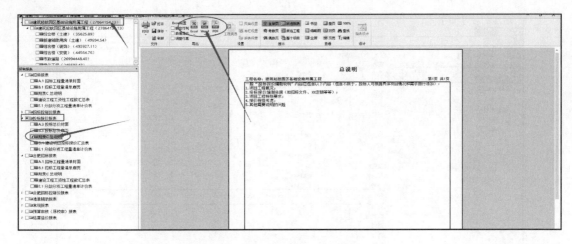

图 11.4　选择报表文件格式

扫码看视频

11.2　成果检查

投标报价成果检查

投标报价文件在编制完成、提交成果之前，应当按照一定的检查思路和流程进行检查，否则容易存在遗漏和错误，造成不符合招标文件评审要求而废标的后果。

11.2.1　成果检查思路和检查内容

成果检查重点主要在于"符合评审，保证不废标"。检查内容主要包含：投标文件是否有漏报价、错报价，补遗澄清发布情况，清单符合性情况，不可竞争费是否符合要求，投标文件格式是否符合要求，投标文件内容是否完整等六方面内容。

漏报价和错报价，前者指的是工程量清单里存在综合单价为0的情况（由于没有套取定额也没有采用独立费报价或者定额工程量错误为0造成）；后者指的是不符合招标文件评审报价相关要求，如综合单价超过控制价对应单价，或不符合措施费、材料费、机械费和其他报价要求。

招标文件补遗澄清在招投标法中有发布时间相关规定，一般不会在投标前几天发布，但是也不能排除在投标截止时间前发布相关补遗澄清文件的可能性，其文件可能影响到投标报价的编制，如重新发布工程量清单、暂列金调整等内容。补遗澄清文件可能在招标文件发布网站公开发布，也可能在其会员系统内发布，需要时刻关注查看。

清单符合性指的是投标文件中的"已报价工程量清单"应与招标工程量清单一致。

不可竞争费指的是不可调整的费用，须按要求报价。

关于投标文件格式，电子标报表内容格式一般固定不可更改，电子标文件格式各地要求不同，按地区选择即可。

"投标文件内容是否完整"一般主要针对的是纸质标书，分为两部分，一个是招标文件要求报表是否齐全，一个是报表内容是否正常显示，例如，工程量清单是否由于文字过多显示不全、材料汇总报表里是否有数据（有的软件需要在软件里勾选主要材料，材料报表才会显示内容）。

提交成果文件前，应当结合招标文件，对投标人须知表、评审因素表、补遗澄清文件逐项检查核对，对成果文件进行查缺补漏。

11.2.2　成果检查方法和技巧

针对不同的检查内容，大多数软件都有其辅助检查方法，掌握一些技巧能最大可能地避免出错。

关于工程量清单符合性评审，软件有预防和检查两项辅助功能。在新建工程、导入电子标清单后，打开单位工程时，软件如果没默认锁定工程量清单，投标报价编制人员可自行点击"锁住全部清单"进行锁定，锁定后会显示"锁"字，如图 11.5 所示，此功能可预防工程量清单无意中改动造成清单不符合评审要求。在工程量清单符合性方面，软件在生成特殊电子标报价文件时有辅助功能帮助进行自行检查。

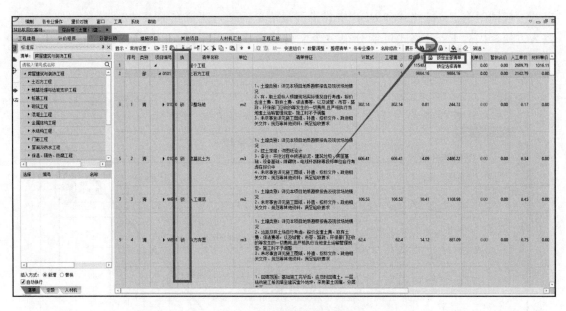

图 11.5　锁定工程量清单

不可竞争费需要对应逐项检查。此项费用检查容易遗漏，比如某项清单子目仅在项目特征中描述综合单价为"暂估价"，在清单项过多的情况下，很难保证此项不被遗漏，而且很多工程量清单在编制时不规范，有可能叫"暂定价""暂估价"或"固定价"。此时可以通过在 PDF 格式（或者 Excel 格式）工程量清单里搜索关键字帮助检查。

打开 Excel 格式工程量清单，在分部分项工作簿中，点击左上角的三角图标，选中整个清单界面后，点击"查找"，输入查找关键字后点击"查找全部"会显示所有关键字，且可点击定位，如图 11.6 所示。

对于 PDF 格式工程量清单，可以用 WPS 或者看图王等软件打开后在右上角输入关键字，例如"估"，如图 11.7 所示，当页检查完毕后，点击继续下一页搜索，直至全文搜索结

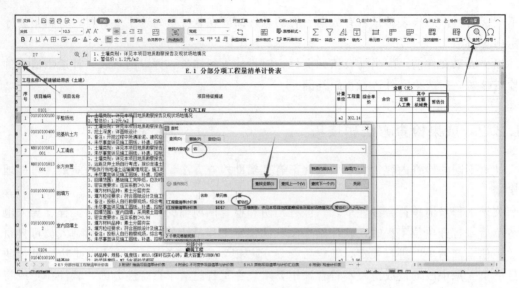

图 11.6　Excel 中查找关键字

束。一般同时有 Excel 格式和 PDF 格式工程量清单的话，建议在 PDF 格式清单中搜索查找较为方便，因为 Excel 格式可能分很多个文件或者多个工作簿，PDF 格式一般只有一个文件，查找工作量相对较小。

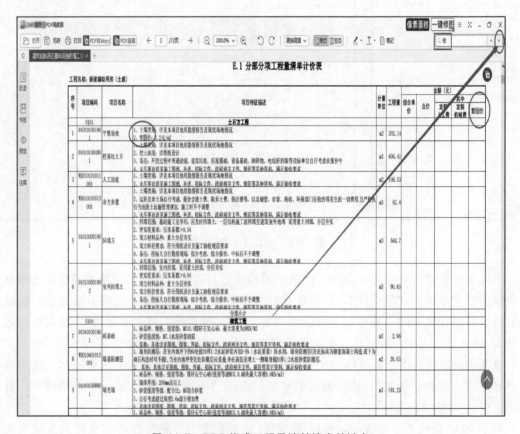

图 11.7　PDF 格式工程量清单搜索关键字

也可以利用软件搜索功能直接搜索，比如搜索关键字"暂""估""固"等，其入口在单位工程的分部分项功能菜单栏右侧，如图 11.8 所示，点击搜索图标会弹窗，在弹窗"查找"界面输入关键字如"估"后点击"筛选"，软件会显示含有输入关键字"估"有关的清单项子目，逐个单位工程进行检查即可。

图 11.8　造价软件搜索关键字

若招标文件对综合单价有评审要求，可通过"控制价对比"功能进行检查，无论在单位工程状态还是项目工程状态，皆有"控制价对比"功能入口，如图 11.9、图 11.10 所示。

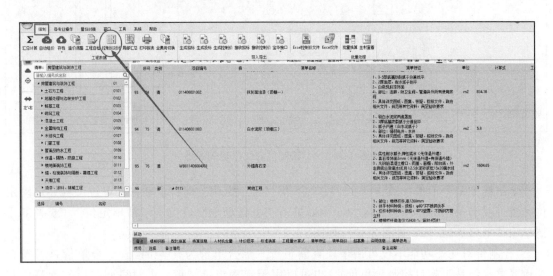

图 11.9　单位工程控制价对比功能入口

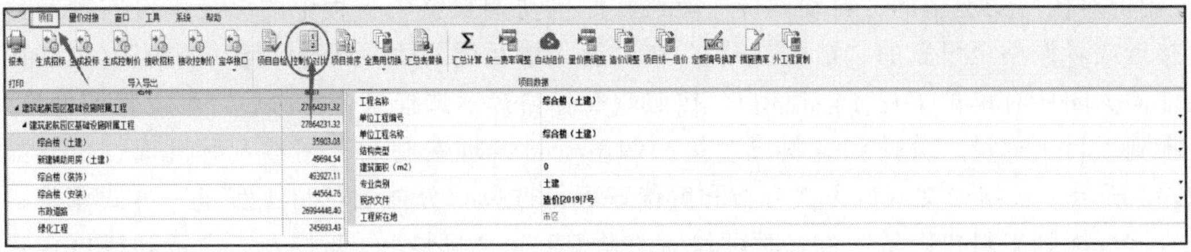

图 11.10　项目工程控制价对比功能入口

　　点击"控制价对比"，在其功能弹窗里，如图 11.11 所示，即可看到综合单价与控制价的差值比例（是否超过控制价及超过幅度）以及漏报价清单项。其功能弹窗中，左上角可点击选择工程范围（某个单位工程或者整个项目）；右侧"当前精度范围"为设置的与控制价对比提示范围（在左下角设置），不在此设置范围内的综合单价软件会标红提示，如设置"－20～0"则表示检查综合单价低于控制价 80% 和高于控制价 100% 的综合单价将标红提示；其"单价"列为 0 表示漏报价；"差比"列即表示综合单价/控制单价－1，100% 表示漏报价；"合价"为 0 表示漏报价。在此功能界面中，设置完成"精度范围"需要点击下侧"刷新"，对比结果才会更新。

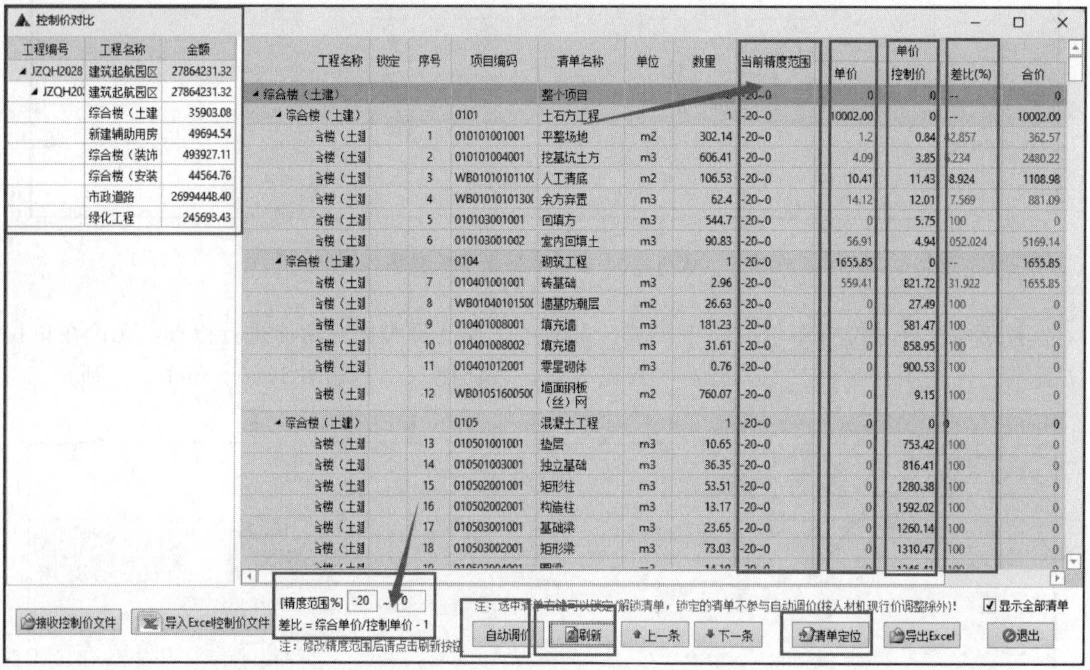

图 11.11　"控制价对比"功能弹窗

　　单击选中某个清单，点击图 11.11 右下角"清单定位"即可自动打开单位工程并自动定位，也可双击某个清单项进行定位。例如单击"平整场地"后点击"清单定位"（或者双击清单项"平整场地"），即可定位至如图 11.12 所示界面。

　　"控制价对比"功能不仅可用于检查漏报价（综合单价为 0）和检查综合单价是否符合评审要求（如是否超过控制价单价），也可以用于定额组价结束、人材机调差后的预算价与控制价总价差别过大的调整，此功能适用于多数综合单价与控制价单价都有差额的情况，用"控制价对比"功能中的"自动调价"能让软件自动调整整个工程中的综合单价向控制价单价接近或者调整至设置的"精度范围"。在设置完精度范围后，点击"自动调价"（自动调价功能需关闭所有单位工程才能使用），按照软件弹窗提示选择是否备份后，可设置调价方式：分摊到子目工程量、分摊到工料机含量、调整子目管理费利润、调整人材机现行价，如图 11.13 所示。根据前文调价方式分析和解读，不得选择"分摊到子目工程量"方式调整；在选择"分摊到工料机含量"方式时可勾选"人工"和"机械"（调整人工含量和机械含量）；在选择"调整人材机现行价"方式时可勾选"主材""辅材"和"设备"（调整材料单价）。

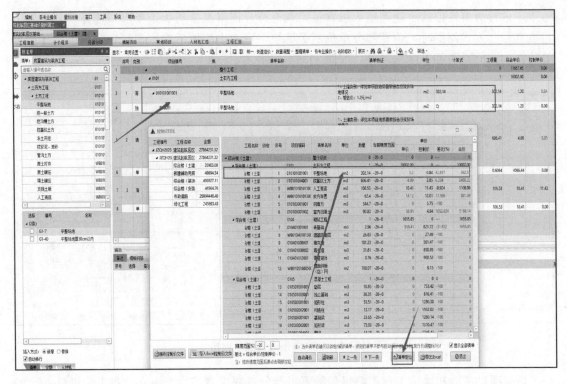

图 11. 12　清单定位

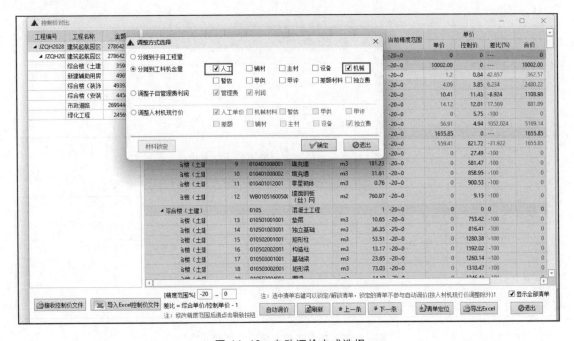

图 11. 13　自动调价方式选择

　　一般建议选择"分摊到工料机含量"方式调整"人工"和"机械"含量。点击"确定"后，软件会自动调价并提示是否完成。需要注意的是，采用"自动调价"功能后，也并不能排除部分综合单价仍然不在设置的"精度范围"内，这个时候需要逐个检查，发现后双击其清单，进行清单定位后手动调整人机含量，调至符合评审及公司决策要求。选择"分摊到工料机含量"方式调整时，若有部分单价不予调整，可选中清单后右击选择锁定清单，其综合单价自动调价时即可不参与调整，如图 11.14 所示。

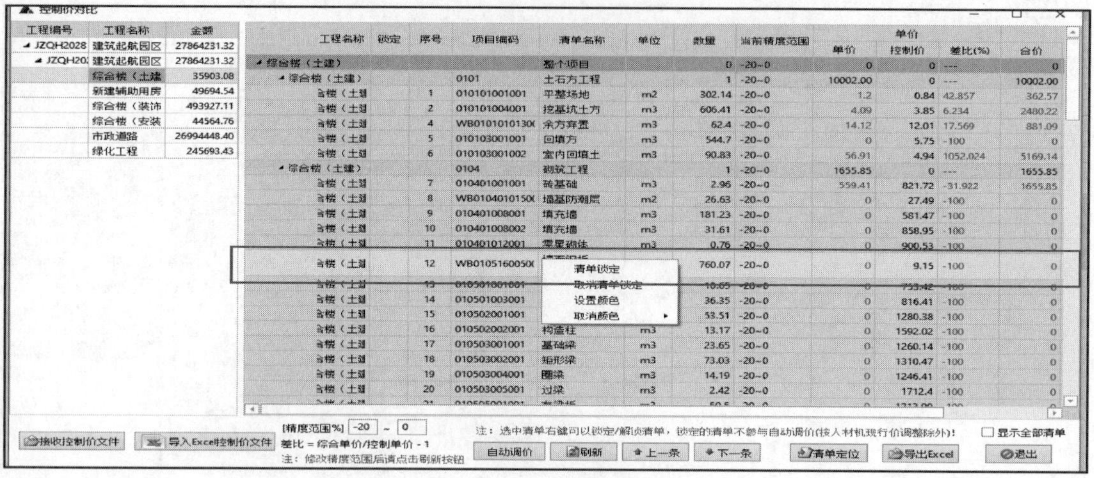

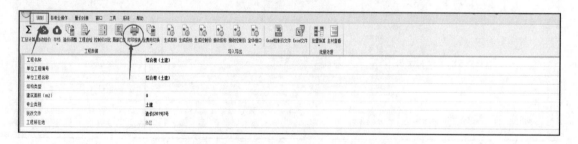

图 11.14 右击选择清单锁定

措施项目清单和单位工程汇总里面的不可竞争费和规费等内容可在"报表"里检查，如图 11.15、图 11.16 所示，无须进入每个单位工程分别查看。

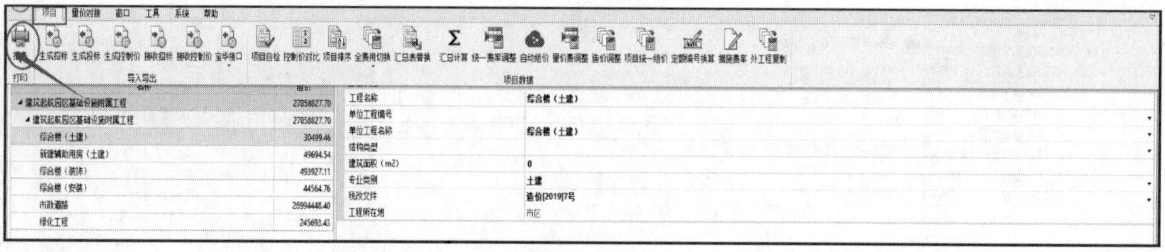

图 11.15 单位工程"报表"功能入口

图 11.16 项目工程"报表"功能入口

进入"报表"界面后，点击左上角单位工程名称后选择左侧"投标报价报表"中的相关表格，即可查看对应的费用和费率，检查如措施项目费率和报价、不可竞争费，以及暂列金是否计税等，与招标文件要求进行对比，检查完一个单位工程之后，在左上角点击下一个单位工程即可（无须退出），如图 11.17 所示。

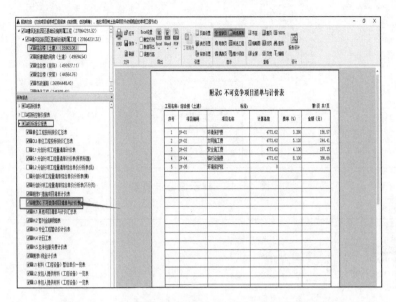

图 11.17　投标报价报表中单位工程相关费率、费用检查

11.3　生成投标文件

生成投标文件指的是导出符合格式要求的特殊电子标格式文件（投标报价的电子格式，不同于 PDF 格式或者 Excel 格式文件）。其主要分为三步：①信息填写；②清单符合性检查；③投标文件生成。在调价结束并检查核对符合所有招标文件评审项之后，关闭所有单位工程，在项目模块下点击"生成投标"，如图 11.18 所示。

图 11.18　生成投标文件入口

11.3.1　投标信息填写

若在生成投标文件之前没有填写项目信息和投标人相关信息，点击"生成投标"后，软件会弹窗提示，按提示填写即可，如图 11.19、图 11.20 所示。

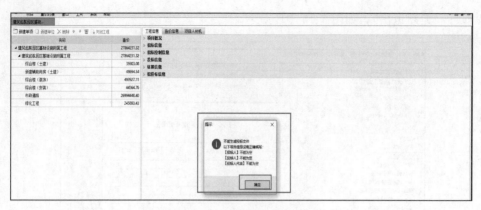

图 11.19　提示信息未填写

图 11.20　按提示填写相关信息

投标信息也可以在生成投标文件之前填写，点击左侧项目名称后点击右侧"工程信息"，填写"投标信息"（即投标人信息）和"招投标信息"（即项目信息），如图 11.21 所示。投标人信息也就是投标企业相关信息，项目信息可以在招标文件中查找相关内容。

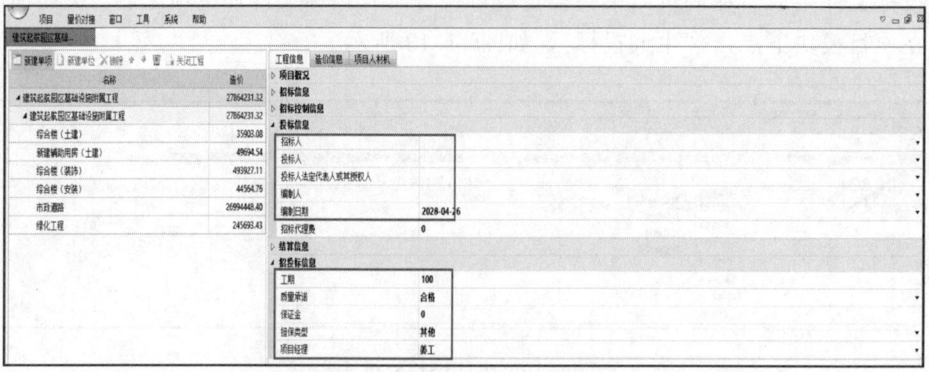

图 11.21　在"工程信息"处填写"投标信息"和"招投标信息"

11.3.2　清单符合性检查及投标文件生成

点击"生成投标"并填写完相关信息后，软件弹窗如图 11.22 所示，提示可进行符合性检查后生成投标文件或直接生成对应格式文件。一般建议进行符合性检查后生成投标文件，因为招标文件有清单符合性评审要求，且在投标报价编制过程中有可能发生误改清单、误删清单等情况。点击"选择招标文件"选中电子标工程量清单后点击"打开"，"符合性检查"自动勾选，如图 11.23、图 11.24 所示，点击图 11.24 中的"省标"按钮选择对应格式生成投标文件。

图 11.22 弹窗提示

图 11.23 选择电子标工程量清单

图 11.24 选择符合性检查后点击"省标"选择对应格式生成投标文件

选择对应格式后软件会自动进行项目工程自检并显示检查结果（符合性检查与前文工程自检相同，在此不再重复赘述），可点击右上角"×"或者右下角"退出"，如图 11.25 所示。退出工程自检后，软件弹窗提示投标报价文件保存位置，一般建议保存至桌面，方便查找，如图 11.26 所示。保存后，软件自动进行清单符合性检查（本质上是将报价清单与招标清单进行对比），并显示检查结果，如图 11.27 所示，可点击左侧问题查看具体问题项和位置，如图 11.28 所示。

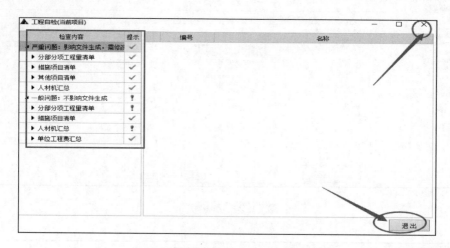

图 11.25　符合性检查结果与退出

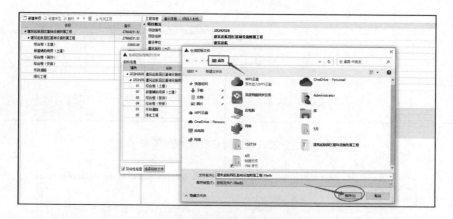

图 11.26　弹窗提示保存文件位置

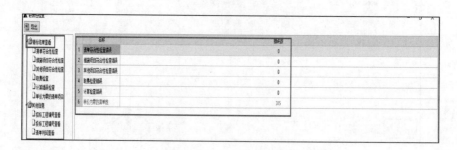

图 11.27　符合性检查结果

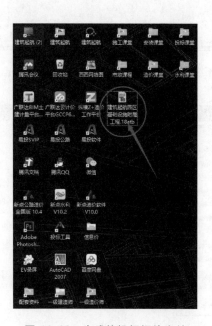

图 11.28　查看具体问题项及其位置

在电脑桌面上，可找到生成的投标文件。其为特殊格式投标报价文件，一般不能直接打开查看，需要导入电子标制作工具中才能查看，如图 11.29 所示。

图 11.29　生成的投标报价文件

11.3.3　投标文件的整合

整个投标工作任务由不同人员分工合作完成，避免不了协同工作和信息同步与沟通，如生成投标文件时的相关信息填写需要与技术标（资格标）编制人员沟通。作为投标报价编制人员，应及时将成果文件（符合招标文件内容要求和格式要求的投标报价文件和编制说明）与技术标编制人员交接，且交接时间宜早不宜迟，因为技术标编制人员需要将投标报价文件导入至电子标制作工具进行整合，签章后生成最终的投标文件（含资格标、技术标、报价文件），如图 11.30 所示，并在开标时间（即投标截止时间）之前上传至对应招投标系统平台，如图 11.31 所示，这需要一定时间。

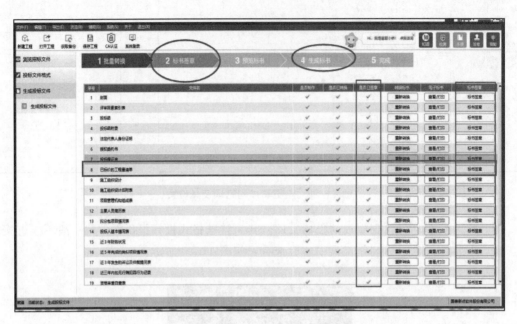

图 11.30　电子标制作工具中投标文件整合、签章

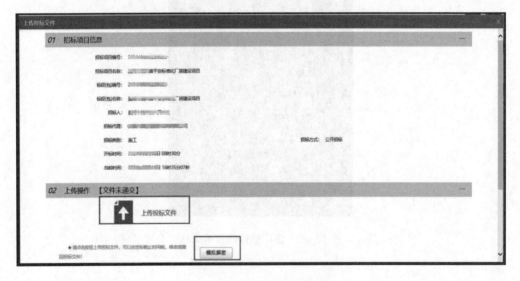

图 11.31　上传电子标投标文件

投标报价评审内容解析

　　此处的投标报价（商务标）评审主要指招标文件中关于投标报价的相关要求（非评定中标人部分），主要分为两大类：符合性评审与详细评审。其中，符合性评审部分一般又分为格式符合性评审和内容符合性评审；详细评审一般分为综合单价评审、人工费评审、机械费评审、材料费评审、措施费评审以及不可竞争费评审。

12.1　符合性评审

12.1.1　格式符合性评审

　　在各地各类招标文件中，针对格式符合性评审主要分两方面，一方面是电子标格式文件能正常读取、不影响评标；另一方面是报表格式符合要求，如某地某项目评审因素中要求报价文件符合"投标文件格式"的规定，关键字迹清晰可辨。

12.1.2　内容符合性评审

　　这里所指的"内容符合性"主要针对"详细评审"，针对招标文件中只明确了"不能超过或者等于最高限价"以及如何评定中标候选人，对报价没有详细要求，但是投标报价应当符合的一些内容。如不得降低材料实体消耗量（即前文所述，调价不得调整材料消耗量）；管理费应大于等于0.00；利润应大于等于0.00（有的地区招标文件可能要求大于0.00）；人工消耗量大于等于0.00（即同一清单子目的综合单价构成中的同一工种人工的消耗量合计不得为负数）；机械消耗量大于等于0.00（即同一清单子目的综合单价构成中的同一类型机械的消耗量合计不得为负数）；不可竞争费不能调整（即规费、税金、暂估价、暂定价、甲供材、甲评材以及安全文明施工费、其他法律法规和造价文件规定的不可竞争费不能调整）。

12.2 详细评审

12.2.1 综合单价评审

在各地各类招标文件中，针对综合单价的评审要求主要为：①综合单价不高于对应招标控制价单价；②综合单价在对应招标控制价单价的某个区间；③不平衡报价评审；④综合单价合理性评审。

12.2.1.1 综合单价不高于对应招标控制价单价

综合单价不高于对应招标控制价综合单价指投标报价的综合单价不能超过招标控制价对应清单项的综合单价，某些地区招标文件中会在评标办法中的报价文件评审标准中要求，也有地区招标文件在投标人须知表中或者投标报价编制要求中注明。

例如，某地区某项目工程量清单中土方开挖的招标控制价综合单价为 5.03 元/m³，投标报价中综合单价为 5.04 元/m³，不满足"综合单价不高于对应控制价单价"的评审要求，投标报价综合单价应小于或者等于 5.03 元/m³。

软件一般能通过导入控制价后通过"控制价对比"功能快速查找不在招标文件要求的范围内报价，超出设置范围的单价会自动标记不同颜色提示，具体可回顾本书 11.2.2 小节内容，此处不再赘述。

12.2.1.2 综合单价在对应招标控制价单价的某个区间

综合单价在对应招标控制价单价的某个区间，某些地区招标文件中会在评标办法中的报价文件评审标准中要求，也有地区招标文件在投标人须知表中或者投标报价编制要求中注明。

例如，某地区某项目招标文件中要求投标人的综合单价报价不超过对应招标控制价清单项的 105%，不低于招标控制价的 80%。工程量清单中"独立基础 C20 泵送商品混凝土"的招标控制价综合单价为 600 元/m³，那么允许报价范围为：最低 600×80%＝480（元/m³），最高 600×105%＝630（元/m³）。投标报价中综合单价为 470 元/m³ 或者 631 元/m³ 则不满足这一条评审要求，投标报价综合单价应在 480～630 元/m³ 之间。

12.2.1.3 不平衡报价评审

不平衡报价评审指的是投标人的综合单价报价明显高出招标控制价对应部分，或与招标控制价对应部分相比明显降幅过大的情况。某些地区招标文件中会在评标办法中的报价文件评审标准内要求，也有地区招标文件在投标人须知表中或者投标报价编制要求中注明。值得一提的是，此评审要求并未明确"明显高出"或者"明显降幅过大"的界限，为模糊性描述，评委在评审时有一定的主观判断可能性，不利于投标人。对于此类评审，为避免不必要麻烦，作为投标报价编制人员可参考招标控制价单价，综合单价报价尽量在合理范围内，与对应控制价单价不宜相差过大，一般建议综合单价报价在对应控制价单价的 80%～100% 之间为妥。

例如，某地区某项目招标文件中"不平衡报价评审"条款明确了与招标控制价对应部分相比明显降幅过大时，评标委员会可认定为恶意不平衡报价，否决其投标。工程量清单中"独立基础 C20 泵送商品混凝土"的招标控制价综合单价为 600 元/m³，投标报价中综合单价为 60 元/m³，仅为对应招标控制价单价的 10%，评标委很可能会认定为恶意不平衡报价，否决投标。

12.2.1.4　综合单价合理性评审

综合单价合理性评审指的是量化评价单价报价的合理性，此评审较为复杂，本书仅介绍其基本内容。

以下试举一例以介绍量化评价单价报价合理性的计算步骤。

（1）计算评标基准单价

① 确定招标控制单价的下浮值 $R = P \times (1 - K)$。式中，R 为下浮后的招标控制单价；P 为招标控制单价；K 为招标控制单价的下浮率，由投标人代表在开标现场当众随机抽取。

② 确定有效报价单价的算术平均值。有效报价单价即为初步评审合格的投标人投标报价单价。$D = (N_1 + N_2 + N_3 + \cdots + N_n)/n$。式中，$D$ 为初步评审合格的投标人投标报价单价的算术平均值；N_1、N_2、N_3、$\cdots$、N_n 为各投标人的报价单价；n 为初步评审合格的投标人数量。

③ 确定评标基准单价 $S = (R + D)/2$。式中，S 为评标基准单价。

（2）计算各投标人所有投标单价的权重

将该项赋分值按照各项目所占权重进行分摊。

① 各项目权重计算方法：各项目权重 = （单项工程合价/总价）×100%，保留小数点后两位。

② 所有项目按权重分摊该项赋分，分值计算方法：M = 各项目权重×该项赋分。式中，M 为各项目按照权重分摊的分值。

（3）计算投标单价报价与总价承包项目报价的偏差

各项目单价偏差计算方法与投标总报价偏差计算方法相同。

（4）计算投标单价报价合理性得分

计算方法为：投标单价与评标基准单价相等得满分；投标单价每低于评标基准单价 1% 扣除该项分值的 2.5%，扣至 0 分为止；投标单价每高于评标基准单价 1% 扣除该项分值的 5%，扣至 0 分为止。

由上述分析可知，投标单价报价合理性得分受招标控制单价、初步评审合格的投标人人数、投标人报价单价、K 值等的影响，投标人很难控制，此情况下，投标报价编制人员只能尽量确保综合单价报价合理，尽量参考招标控制价单价，不要出现偏差过大、不合理报价的情况。

12.2.2　人工费评审

在各地各类招标文件中，针对人工费的评审主要分为人工费单价评审、人工费总价评审、定额人工费评审三类。

12.2.2.1　人工费单价评审

人工费单价评审指对投标报价是否符合人工费单价相关要求所进行的评审，有两种情况，一是要求不小于某个数值或等于某个数值；二是要求"人工费工日单价不得低于工程所在地政府发布的最低工资标准折算的工日单价"（正常情况下，当地定额站或造价站发布的人工单价都是高于所在地政府发布的最低工资标准折算的工日单价）。某些地区招标文件中会在评标办法中的报价文件评审标准内要求，也有地区招标文件在投标人须知表中或者投标报价编制要求中注明。

例如，某地区某项目招标文件中要求"投标人投标报价中人工费工日单价不得低于 160 元/工日"，如投标报价文件中，人工费单价为 155 元/工日，则不符合招标文件要求。

12.2.2.2　人工费总价评审

人工费总价评审指对投标报价是否符合人工费总价相关要求所进行的评审（机上人工属于机械台班费，这里的人工费总额一般不包含机上人工费），一般招标文件表述为"不低于×××元"或"不低于发布的最高限价中人工费的×％"。某些地区招标文件中会在评标办法中的报价文件评审标准内要求，也有地区招标文件在投标人须知表中或者投标报价编制要求中注明。这里需要注意招标文件要求评审的是每个单位工程的人工费还是整个项目的人工费（每个单位工程的人工费之和为整个项目的人工费）。

例如，某地区某项目招标文件要求"投标人投标报价中总人工费不得低于发布控制价总人工费的 85％"，如发布的控制价人工费总额为 941173.09 元，那么投标人报价文件中总人工费不得低于 $941173.09 \times 85\% = 799997.13$（元）。

软件中人工费有汇总（图 12.1），但是需要核对保证"人工数量×人工市场单价"不低于要求人工费总额（图 12.2）。

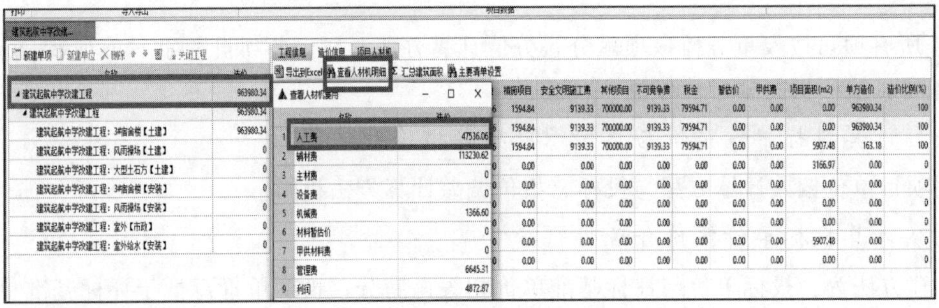

图 12.1　人工费汇总界面

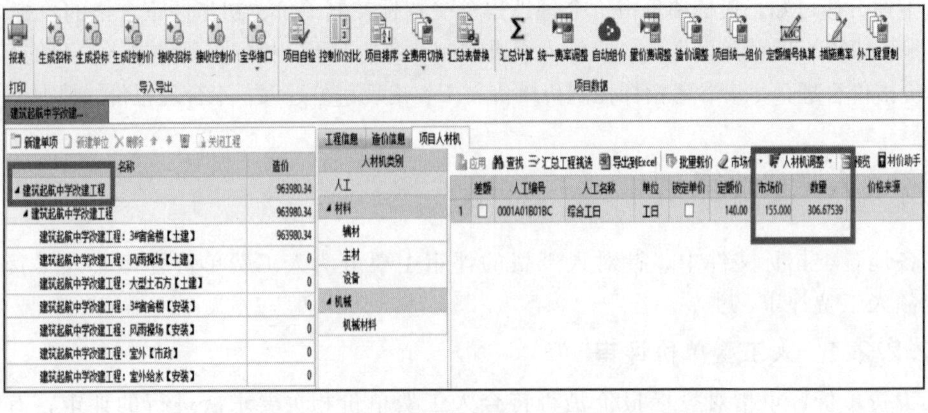

图 12.2　核对"人工数量×人工市场单价"

12.2.2.3 定额人工费评审

定额人工费评审指对投标报价是否符合定额人工费总价相关要求进行的评审。根据相关计价文件要求，有的地区对定额人工费单价会进行调差，价差部分要求不计取税金，这里区别开了人工费和定额人工费。在软件中单位工程造价汇总、报表里都能看到定额人工费总额，如图12.3、图12.4所示。这里需要注意招标文件要求评审的是每个单位工程的定额人工费还是整个项目的定额人工费（每个单位工程的定额人工费之和为整个项目的定额人工费）。

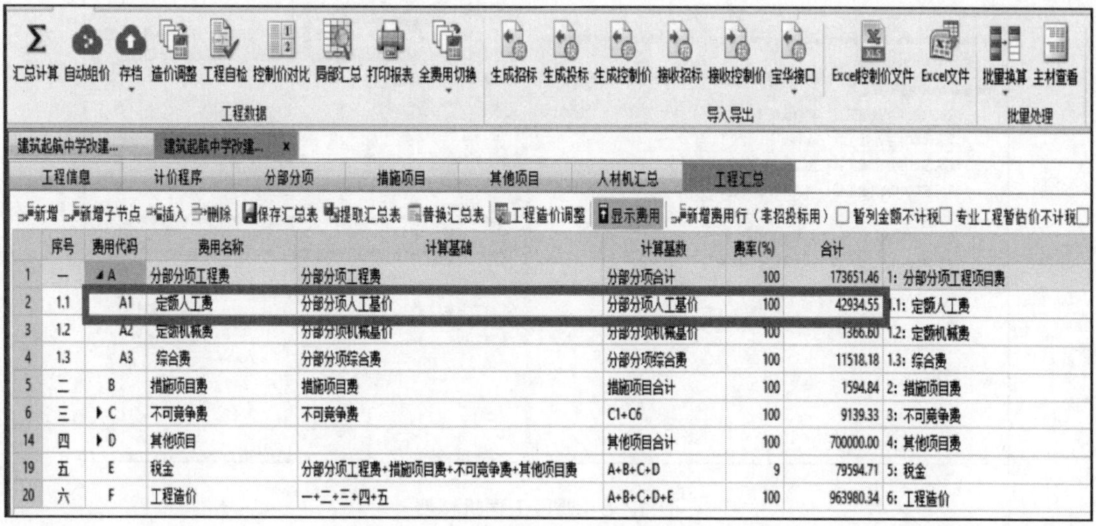

图 12.3　单位工程汇总中定额人工费

图 12.4　单位工程报表汇总中定额人工费

例如，某地区某项目招标文件要求"投标人投标报价中定额人工费不得低于发布控制价定额人工费的80％"，如发布的招标控制价定额人工费合计为140000.00元，那么投标人报价文件中定额人工费总额不得低于140000.00×80％＝112000.00（元），如投标报价中，各单位工程的定额人工费之和小于112000.00元，则不符合评审要求。

12.2.3 机械费评审

在各地各类招标文件中，亦有针对机械费的评审。机械费指施工作业所发生的施工机械、仪器仪表使用费或者其租赁费，又叫"机械台班费"或"施工机具使用费"。软件中能看到项目工程的机械费（图12.5）或者每个单位工程的机械费（图12.6）。

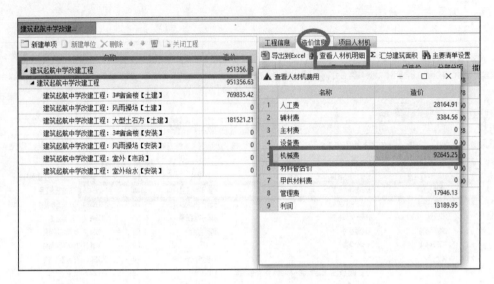

图 12.5　项目工程机械费

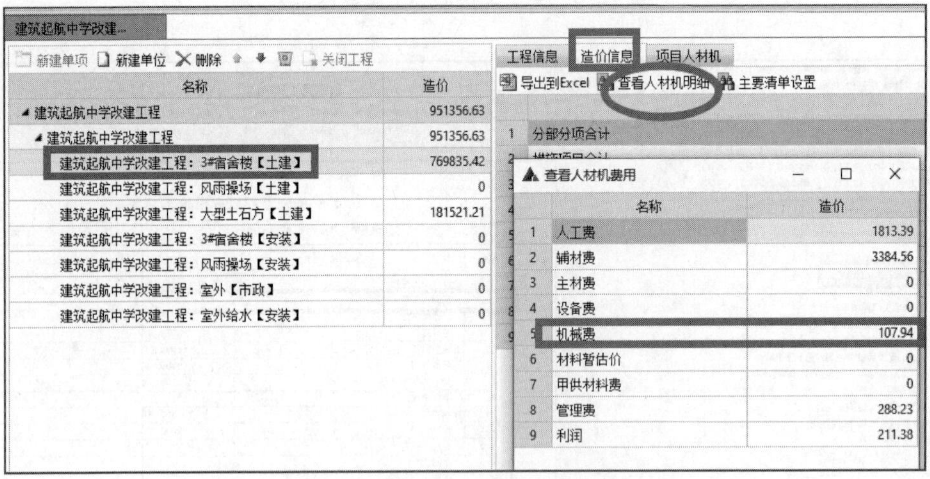

图 12.6　单位工程机械费

例如，某地区某项目招标文件要求"投标人投标报价中施工机械使用费不得低于发布的招标控制价中施工机械使用费的80％"，如发布的控制价的施工机械使用费为150000.00元，那么投标人报价文件中施工机械使用费不得低于150000.00×80％＝120000.00（元）。若投标报价中，施工机械使用费为110000.00元，则不符合招标文件评审要求。注意，该项一般评审的是项目报价中机械费的总额。

12.2.4　材料费评审

在各地各类招标文件中，材料费评审主要分为材料费单价评审、材料费总价评审以及材料消耗量评审等三类。

12.2.4.1　材料费单价评审

材料费单价评审指的是按招标文件对投标报价是否符合某些材料费单价的相关要求进行的评审，其可以分为"材料单价不低于某个价格""某一种或者几种材料为暂估价、甲供材""综合单价报价不低于主材单价"等三种情况。如某些地区招标文件中会在评标办法中的报价文件评审标准中要求，也有地区招标文件在投标人须知表中或者投标报价编制要求中注明。

（1）材料单价不低于某个价格

材料单价不低于某个价格指的是招标文件对投标报价的某些材料费单价要求"不低于某个价格或者不低于控制价材料单价的某个比例"。

例如，某地区某项目招标文件中"投标人须知表"中"材料价要求"：32.5♯水泥单价不低于360.00元/t；42.5♯水泥单价不低于410.00元/t；钢筋单价不低于3800.00元/t等。若投标报价中，32.5♯水泥单价为350.00元/t，350.00元/t低于360.00元/t，则不符合招标文件评审要求。

又例如，某地区某项目招标文件"商务标评审表"中要求主要材料单价不得低于"需评审的材料表"中材料单价的90%，"需评审的材料表"如图12.7所示。若投标报价中商品混凝土C30（泵送）为480.00元/m³，480小于495.00（550.00×90%），其不符合招标文件评审要求；若投标报价中商品混凝土C15（泵送）为510.00元/m³，510.00大于450.00（500.00×90%），则符合招标文件要求。

需评审的材料表

工程名称：　　　　　　　　　标段：　　　　　　　　　第1页　共1页

序号	材料编码	材料名称	规格、型号等特殊要求	单位	单价(元)	总用量
1	8021A01B55BV	商品混凝土 C20（泵送）		m3	520.00	
2	8021A01B63BV	商品混凝土 C30（泵送）		m3	550.00	
3	8021A01B65BV	商品混凝土 C35（泵送）		m3	600.00	
4	8021A01B51BV	商品混凝土 C15（泵送）		m3	500.00	
5	0101A07B05C53BT	螺纹钢筋 HRB400 Φ10以上		t	4000.00	

图 12.7　需评审的材料表

注意，在同一个项目中无论是一个单位工程还是多个单位工程，同一种规格材料，其单价应当保持一致，即一种材料（型号规格一致）在投标报价中只有一种单价。

（2）某一种或者几种材料为暂估价、甲供材

某一种或者几种材料为暂估价、甲供材指的是招标文件对投标报价的某些材料费单价要求按招标文件给的单价计取，不得调整（包含不得上调或者下浮），此处材料的费用实际上为不可竞争费。不可竞争费是指不能以任何形式减少参与竞争的费用，一般有规费、税金、暂定（估）价、安全文明施工费、甲供材料及设备费用，以及法规等规定的其他不可竞争费用等。

（3）综合单价报价不低于主材单价

综合单价报价不低于主材单价指的是招标文件对投标报价的任何综合单价报价都不得低于其对应的材料单价的要求。此要求可以从综合单价费用构成来理解。综合单价＝人工费＋材料费＋机械费＋管理费＋利润。在费用构成中任何一项费用都不可能为负数，所以要求综合单价不得低于主材价。此要求主要针对的是不合理报价方式和不合理调价方式，如不套取定额直接进行独立费报价，或者调价时将综合单价的人机消耗量调为负数，又或者调低材料消耗量等情况。

例如，某地区某项目招标文件"评审标准"中"材料评审"要求：综合单价报价不低于主材单价。若投标文件中，C15 混凝土垫层（商品）的综合单价为 480.00 元/m^3，其材料汇总表中 C15 混凝土（商品）单价为 500.00 元/m^3，480.00 小于 500.00，综合单价低于主材单价，其不符合评审。

需要注意的是，"综合单价报价不低于主材单价"针对的是整个项目，不是某一个单位工程，出现这种情况有两种原因，一是不套定额报价的时候单价不合理，二是套定额后调价不合理（含量出现负数或者调低了材料消耗量）。

12.2.4.2 材料费总价评审

材料费总价评审指的是按招标文件对投标报价是否符合材料费总价的要求进行的评审，某些地区招标文件会在评标办法中的报价文件评审标准中要求，也有地区招标文件在投标人须知表中或者投标报价编制要求中注明。

例如，某地区某项目招标文件"评审标准"中"材料评审"要求：材料费总价不低于650000.00 元。若投标报价中，材料费总价 640122.55 元，640122.55 元低于 650000.00 元，则不符合招标文件评审要求；若投标报价中材料费总价 660122.77 元，660122.77 元高于650000.00 元，则符合招标文件评审要求。

材料费总价评审针对的一般是投标报价中整个项目的材料费总价，一般不针对某项材料的材料费总价或者某个单位工程的材料费总价，需要注意分辨。各单位工程的材料费之和等于整个项目工程的材料费总价。在软件中能看到项目工程材料费（图 12.8）或者每个单位工程的材料费（图 12.9）。此处需要注意的是，软件里显示的主材费和辅材费并不是自动统计的我们常规意义上理解的主材费和辅材费，软件里的主材费、设备费和辅材费需要在软件里对材料属性进行定义：主材、辅材、设备（如图 12.10 所示，在项目工程材料汇总的"类别明细"列进行材料属性定义，部分软件没有材料属性定义功能，本案例采用软件中可定义主材、设备，不定义默认为辅材），软件才能对应统计。但一般不需要在材料属性对应定义，其符合评审即可。

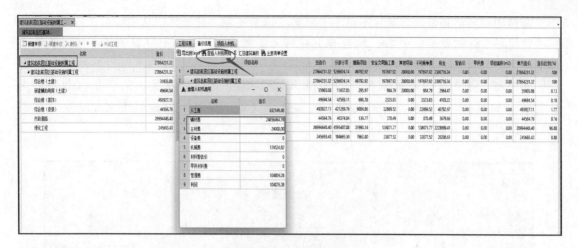

图 12.8　项目工程材料费

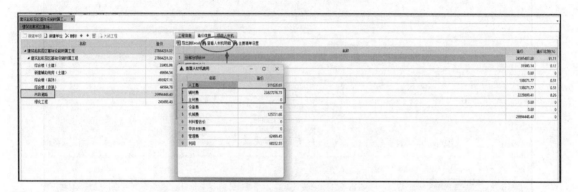

图 12.9　单位工程材料费

图 12.10　材料属性定义

12.2.4.3　材料消耗量评审

材料消耗量评审指的是按招标文件对投标报价是否符合材料消耗量的要求进行的评审。某些地区招标文件会在评标办法中的报价文件评审标准中要求"不得减少材料实体消耗量指标"，也有地区招标文件在投标人须知表中或者投标报价编制要求中注明。

定额中材料消耗量（含量）不得小于材料实体消耗量，此处可以从实际施工中理解，如 $1m^3$ 混凝土实体需要不小于 $1m^3$ 的混凝土材料才能做出来，实际上材料消耗一般是大于实体消耗的，因为施工过程中都有损耗。

如定额"独立基础及桩承台"的单位为 m^3，其主要材料混凝土的含量（数量）为 $1.02m^3$，如图 12.11 所示，其中混凝土的实体为 $1m^3$，混凝土的含量应大于 $1m^3$（加损耗），定额考虑了 2% 损耗，所以其含量为 $1.02m^3$。

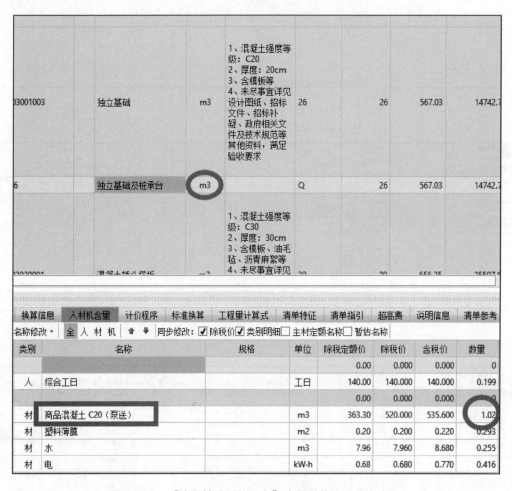

图 12.11　"独立基础及桩承台"定额单位及混凝土含量

如定额中"桥面铺装 桥头搭板"的定额单位为 $10m^3$，其主要材料混凝土的含量为 $10.2m^3$，如图 12.12 所示，其中混凝土的实体为 $10m^3$，混凝土的含量应大于 $10m^3$（加损耗），定额考虑了 2% 损耗，所以其含量为 $10.2m^3$。

例如，某地区某项目招标文件"评审标准"中"材料评审"要求：不得减少材料实体消耗量指标。若投标文件中，清单项"C15 混凝土垫层"套取定额的单位为 $10m^3$，其混凝土含量为 $9.5m^3$，9.5 小于 10，其少于材料实体消耗量，则不符合招标文件要求。

值得注意的是，有的招标文件中，没有明确要求或者指出"不得减少材料实体消耗量指标"，但是我们投标报价人员编制投标报价时，仍然要满足这一要求，因为此要求为清单计价规范要求，不满足也不符合自然界规律，所以调价时一般不调材料消耗量。

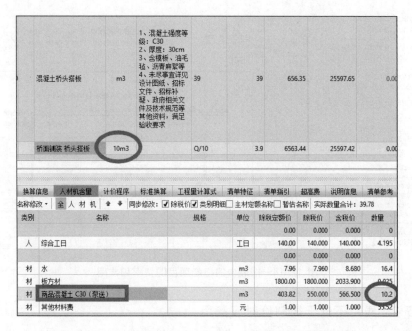

图 12.12　"桥面铺装 桥头搭板"定额单位及混凝土含量

12.2.5　措施费评审

在各地各类招标文件中，针对措施费（措施项目清单报价）的评审要求主要分为"费率不低于控制价对应费率""费用不低于控制价对应费用"两种。

12.2.5.1　费率不低于控制价对应费率

招标文件"报价评审标准"中常常有类似要求：措施费报价的费率不得低于控制价对应费率或者不低于控制价对应费率的某个比例。也有地区招标文件在投标人须知表中或者投标报价编制要求中注明。

例如，某地区某项目招标文件在"投标报价编制要求"中要求：措施费费率不低于控制价对应费率。在软件中"措施项目"模块可以看到费率（如图 12.13），在报表中单位工程的措施费报表中也能看到（图 12.14），可据此进行检查和调整。

序号	类别	项目编号	换	清单名称	单位	计算式	工程量	计算基础	费率(%)	综合单价	综合合价
1			▲	措施项目费		0	0		0	50613.74	50613.74
2	1	JC-01	锁	夜间施工增加费	项		1	分部分项人工基价+分部分项机械基价-(大型机械进出场及安拆人工基价+大型机械进出场及安拆机械基价)	0.5	7029.69	7029.69
3	2	JC-02	锁	二次搬运费	项		1	分部分项人工基价+分部分项机械基价-(大型机械进出场及安拆人工基价+大型机械进出场及安拆机械基价)	1	14059.37	14059.37
4	3	JC-03	锁	冬雨季施工增加费	项		1	分部分项人工基价+分部分项机械基价-(大型机械进出场及安拆人工基价+大型机械进出场及安拆机械基价)	0.8	11247.50	11247.50
5	4	JC-04	锁	已完工程及设备保护费	项		1	分部分项人工基价+分部分项机械基价-(大型机械进出场及安拆人工基价+大型机械进出场及安拆机械基价)	0.1	1405.94	1405.94
6	5	JC-05	锁	工程定位复测费	项		1	分部分项人工基价+分部分项机械基价-(大型机械进出场及安拆人工基价+大型机械进出场及安拆机械基价)	1	14059.37	14059.37
7	6	JC-06	锁	非夜间施工照明费	项		1	分部分项人工基价+分部分项机械基价-(大型机械进出场及安拆人工基价+大型机械进出场及安拆机械基价)	0	0.00	0.00
8	7	JC-07	锁	临时设施费	项		1	分部分项人工基价+分部分项机械基价-(大型机械进出场及安拆人工基价+大型机械进出场及安拆机械基价)	0.2	2811.87	2811.87
9	8	JC-08	锁	赶工措施费	项		1	分部分项人工基价+分部分项机械基价-(大型机械进出场及安拆人工基价+大型机械进出场及安拆机械基价)	0	0.00	0.00

图 12.13　措施项目清单中费率和费用

图 12.14　报表中的措施项目的费率和费用

12.2.5.2　费用不低于控制价对应费用

招标文件"报价评审标准"中也常有类似要求：措施费报价不得低于控制价对应费用金额或者不低于控制价对应费用的某个比例。也有地区招标文件在投标人须知表中或者投标报价编制要求中注明。

例如，某地区某项目招标文件"投标报价编制要求"中要求：措施项目报价不得低于控制价对应费用的 80%，在软件中"措施项目"可以看到费用（图 12.13），在报表中单位工程的措施费报表中也能看到（图 12.14），可据此进行检查和调整。

此处的措施项目评审一般针对的是总价项目（不可计量），而且评审目标针对的一般也是对应的单位工程，不是整个项目的单位工程对应的合计。需要注意的是，措施费的计算基础一般不得调整，但是招标文件一般不会明确不能调整。

12.2.6　不可竞争费评审

在各地各类招标文件的报价评审中，有一种"不可竞争费"评审。不可竞争费分为不可竞争费率和不可竞争费用两大类。这两类费用如果要求评审，一般会在招标文件中明确有哪些属于不可竞争费，并给出对应的费率或者费用，或者在清单控制价中明确，如在项目特征中描述。但是，有些招标文件不会明确哪些费用是不可竞争费，我们也不能调整。投标报价编制人员编制投标报价的时候需注意不可竞争费报价的相关要求，报价编制完成后记得复核，防止编制过程和调价过程中大意进行了改动。

以下为常规的不可竞争费相关概念。

暂估价：包括材料暂估单价、工程设备暂估单价、专业工程暂估价，指发包人在工程量清单或预算书中提供的用于支付必然发生但暂时不能确定价格的材料、工程设备的单价，专业工程以及服务工作的金额。

暂定价：买卖双方在洽谈某些市价变化较大的货物的远期交易时，可先在合同中规定一个暂定价格，待日后交货期前的一定时间，再由双方按照当时市价商定最后价格。

暂列金：指招标人在工程量清单中暂定并包括在合同价款中的一笔款项，用于施工合同签订时尚未确定或者不可预见的所需材料、设备、服务的采购，施工中可能发生的工程变更，合同约定调整因素出现时的工程价款调整，以及发生的索赔、现场签证确认等。

预留金：预留金是招标人认为可能发生工程量变更而预留的金额，由招标人视工程情况确定（如设计图纸的深化程度等）。

安全文明施工费：承包人按照国家法律、法规等规定，在合同履行中为保证安全施工、文明施工，保护现场内外环境等所采用的措施发生的费用。

规费：根据省级政府或省级有关权力部门规定必须缴纳的，应计入建筑安装工程造价的费用。

税金：国家税法规定的应计入建筑安装工程造价内的营业税、城市维护建设税及教育费附加等。

甲供材料：建设方和施工方之间材料供应、管理和核算的一种约定，即甲方提供的材料。

甲供设备：建设方和施工方之间设备供应、管理和核算的一种约定，即甲方提供的设备。

以上费用中，暂估价、暂定价一般针对的是某个综合单价或者某种材料（设备），也可能是某个专业工程暂估价，编列在其他项目清单中；暂列金、预留金一般在其他项目清单中编列；甲供材料的费用针对的是某种材料单价，可能按 0.00 元计取，也可能按某个给定金额计取，具体看招标文件要求。这几项一般都是费用不可竞争。

安全文明施工费有的地区在措施项目中编列，也有的地区在单位工程汇总表中编列，如图 12.15 所示，大多数地区是费率不可竞争，个别地区要求费用不可竞争。可在单位工程汇总中看到其费率和费用，如图 12.15 所示，也可在单位工程具体报表中查看，如图 12.16 所示。

					费率(%)	合计
▶ A	分部分项工程费	分部分项工程费		分部分项合计	100	5457518.12
B	措施项目费	措施项目费		措施项目合计	100	50613.74
◢ C	不可竞争费	不可竞争费		C1+C6	100	202454.97
◢ C1	安全文明施工费	安全施工费+环境保护费+文明施工费+临时设施费		C2+C3+C4+C5	100	202454.97
C	环境保护费	分部分项人工基价+分部分项机械基价-大型机械进出场及安拆人工基价-大型机械进出场及安拆机械基价		A1+A2-(大型机械进出场及安拆人工基价+大型机械进出场及安拆机械基价)	1	14059.37
C	文明施工费	分部分项人工基价+分部分项机械基价-大型机械进出场及安拆人工基价-大型机械进出场及安拆机械基价		A1+A2-(大型机械进出场及安拆人工基价+大型机械进出场及安拆机械基价)	4	56237.49
C	安全施工费	分部分项人工基价+分部分项机械基价-大型机械进出场及安拆人工基价-大型机械进出场及安拆机械基价		A1+A2-(大型机械进出场及安拆人工基价+大型机械进出场及安拆机械基价)	3.3	46395.93
C	临时设施费	分部分项人工基价+分部分项机械基价-大型机械进出场及安拆人工基价-大型机械进出场及安拆机械基价		A1+A2-(大型机械进出场及安拆人工基价+大型机械进出场及安拆机械基价)	6.1	85762.18
▶ C6	工程排污费	工程排污费		C7	100	0.00
▶ D	其他项目			其他项目合计	100	330000.00
E	税金	分部分项工程费+措施项目费+不可竞争费+其他项目费		A+B+C+D	9	543652.81
F	工程造价	一+二+三+四+五		A+B+C+D+E	100	6584239.64

图 12.15　部分地区安全文明施工费编列于单位工程汇总表中

图 12. 16   安全文明施工费在报表中查看

规费一般要求费率不可竞争。需要注意的是，有的地区规费在单位工程汇总表中编列，有的地区规费在费用构成中是属于其他费用的一部分，不在单位工程汇总表中编列，也不单独列项。

部分地区费用构成中有一项费用就叫作"不可竞争费"，此费用一般是费率不可竞争。

部分地区单位工程汇总中有一项费用为"环境保护税"，一般是费率不可竞争，是否计取，按招标文件要求。此费用实行之前执行"工程排污费"，指工程在实施过程由政府环境保护部门统一按规定收取的排污费用，"工程排污费"目前在全国范围内已取消。

税金一般为费率不可竞争，在单位工程汇总中编列计取。税率按国家政策调整执行，投标报价编制时按招标文件要求执行。

各地区单位工程汇总中的费用可能不同，这涉及各个地区的费用构成，需结合费用定额理解，详细内容见本书3.3节工程计价基本程序相关内容。

12.2.7   需评审人工和主要材料一览表

有的地区部分项目在招标文件提供"可调整价差人工和主要材料一览表"，要求投标人响应其内容并按给定格式填写"需评审人工和主要材料一览表"，如图 12.17、图 12.18 所示。

这个表格填写主要从其含义、填写内容来源、评审三方面分析。

首先理解"可调整价差人工和主要材料一览表"的含义，它主要约定了中标后的项目施工过程中市场价格波动时满足合同约定的前提下可以进行价格调整，本质上它影响到后期工程竣工后工程造价的结算。

投标报价编制人员填写"需评审人工和主要材料一览表"时，需要注意两方面内容，其一是其表格内容应当响应评审，其二是表格的内容数据来源于投标报价文件。表格填写时应

可调整价差人工和主要材料一览表

招标项目名称： 县锦绣花园幼儿园装饰装修项目

序号	名称、规格、型号	计量单位	数量	承包人承担的风险幅度（%）	基准单价（元）	备注
1	综合工日	工日	4550.53	5%	173.45	
2	细石混凝土 C25（泵送）	m³	149.93	5%	584.95	
3						
4						
5						
6						
7						
8						
9						
10						

说明：

1.本表由招标人编制，应详细列出可调整价差人工、主要材料，作为招标文件的组成部分随最高投标限价发布。

2.基准单价指招标人编制最高投标限价时采用的《XX建设工程市场价格信息》中的人工、材料价格或由招标人确认的价格。

图 12.17 可调整价差人工和主要材料一览表（招标文件提供）

（二十）需评审人工和主要材料一览表（如有）

招标项目标段名称：　　　　　　　　　　　第 页 共 页

序号	名称、规格、型号	计量单位	数量	投标单价（元）	备注

说明：

1.本表由投标人编制，是投标文件的组成部分，应作为评标委员会需评审的内容。

2.投标人应响应"可调整价差人工和主要材料一览表"的内容，其中列表中第 1 列（序号）、第 2 列（名称、规格、型号）、第 3 列（计量单位）、第 4 列（数量）内容不得修改，且不得增删或改变顺序。

3.投标人在投标报价时，其人工费工日单价不得低于工程所在地政府发布的最低工资标准折算的工日单价。

4.投标人在制作投标文件时该页可放置报价文件的其他材料中。

图 12.18 需评审人工和主要材料一览表（投标人填写）

注意表格备注等相关内容，如图 12.18 中第 2 条："投标人应响应'可调整价差人工和主要材料一览表'的内容，其中列表中第 1 列（序号）、第 2 列（名称、规格、型号）、第 3 列（计量单位）、第 4 列（数量）内容不得修改，且不得增删或改变顺序。"从其要求可知，其内容来源于对应发布的"可调整价差人工和主要材料一览表"的内容，且不能调整修改，投标人只需填写对应的人工和材料投标单价。投标单价不必与"可调整价差人工和主要材料一览表"中对应的"基准单价"一致，其内容来源于投标报价文件中对应的人工和材料。

关于此"需评审人工和主要材料一览表"评审，除了表格中备注要求进行相应响应之外，评标办法评审因素表中的详细评审中一般也有此项，如图 12.19 所示，其中也明确了其应当响应的内容。

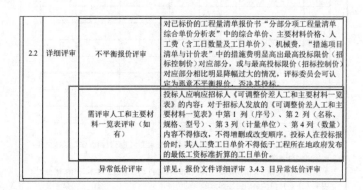

2.2	详细评审	不平衡报价评审	对已标价的工程量清单报价书"分部分项工程量清单综合单价分析表"中的综合单价、主要材料价格、人工费（含工日数量及工日单价）、机械费，"措施项目清单与计价表"中的措施费明显高出最高投标限价（招标控制价）对应部分，或与最高投标限价（招标控制价）对应部分相比明显降幅过大的情况，评标委员会可认定为恶意不平衡报价，否决其投标。
		需评审人工和主要材料一览表评审（如有）	投标人应响应招标人《可调整价差人工和主要材料一览表》的内容；对于招标人发放的《可调整价差人工和主要材料一览表》中第 1 列（序号）、第 2 列（名称、规格、型号）、第 3 列（计量单位）、第 4 列（数量）内容不得修改，不得增删或改变顺序。投标人在投标报价时，其人工费工日单价不得低于工程所在地政府发布的最低工资标准折算的工日单价。
		异常低价评审	详见：报价文件详细评审 3.4.3 目异常低价评审

图 12.19   详细评审中对"需评审人工和主要材料一览表"的评审要求

评审中要求"人工费工日单价不得低于工程所在地政府发布的最低工资标准折算的工日单价"，按招标文件要求或者参考控制价设定人工单价，一般都能符合此项要求，工程所在地政府发布的最低工资标准可咨询财务人员或在相关网站查询。

在此表格填写和评审内容中，要求"数量"列与招标人提供的"可调整价差人工和主要材料一览表"中"数量"一致，其此项评审，多数行业人士认为不合理。由于管理水平不同、技术能力不同，不同的投标人其同一个项目所消耗的人工数量、机械数量甚至材料数量都不相同，更不可能与招标人的预算（招标控制价）中一致了。根据其前文所述，部分人可能疑惑其材料数量为何不同？要求其响应为何不合理？这是从管理水平出发，一般要求材料不低于实体消耗量为合理，但是，大于实体消耗量或者大于定额对应的消耗量也是允许和实际施工中常见的，如 $1m^3$ 混凝土定额消耗量为 $1.02m^3$，实际施工中如果企业管理水平和施工技术极好，其可能只消耗 $1.01m^3$ 混凝土即可，或者如果企业管理水平和施工技术相对一般，其可能消耗 $1.03m^3$ 混凝土，此两种情况都与招标人发布的数量不同。

所以部分地区招标文件中要求投标人填写的表格已取消了"数量"列或者评审中不再要求响应"可调整价差人工和主要材料一览表"中的人工和材料数量。若其不评审"数量"列，其对应的人工或者材料数量来源于投标报价。

如果招标文件中要求填写表格响应其数量和价格，投标报价编制时若发现其人工和材料消耗量与招标人发布的数量不同，可以在不降低实体消耗量的基础上适当调整材料消耗量，直至与招标人发布的数量一致。调整最终投标报价时，采用造价调整功能，锁定人工含量和单价，锁定需要响应的材料含量和单价，再调整报价。

电子标书和纸质标书的差异

从标书的形式载体来看，标书主要分为两大类：电子标书与纸质标书。招标文件中会明确采用纸质标书形式还是电子标书形式。本书前述实操案例是目前使用最广泛的电子标书形式编制过程。总体而言，电子标书和纸质标书两者除了基本载体不同（纸质、电子形式），新建工程、录入工程量清单和生成投标文件（报价文件）的操作不同，其他基本一致。

13.1 电子标书

扫码看视频

电子标相关注意事项

13.1.1 电子标书格式

电子标书格式主要分为两大类：特殊格式和 PDF 格式。标书的格式主要以电子标书制作工具能否识别导入区分，比如某地特殊格式电子标书文件后缀为：18zhtb、18etb 和 atb 等（各地后缀可能不同，符合当地文件即可）。此类电子报价文件无法直接用常见办公软件打开查看其数据，只能导入电子标书制作工具查看。另一类比较常见的电子标书格式为普通 PDF 文件格式，可以用普通 PDF 文件阅读器如 WPS、看图王等打开查看。其 PDF 格式文件可由软件直接导出，或者导出 Excel 格式文件后用 WPS 等软件转为 PDF 格式。

另外几种电子标书格式的应用较为少见，比如纸质文件扫描成文件形式或者 Excel、PDF 文件发送至特定邮箱。采用纸质文件的扫描件形式，工作量大、烦琐、效率低，也造成很大的资源浪费，与电子标书方便快捷、节省资源的基本出发点相悖；电子邮箱形式极易造假，很难保证公平公开。

13.1.2 电子标书编制注意事项

电子标书编制除了需要符合招标文件要求之外，还需注意以下事项。

① 目前市场上有不法软件商家销售盗版计价软件，不建议使用。每个正版计价软件都有其独一无二的编号，盗版软件容易与正版软件串号，另外盗版软件功能性能也无法保证。同一编号的计价软件不得编制两家企业的投标文件（生成的电子标报价文件会记录其软件编号，也称锁号），部分地区电子标已实行实名制，将计价软件同企业绑定。

② 电子标书编制过程中，无论是其招标文件（含电子标格式工程量清单），还是编制标书的电脑，都不能与其他公司混用（生成的电子标报价文件会记录电脑 IP）。

③ 在生成最终投标文件后在招投标系统平台上传投标文件时，也不应与其他企业使用同一个网络环境（最终投标文件将记录网络 IP）。

④ 在编制电子标文件时，应预留充足时间，因为电子标制作工具有低概率出现不能导入特殊报价文件的情况存在（招投标平台系统与商务标编制计价软件可能为不同开发商开发），或者因文件过大不能导入的情况（PDF 格式报价文件也有这种情况）。且时间过于紧张的话，可能因网络卡顿造成上传失败，从而导致投标失败。

⑤ 投标报价编制人员应严格遵守国家法律法规，响应国家政策，严禁围标串标等行为。

13.1.3 电子标书里暂估价材料、甲供材、甲评材的表达与调整

暂估价材料、甲供材、甲评材等的费用为不可竞争费，投标人报价时其价格不允许调整。一般这些不可竞争材料费用有三种表达方式：

① 在招标文件或者清单控制价编制说明中直接采用文字性说明，如"照明总配电箱 1AM 为暂估价材料（设备），单价为 2000 元/台"。

② 在项目特征中采用文字性说明，如"1、名称：照明总配电箱 1AM；2、安装方式：落地式、槽钢基础 0.2m；3、主材（设备）暂估价：2000 元/台；4、其他：未尽事宜详见设计图纸、图集、答疑、招标文件、政府相关文件、规范等其他资料，满足验收要求"。

③ 在软件里设置"暂估材料""甲供材料"或"甲评材料"，如图 13.1 所示。若软件界面下方不显示"暂估材料"等模块，点击"招标材料"即可显示。

图 13.1 软件里"暂估材料""甲供材料""甲评材料"等的设置

　　这些不可竞争材料费用也有可能三种表达方式并用，投标报价编制时需要特别注意。其中前两种"文字性描述"，只需要在材料汇总处按其材料（设备）单价填写即可；第三种软件设置形式，需要注意在软件里与其对应。如图 13.2 所示案例，组价结束后，进行材料名称调整，材料单价按暂估价填写为 2000 元/台，在材料汇总处显示正常，但是"招标材料"里的"暂估材料"模块中其工程量显示为 0。工程自检后显示其"暂估材料数量为 0 或未对应"，如图 13.3 所示。

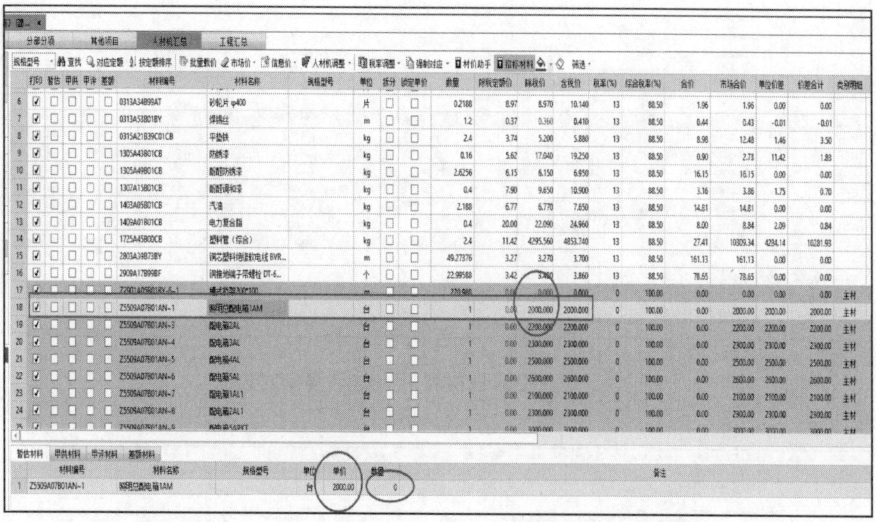

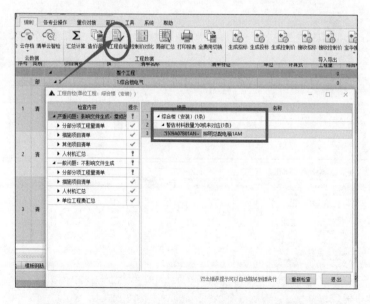

图 13.2　材料汇总处显示正常，暂估材料处工程量为 0

图 13.3　工程自检显示"暂估材料数量为 0 或未对应"

　　若碰到上述情况，投标报价编制人员需要在软件里进行对应调整。选中相应暂估材料（照明总配电箱 1AM，"暂估材料"和"材料汇总"两处都需要选中）后点击软件"强制对应"功能，如图 13.4 所示，软件弹窗如图 13.5 所示，若信息无误点击右下角"确定"即可完成暂估材料的强制对应，如图 13.6 所示，其工程自检亦不再提示"暂估材料数量为 0 或未对应"。

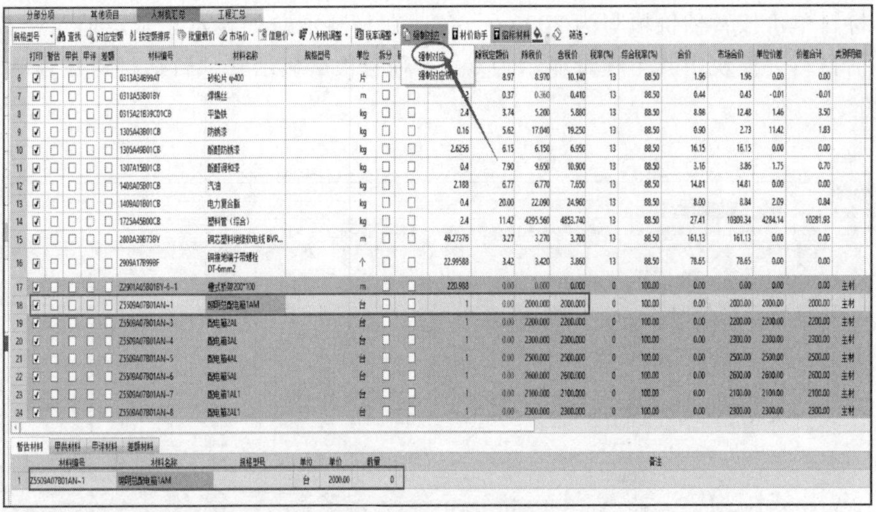

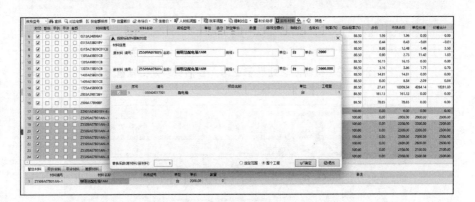

图 13.4　选中暂估材料后点击"强制对应"

图 13.5　"强制对应"弹窗

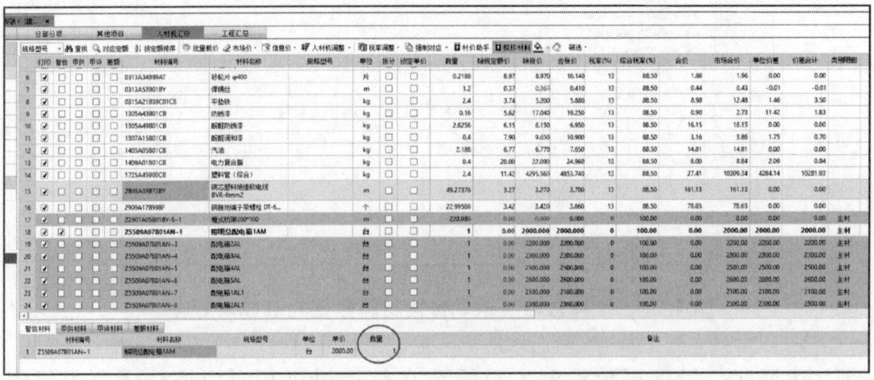

图 13.6　完成暂估材料强制对应

上述案例为"暂估材料"数量显示为 0 或未对应时在软件里的调整方法，其他"甲供材料""甲评材料"和"差额材料"等操作方式完全相同，对照"暂估材料"操作即可。

13.2　纸质标书

13.2.1　工作内容和流程

编制纸质标书的工作内容和流程与电子标书基本一致，其仍然要求先在软件上编制标书内容，流程上与电子标书差别仅在于纸质标书需要打印、胶装（图 13.7）、签字盖章和密封袋装，由符合要求的委托人在规定时间内送至开标现场并签字确认参加开标会议（图 13.8）。

图 13.7　胶装后的纸制标书　　　　　　　　　图 13.8　开标会议现场

投标报价编制人员在软件中编制电子标书的具体操作包含：新建工程、录入工程量、导入控制价单价、定额组价、调材差（确定材料单价）、结合招标文件评审要求并按企业要求调价、生成投标文件、编写编制说明等。其中除了新建工程、录入工程量清单与生成投标文件时纸质标书与电子标书有差异之外，其他操作完全相同。本节仅讲述纸质标书编制与电子标书编制的不同之处，与电子标书相同的操作不再赘述。

13.2.2　新建工程与录入工程量清单

13.2.2.1　新建工程

与电子标操作方法一样，打开软件后点击"新建项目"（图 13.9），软件出现弹窗（图 13.10）。按照招标文件填写项目相关信息，如项目编号、项目名称等；计价方式选择"清单计价"（目前招投标市场上大多数项目采用清单计价招标，国有资金项目全部采用清单计价招标；定额计价项目无工程量清单，由投标人根据图纸算量自行编制并报价）；操作状态选择"投标"；按项目所在地选择地区；计税方式选择"增值税一般计税"（税金为 9% 的皆选择一般计税）；全费用项选择"非全费用模式"（一般情况下多数选择非全费用模式，全费用模式的情况将于本书第 14 章进行介绍）；不可竞争费文件选择最新文件。信息填写、选项确定后点击"确定"，软件弹窗提示保存位置。可见，此处各项选择与前文电子标书操作一致，其不同选项将影响措施费费率、不可竞争费费率以及单位工程造价汇总，但在后续操作中可检查调整。

图 13.9   新建项目界面

图 13.10   新建项目信息填写与选择

保存文件后，软件自动弹出"新建单位工程"弹窗，如图 13.11 所示。填写相关信息，项目名称应当填写对应的单位工程名称；专业按对应单位工程选择（打开单位工程的工程量清单，可按措施项目清单编码等判断，如"JC"为土建专业，"ZC"为装饰专业，如图 13.12、图 13.13 所示，各地可能不同，按照当地的计价文件执行即可）；税改文件选择最新文件；右侧工程模板选择"民用建筑"。此处各项选项与前文相同，影响的都是措施项目清单和费率以及单位工程汇总及不可竞争费率，后续可核对和调整。点击"确定"后，单位工程已新建完成，如图 13.14 所示。

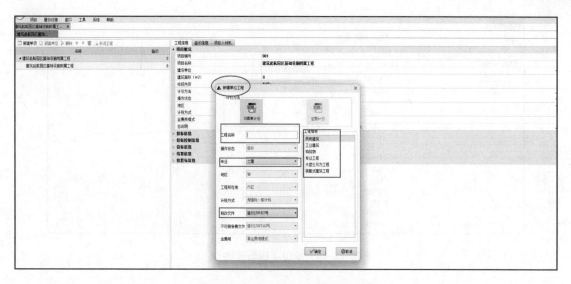

图 13.11　"新建单位工程"弹窗

附录F　措施项目清单与计价表

工程名称：新建辅助用房（土建）

序号	项目编码	项目名称	计算基础	费率（%）	金额（元）
1	JC-01	夜间施工增加费			
2	JC-02	二次搬运费			
3	JC-03	冬雨季施工增加费			
4	JC-04	已完工程及设备保护费			
5	JC-05	工程定位复测费			
6	JC-06	非夜间施工照明费			
7	JC-07	临时保护设施费			
8	JC-08	赶工措施费			
		合　　计			

图 13.12　措施项目清单-土建专业

附录F　措施项目清单与计价表

工程名称：综合楼（装饰）

序号	项目编码	项目名称	计算基础	费率（%）	金额（元）
1	ZC-01	夜间施工增加费			
2	ZC-02	二次搬运费			
3	ZC-03	冬雨季施工增加费			
4	ZC-04	已完工程及设备保护费			
5	ZC-05	工程定位复测费			
6	ZC-06	非夜间施工照明费			
7	ZC-07	临时保护设施费			
8	ZC-08	赶工措施费			
		合　　计			

图 13.13　措施项目清单-装饰专业

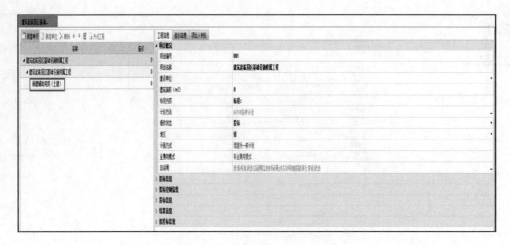

图 13.14　单位工程新建完成

　　点击项目名称后右击可新建单项工程，右击单项工程名称可新建单位工程，如图
13.15、图 13.16 所示。可按此将所有单位工程新建完后再对应录入工程量清单，也可新建
一个单位工程后直接录入工程量清单，完成后再继续新建其他单位工程，再对应录入工程量
清单，按工作习惯操作即可。

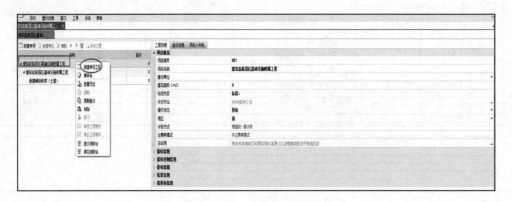

图 13.15　新建单项工程

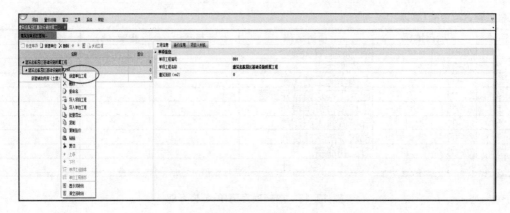

图 13.16　新建单位工程

13.2.2.2　录入工程量清单

打开单位工程（鼠标左键双击）后在编制模块下点击"Excel 文件"会出现弹窗如图 13.17 所示，点击"浏览"选择对应单位工程的 Excel 工程量清单文件，如图 13.18 和图 13.19 所示。

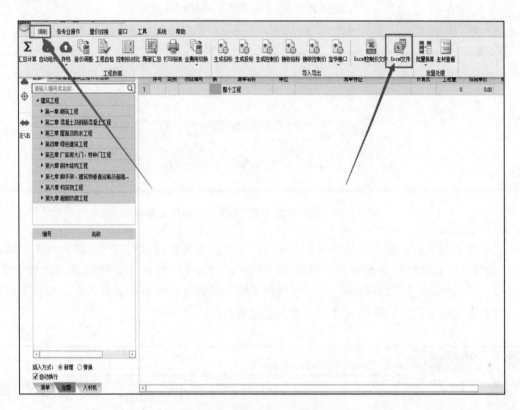

图 13.17　录入 Excel 清单入口

图 13.18　录入 Excel 清单弹窗

图 13.19　选择对应单位工程 Excel 清单文件

点击图 13.19 右下角"打开"后在弹窗右侧切换工作簿找到对应的"分部分项工程量清单"，选择好之后软件对应预览其分部分项工程量，如图 13.20 所示，注意核对数据表头，如序号、项目编码、项目名称等。点击"自动识别"可检查清单是否显示正常，如有未识别显示或者表头显示错误的情况，可双击表头进行调整。

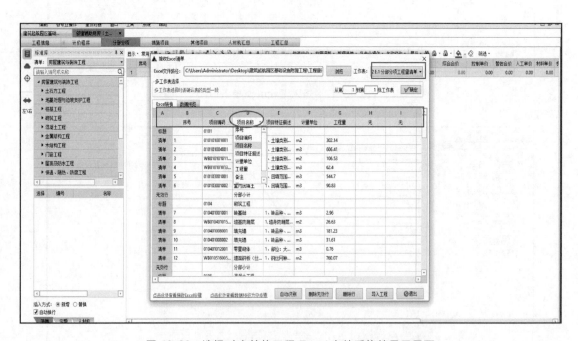

图 13.20　选择对应单位工程 Excel 文件后软件显示界面

清单表头检查核对并调整确认无问题后点击图 13.20 左上角"数据预览"可进入预览界面，可在此界面预览确定工程量清单数据，如图 13.21 所示。

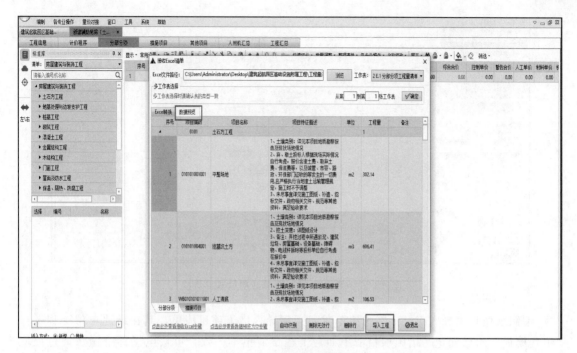

图 13.21　预览工程量清单

预览确定工程量清单数据无问题后，点击"导入工程"，软件弹窗提示"是否清空分部分项"，点击"是"，软件提示导入成功，如图 13.22 所示。

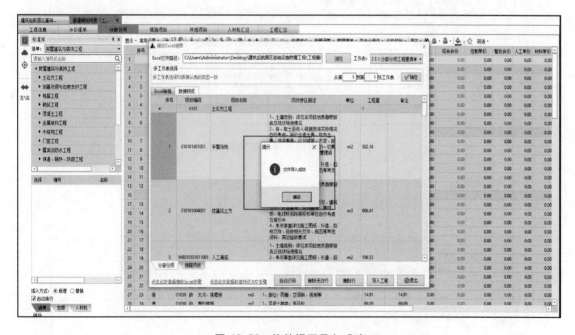

图 13.22　软件提示导入成功

点击图 13.22 弹窗的"确定"后关闭"接收 Excel 清单"窗口即完成此单位工程的工程清单导入，导入完成后软件界面如图 13.23 所示。

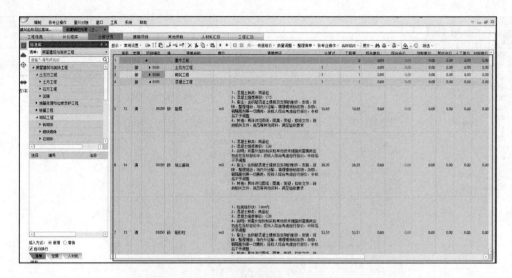

图 13.23　导入工程量清单成功后软件界面

编制纸质标书导入 Excel 格式清单时，无须导入措施项目清单，其在新建单位工程选择"工程模板"时已确定，措施项目清单如与工程量清单不一致，可按电子标书做法通过提取总价措施等进行调整，如图 13.24 所示。

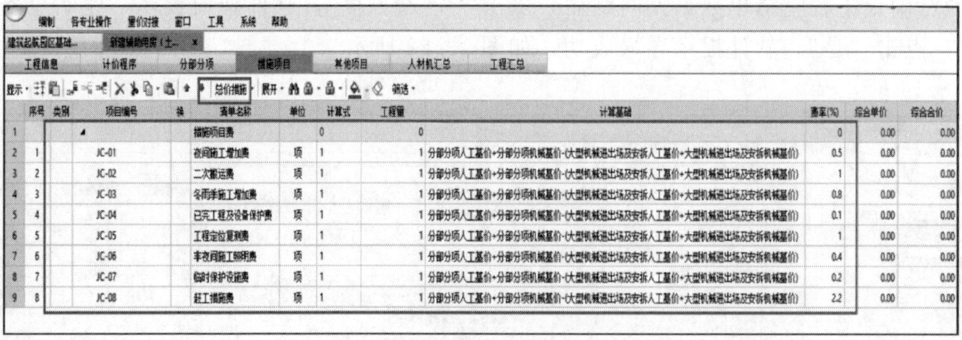

图 13.24　措施项目清单及其调整

需要注意的是，点击"其他项目"进入其界面，会发现所有项金额都为 0，如图 13.25 所示。其他项目清单需要手动处理。

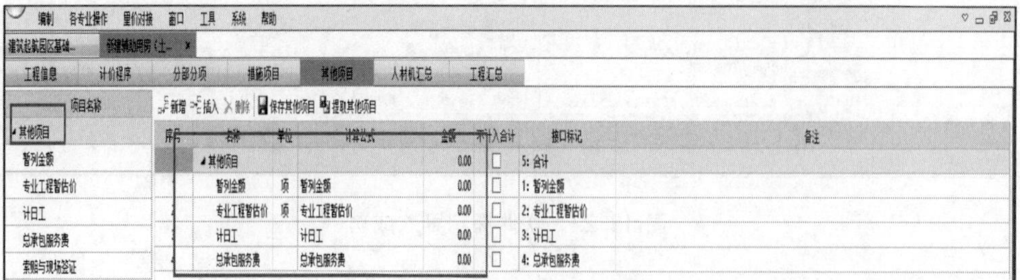

图 13.25　其他项目清单

若某个单位工程有暂列金额 100000.00 元，需点击左侧"暂列金额"后点击右侧"解锁"，软件会弹窗提示，如图 13.26 所示。

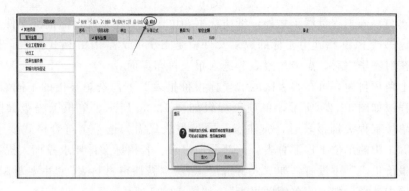

图 13.26 点击"解锁"后软件弹窗提示

点击图 13.26 弹窗中"是"，然后点击"新增"，在其对应地方输入序号、项目名称、单位，在计算式内输入"100000.00"即可，如图 13.27 所示。

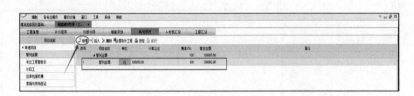

图 13.27 新增暂列金额

图 13.27 信息输入完成后可查看对应报表与 Excel 清单是否一致，如图 13.28 所示。暂估价与暂列金额录入方式相同。

图 13.28 报表里查看暂列金额明细

13.2.3 报表选择与导出

除了新建与录入工程量清单之外，纸质标书和电子标书在生成投标报价文件方面也存在差异。纸质标书或 PDF 格式电子标的成果文件就是 Excel 或者 PDF 格式报表。在报价调整完成、检查核对完毕之后，点击"报表"进入报表打印界面。

点击左上角项目树，可在报表区的"投标报价报表"下勾选想导出的不同级别的报表，其中项目工程级如图 13.29 所示，单项工程级如图 13.30 所示，单位工程级如图 13.31 所示。在勾选单位工程级别报表时，应注意，同类报表只需勾选一个符合格式要求的报表即可，如图 13.31 中的单位工程汇总表、分部分项报表。若招标文件要求投标人提供的部分报表在"投标报价报表"中没有，如"人材机汇总表""需评审材料表""主要材料表"，可在其他报表选项中选择，如"清单辅助报表"，如图 13.32 所示。

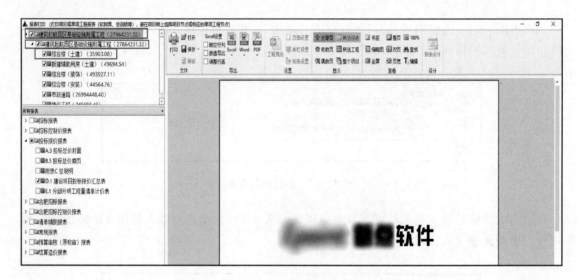

图 13.29　勾选项目工程级对应报表

图 13.30　勾选单项工程级对应报表

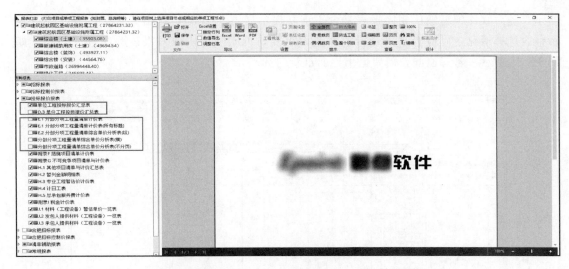

图 13.31 勾选单位工程级对应报表

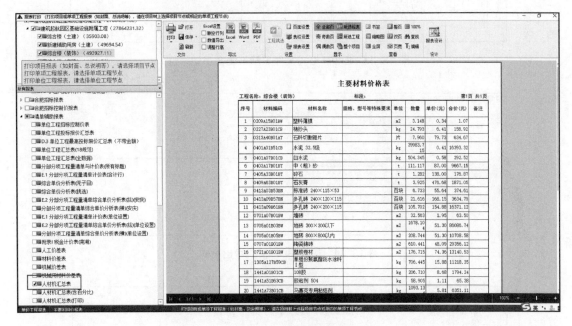

图 13.32 清单辅助报表

　　单位工程级别，无须逐个单位工程勾选，一个单位工程的报表勾选完成后其他单位工程自动同步。需要的报表勾选完成后，在上侧菜单栏"导出"模块中选择需要导出的投标报价成果文件格式（Word 格式、Excel 格式以及 PDF 格式）。常规情况下，投标报价人员可以选择 PDF 格式或者 Excel 格式，但是 Excel 格式文件可能因为项目特征文字过多造成打印显示不全引起废标，需要手动调整，如图 13.33 所示。

　　PDF 格式报表打印时不会显示不全、分页混乱，若直接用于上传或者打印，建议选择 PDF 格式报表；Excel 格式便于检查和计算，若用于备份检查或者存档，建议选择 Excel 格式报表。

　　确定导出报表格式后，点击选择"导出整个项目选中报表（一个文件）"，如图 13.34

所示，随后软件弹窗确认相同报表是否不重复提示（图 13.35），点击"是"后软件弹窗显示报表选择情况，可检查报表是否遗漏或者重复，可删除报表或对报表顺序进行调整，如图 13.36 所示。若有遗漏，需要退出界面重新勾选。

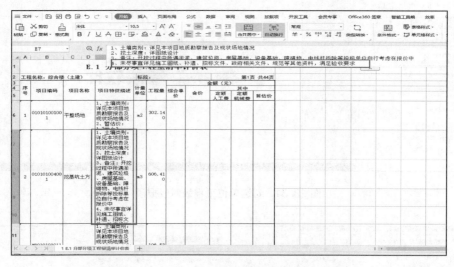

图 13.33   Excel 格式文件显示不全需手动调整

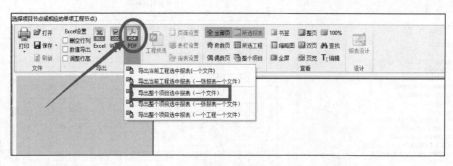

图 13.34   选择 PDF 格式导出格式

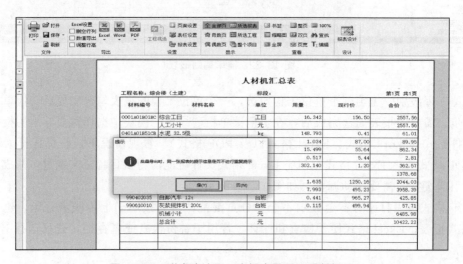

图 13.35   弹窗确认同一张报表是否不重复提示

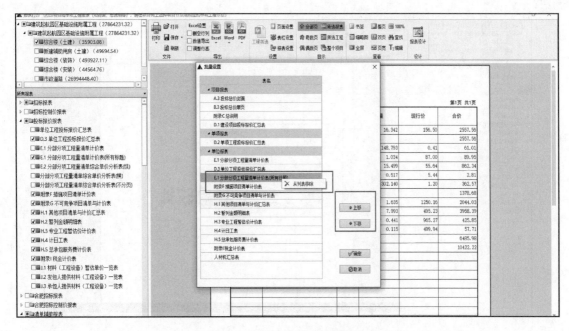

图 13.36　报表批量设置

检查调整报表之后，点击右下角"确定"后软件开始导出报表，在导出报表过程中软件会弹窗提示选择需要汇总的单位工程、人材机等，按默认全选，直接点击"确定"即可，如图 13.37、图 13.38 所示。

最后软件提示保存位置，建议保存至桌面，方便找到，如图 13.39 所示，保存之后，软件会提示导出成功。

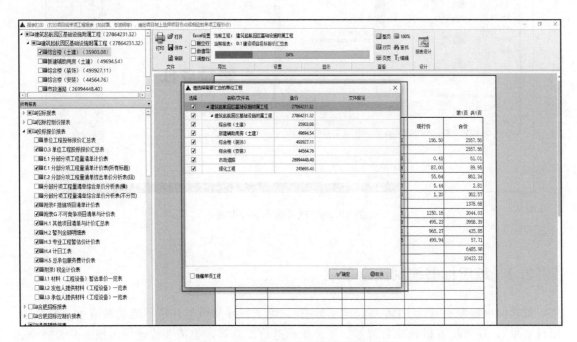

图 13.37　选择需要汇总的单位工程

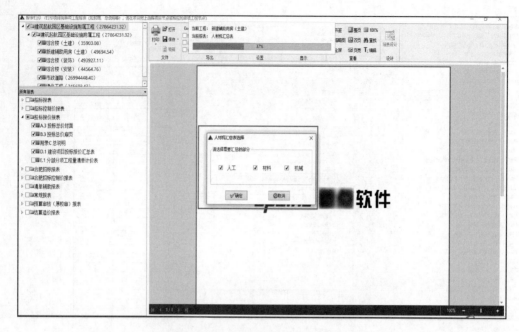

图 13.38　选择需要汇总的人材机

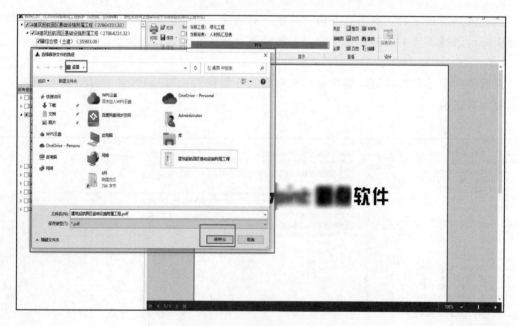

图 13.39　软件提示保存位置

13.2.4　纸质标书编制注意事项

纸质标书编制时（含 PDF 格式电子标书），除了在导清单时注意不能遗漏清单（如其他项目清单），还要检查措施项目清单、单位工程造价汇总等，也需要检查导出报表是否齐全、是否符合招标文件格式要求，清单内容和报表内容是否显示齐全。

提 升 篇

全费用综合单价报价

　　全费用综合单价，即单价中综合了分项工程人工费、材料费、机械费、措施费、管理费、利润，以及有关文件规定的规费、税金、一定范围内的风险等全部费用。以各分项工程量乘以全费用单价计算出相应合价，合价汇总后，就构成了单位工程造价。即：

全费用综合单价＝∑（人工费＋材料费＋机械费＋措施费＋管理费＋利润＋税金＋规费）

全费用综合单价总造价＝∑（工程量1×全费用综合单价1＋工程量2×全费用综合单价2＋
　　　　　　　　　　　…＋工程量n×全费用综合单价n）

　　本书实操篇所述"综合单价"与"全费用综合单价"差异在于其单价构成中是否包含"措施费""规费""税金"，如图14.1、图14.2所示。

E.1 分部分项工程量清单计价表

工程名称：新建辅助用房（土建）

序号	项目编码	项目名称	项目特征描述	计量单位	工程量	综合单价	合价	定额人工费	定额机械费	暂估价
	0101		土石方工程							
1	010101100100	平整场地	1、土壤类别：详见本项目地质勘察报告及现状场地情况 2、暂估价：1.2元/m2	m2	302.14					
2	010101400100	挖基坑土方	1、土壤类别：详见本项目地质勘察报告及现状场地情况 2、挖土深度：详见图纸设计 3、备注：开挖过程中所遇淤泥、房屋基础、设备基础、障碍物、电线杆拆除等投标单位自行考虑在报价中 4、未尽事宜详见施工图纸、补遗、招标文件、政府相关文件等其他资料，满足验收要求	m3	606.41					
3	WB010101011001	人工清底	1、土壤类别：详见本项目地质勘察报告及现状场地情况 2、未尽事宜详见施工图纸、补遗、招标文件、政府相关文件、规范等其他资料，满足验收要求	m2	106.53					
4	WB010101013001	余方弃置	1、土壤类别：自行考虑，报价中含土费、保洁费等，以及城管、市容、路政、环保部门征收的等发生的一切费用，且严格执行当地渣土运输管理规定，施工时不予调整 2、未尽事宜详见施工图纸、补遗、招标文件、政府相关文件、规范等其他资料	m3	62.4					
5	010103001001	回填方	1、回填范围：基础施工完毕后，应及时回填方，一层结构施工前回填至建筑室外地坪，采用素土回填，分层夯实 2、密实度要求：压实系数>0.94 3、填方材料品种：素土分层夯实 4、填方粒径要求：符合图纸设计及施工验收规范要求 5、备注：投标人自行勘察现场，综合考虑，综合报价，中标后不予调整 6、未尽事宜详见施工图纸、补遗、招标文件、政府相关文件、规范等其他资料，满足验收要求	m3	544.7					
6	010103001002	室内回填土	1、回填范围：室内回填，采用素土回填，分层夯实 2、密实度要求：压实系数>0.94 3、填方材料品种：素土分层夯实 4、填方粒径要求：符合图纸设计及施工验收规范要求 5、备注：投标人自行勘察现场，综合考虑，综合报价，中标后不予调整 6、未尽事宜详见施工图纸、补遗、招标文件、政府相关文件、规范等其他资料，满足验收要求	m3	90.83					
			分部小计							
	0104		砌筑工程							
7	010401100100	砖基础	1、砖品种、规格、强度级：MU10.0煤矸石实心砖，最大容重为18KN/m3 2、砂浆强度级：M7.5水泥砂浆砌筑 3、其他：具体详见图纸、图集、答疑、招标文件、规范等其它资料，满足验收要求	m3	2.96					
8	WB010401015001	墙基防潮层	1、墙身防潮层：在室内地坪下约60处做20厚1:2水泥砂浆内加3~5%（水泥重量）防水剂，墙身防潮层（在此标高为钢筋混凝土构造，或下为砌石构造时可不做），当室内地坪变化处则置墙身20厚1:2水泥砂浆防潮层。 2、其他：具体详见图纸、图集、答疑、招标文件、政府相关文件、规范等其它资料，满足验收要求	m2	26.63					
9	010401100800	填充墙	1、砖品种、规格、强度等级：煤矸石空心砖（强度等级MU5.0，砌块最大容重9.0KN/m3） 2、墙体厚度：200mm以上 3、砂浆强度等级、配合比：M5混合砂浆 4、部位：详见图纸 5、备注：考虑超过墙高3.6m部分增加费 6、具体详见图纸、图集、答疑、招标文件、政府相关文件、规范等其它资料，满足验收要求	m3	181.23					

2 E.1 分部分项工程量清单计价表　3 附录F 措施项目清单计价表　4 附录G 不可竞争项目清单与计价表　5 H.1 其他项目清单与计价汇总表　6 附录J 税金计价表 … ＋

图 14.1　综合单价清单

全费用单价分析表(清单)

工程名称：安装工程

序号	项目编码	清单名称	清单特征	单位	工程量	综合单价	综合合价
		一、一层放射科及供应室					
		1、电气工程					
		1.1强电系统					
1	030404017001	配电箱	1、名称：落地柜AT-GYZXSB 2、规格及配置要求：宽×高×厚 800×2200×600 3、安装方式：落地安装 4、含基础槽钢制作、安装 5、具体详见图纸、图集、答疑、招标文件、政府相关文件、规范等其它资料，满足验收要求	台	1	12884.05	12884.05
2	030404017002	配电箱	1、名称：自控柜PAU-101 2、规格及配置要求：详见设计图纸 3、安装方式：落地安装 4、含基础槽钢制作、安装 5、具体详见图纸、图集、答疑、招标文件、政府相关文件、规范等其它资料，满足验收要求	台	1	5145.05	5145.05
3	030404017003	配电箱	1、名称：自控柜PAU-102 2、规格及配置要求：详见设计图纸 3、安装方式：落地安装 4、含基础槽钢制作、安装 5、具体详见图纸、图集、答疑、招标文件、政府相关文件、规范等其它资料，满足验收要求	台	1	5504.75	5504.75
4	030404017004	配电箱	1、名称：自控柜SF-101 2、规格及配置要求：详见设计图纸 3、安装方式：落地安装 4、含基础槽钢制作、安装 5、具体详见图纸、图集、答疑、招标文件、政府相关文件、规范等其它资料，满足验收要求	台	1	3139.45	3139.45
5	030404017005	配电箱	1、名称：自控柜SF-102 2、规格及配置要求：详见设计图纸 3、安装方式：落地安装 4、含基础槽钢制作、图纸	台	1	3183.05	3183.05

图 14.2　全费用综合单价清单（不显示明细构成）

全费用综合单价常见报表格式分两种，一种是不显示明细构成，如图 14.2 所示；另一种显示明细构成，如图 14.3 所示。

全费用单价分析表(清单)

工程名称：综合楼（土建）　　标段：　　第1页 共74页

序号	项目编码	清单名称	清单特征	单位	工程量	综合单价	人工费	材料费	机械费	综合费	措施项目	不可竞争费	税金	综合合价
		土石方工程												
1	010101001001	平整场地	1、土壤类别：详见本项目地质勘察报告及现状场地情况 2、暂估价：1.2元/m2	m2	302.140									
2	010101004001	挖基坑土方	1、土壤类别：详见本项目地质勘察报告及现状场地情况 2、挖土深度：详图纸设计 3、备注：开挖过程中所遇淤泥、建筑垃圾、房屋基础、设备基础、障碍物、电线杆拆除等投标单位自行考虑在报价中 4、未尽事宜详见施工图纸、补遗、招标文件、政府相关文件、规范等其他资料，满足验收要求	m3	606.410									

图 14.3　全费用综合单价清单（显示明细构成）

全费用综合单价报价编制方式常见的有两种：一种是使用计价软件编制报价，另一种是使用手工（Excel）编制报价。

14.1　软件编制

一般如果招标要求采用全费用综合单价报价，其招标文件里会明确，或者从招标文件发布的工程量清单能判断出来。采用软件编制全费用综合单价报价时，其新建方式与纸制标书编制方式基本一致，此处仅介绍其操作的不同之处，相同操作不再赘述。

其与纸质标的不同之处在新建项目时需选择"全费用模式"，如图 14.4 所示，其他选项确定方式相同。注意，全费用模式对应全费用综合单价，非全费用模式对应综合单价。

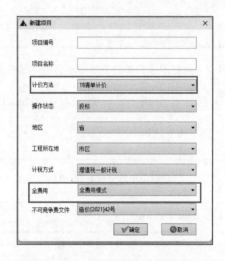

图 14.4　新建项目时选择"全费用模式"

信息填写完毕，点击图 14.4 中"确定"后按提示选择保存位置，并完善"新建单位工程"弹窗中的信息，如图 14.5 所示。

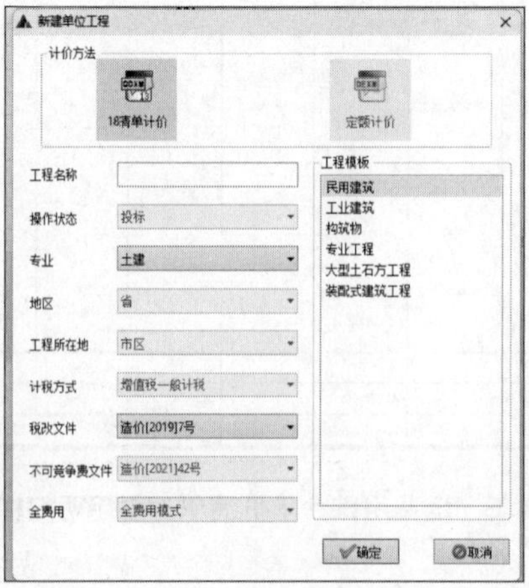

图 14.5　"新建单位工程"弹窗

　　鼠标左键双击打开新建好的单位工程，会发现与"非全费用模式"不同，其没有"措施项目"模块入口，单位工程造价汇总也与"非全费用模式"下的单位工程造价汇总不同，如图14.6、图14.7所示，其与两者的费用构成相一致。

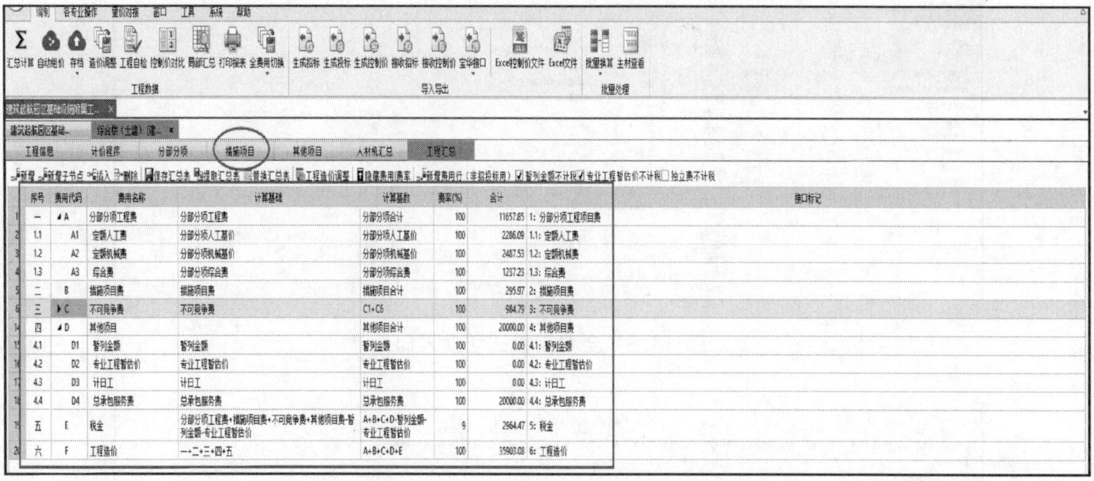

图 14.6　非全费用模式单位工程界面

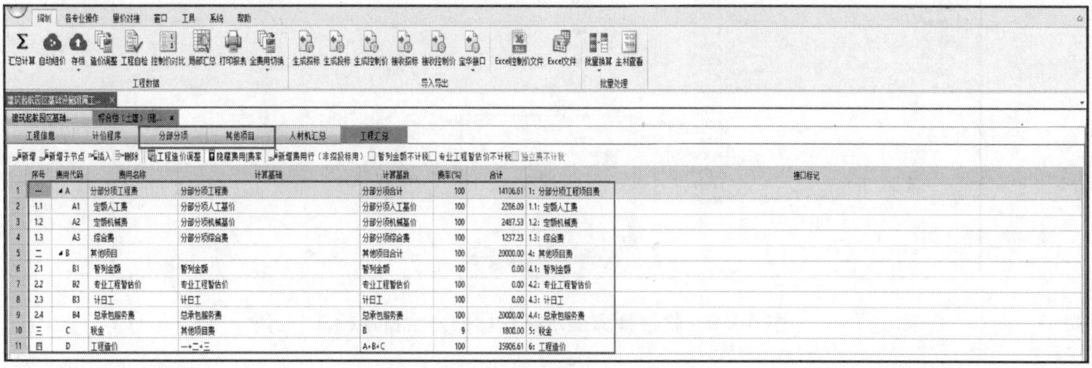

图 14.7　全费用模式单位工程界面

　　在全费用模式下，其定额组价方式与操作亦是与"非全费用模式"完全一致，在此不再赘述。

　　值得注意的是，若工程按"非全费用模式"新建定额组价完成后需要采用"全费用模式"的报价成果，除了重新新建"全费用模式"、采用外工程复制之前的组价的方式之外，也可以通过软件功能直接切换为"全费用模式"。

　　例如，某项目工程投标报价编制人员按招标文件要求采用"非全费用模式"定额组价结束后，招标人发布澄清文件要求采用"全费用综合单价报价"。此时可关闭所有单位工程，点击"全费用切换"（图14.8），选择"全费用模式"后软件弹窗提示是否切换为全费用模式，点击"是"（图14.9），确定后软件会弹窗提示备份，按需求选择即可（图14.10），若点击"是"备份，会提示文件保存位置，若点击"否"，软件保存文件后会提示全费用切换成功（图14.11）。

反之，"全费用模式"切换为"非全费模式"操作与上述一致，不再赘述。

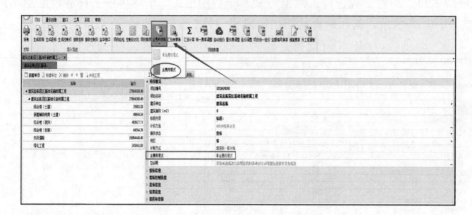

图 14.8　全费用模式切换入口

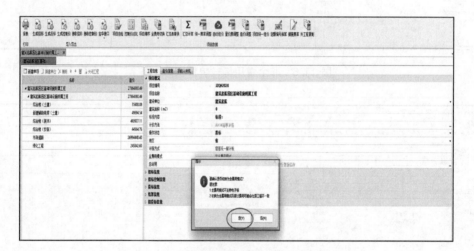

图 14.9　软件弹窗提示是否切换为全费用模式

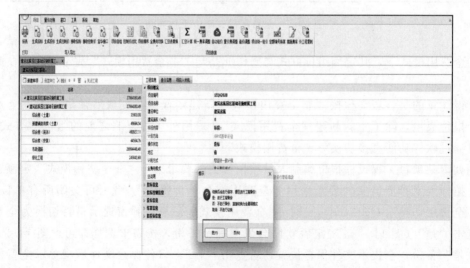

图 14.10　软件弹窗提示是否备份

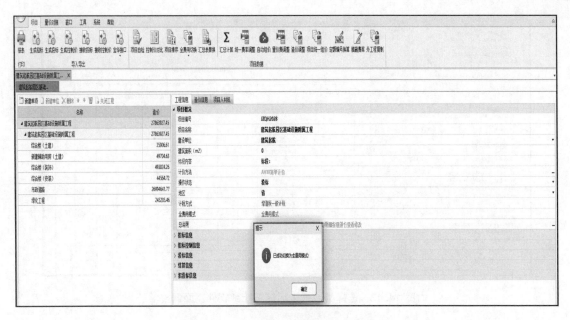

图 14.11　软件提示全费用模式切换成功

与纸质标综合单价报价另一个不同之处在于两者报表内容不同，全费用综合单价报价应当选用全费用报表。进入"报表"功能界面后，根据不同级别勾选封面、扉页、单位工程汇总和全费用报表后按需要的格式（Excel、Word 或 PDF）导出即可，如图 14.12 所示。

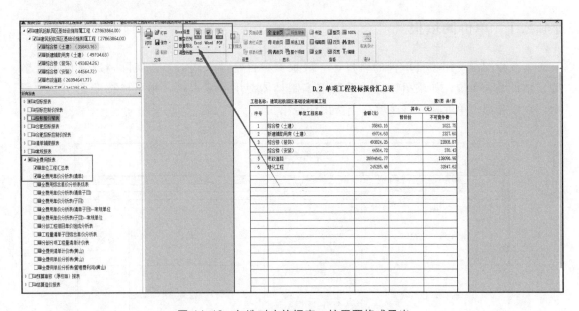

图 14.12　勾选对应的报表、按需要格式导出

需要注意的是，若在软件全费用报表里找不到与招标文件格式要求完全相同的报表格式，可找类似的报表导出 Excel 格式后在 Excel 软件里面调整。例如，格式要求综合单价不显示明细，在软件报表里没有一致的，可先导出带综合单价明细的报表，然后在 Excel 软件里面调整，如图 14.13 所示。

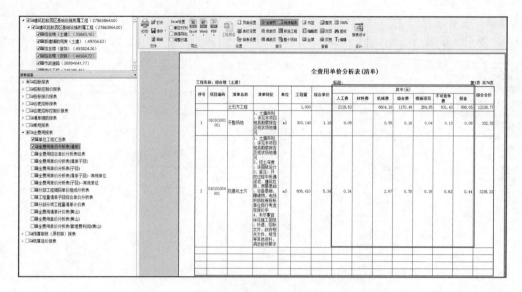

图 14.13　选择类似报表后在 Excel 软件里面调整

14.2　手工（Excel）编制

14.2.1　单价的填报

本节介绍全费用项目单价的填报，一般根据项目特征、施工单位实际情况、市场价格等，填报综合单价，如果招标文件不要求编制具体费用分摊表格，则可以按照图 14.14 所示，在综合单价单元格中直接填写全费用综合单价。

全费用单价分析表

工程名称：装饰工程

序号	项目编码	清单名称	清单特征	单位	工程量	综合单价	综合合价
			一、装饰工程				
			1、一层				
			1.1一层土建部分				
1	010401004001	多孔砖墙	1、砖品种、规格、强度级：煤矸石空心砖 2、墙体类型：100厚 3、砂浆强度级：M5混合砂浆 4、未尽事宜详见设计图纸、招标文件、答疑文件、规范文件等，满足验收及业主要求	m3	12.24	901.34	11032.4
2	010401004002	多孔砖墙	1、砖品种、规格、强度级：煤矸石空心砖 2、墙体类型：200厚 3、砂浆强度级：M5混合砂浆 4、未尽事宜详见设计图纸、招标文件、答疑文件、规范文件等，满足验收及业主要求	m3	172.35	651.78	112334.28
3	010401003001	实心砖墙	1、砖品种、规格、强度级：实心红砖 2、墙体类型：370厚 3、砂浆强度级：M7.5水泥砂浆 4、未尽事宜详见设计图纸、招标文件、答疑文件、规范文件等，满足验收及业主要求	m3	145.81	963.29	140457.31

图 14.14　全费用综合单价分析表

如果招标文件要求体现具体的材料分摊，则需要按图 14.15 所示，进行单价分析，例如全费用单价费用表中，多孔砖墙 010401004001 子目中综合单价为 901.34 元/m³，这里的 901.34 元单价中包含了完成此项多孔砖墙砌筑所需的各种材料、人工、机具、管理费、利润和风险、规费和税金，可以参照当地的消耗量定额进行计算，也可以按企业定额编制，这里的全费用综合单价所包含的规费和税金可进行测算，也可以将整个项目的规费和税金平摊到各个子目单价内。

分部分项工程量清单综合单价分析表

工程名称：　　　　　　　　　　　　　　　　　　　标段：

项目编码		010401004001		项目名称		多孔砖墙		计量单位		m3	工程量	12.24

清单综合单价组成明细

定额编码	定额项目名称	定额单位	数量	单价				合价			
				人工费	材料费	机械费	综合费	人工费	材料费	机械费	综合费
J1-15-1	多孔砖墙 墙厚100 240×115×100	m3	1	290.68	355.41	15.74	79.89	290.68	355.41	15.74	79.89
人工单价			小计					290.68	355.41	15.74	79.89
140元/工日			未计价材料费					0.00			
			清单项目综合单价					901.34			

材料费明细	主要材料名称、规格、型号	单位	数量	单价(元)	合价(元)	暂估单价(元)	暂估合价(元)
	标准砖240×115×53	百块	0.18	61.81	11.13		
	多孔砖240×115×100	百块	3.15	74.57	234.90		
	混合砂浆M5	m3	0.13	840.44	108.42		
	水	m3	0.12	7.96	0.96		
	材料费小计			—	355.41	—	0.00

图 14.15　全费用综合单价明细分析表

按照上述分析汇总得出全费用综合单价，再链接到图 14.14 "综合单价" 中（即在图 14.14 "综合单价" 框内输入 "="，再移动鼠标找到图 14.15 表格内的 "901.34" 点击鼠标左键，最后按下 "Enter" 确定生成表格链接），可以得到带链接的报表，如图 14.16 所示。

单价分析中涉及的消耗量可以是国家预算定额，也可以是企业定额，人工工日单价来自于当地的人工调整文件，材料单价来自信息价、市场价等，机械台班单价来自台班消耗定额。

综合合价＝工程量×综合单价，在表格中输入公式后，按下 "Enter" 得出乘积，如图 14.17 所示，这里的表格默认显示小数点后四位小数，可以根据招标文件要求对精度、小数位数进行调整。

如果招标文件要求显示两位小数，选中表格，单击鼠标右键，在弹出的列表选择 "设置单元格格式"，之后弹出对话框 "单元格格式"，根据需求进行选择即可，这里选择显示两位小数，如图 14.18 所示。

当仅仅对个别表格小数位数进行修改，可以使用工具栏中的快捷键增加、减少小数位数的显示，如图 14.19 所示。

整个表格，或者多行多列需要设置小数点位数，鼠标选中多行多列或者整个表格，右击后选择 "设置单元格格式" 即可，方法同图 14.18 所示。

全费用单价分析表

工程名称：装饰工程

序号	项目编码	清单名称	清单特征	单位	工程量	综合单价	综合合价
			一、装饰工程				
			1、一层				
			1.1一层土建部分				
1	010401004001	多孔砖墙	1、砖品种、规格、强度级：煤矸石空心砖 2、墙体类型：100厚 3、砂浆强度级：M5混合砂浆 4、未尽事宜详见设计图纸、招标文件、答疑文件、规范文件等，满足验收及业主要求	m3	12.24	=	11032.38
2	010401004002	多孔砖墙	1、砖品种、规格、强度级：煤矸石空心砖 2、墙体类型：200厚 3、砂浆强度级：M5混合砂浆 4、未尽事宜详见设计图纸、招标文件、答疑文件、规范文件等，满足验收及业主要求	m3	172.35	651.78	112334.28
3	010401003001	实心砖墙	1、砖品种、规格、强度级：实心红砖 2、墙体类型：370厚 3、砂浆强度级：M7.5水泥砂浆 4、未尽事宜详见设计图纸、招标文件、答疑文件、规范文件等，满足验收及业主要求	m3	145.81	963.29	140457.31

分部分项工程量清单综合单价分析表

工程名称：　　　　　　　　　　标段：

项目编码	010401004001	项目名称	多孔砖墙	计量单位	m3	工程量	12.24

清单综合单价组成明细

定额编码	定额项目名称	定额单位	数量	单价				合价			
				人工费	材料费	机械费	综合费	人工费	材料费	机械费	综合费
J1-15-1	多孔砖墙 墙厚100 240×115×100	m3	1	290.68	355.41	15.74	79.89	290.68	355.41	15.74	79.89
人工单价		小计						290.68	355.41	15.74	79.89
140元/工日		未计价材料费						0.00			
		清单项目综合单价						901.34			

材料费明细	主要材料名称、规格、型号	单位	数量	单价(元)	合价(元)	暂估单价(元)	暂估合价(元)
	标准砖240×115×53	百块	0.18	61.81	11.13		
	多孔砖240×115×100	百块	3.15	74.57	234.90		
	混合砂浆M5	m3	0.13	840.44	108.42		
	水	m3	0.12	7.96	0.96		
	材料费小计			—	355.41	—	0.00

G7　=Sheet1!J10

全费用单价分析表

工程名称：装饰工程

序号	项目编码	清单名称	清单特征	单位	工程量	综合单价	综合合价
			一、装饰工程				
			1、一层				
			1.1一层土建部分				
1	010401004001	多孔砖墙	1、砖品种、规格、强度级：煤矸石空心砖 2、墙体类型：100厚 3、砂浆强度级：M5混合砂浆 4、未尽事宜详见设计图纸、招标文件、答疑文件、规范文件等，满足验收及业主要求	m3	12.24	901.34	11032.38

图14.16　编辑报表链接

H7　=F7*G7

全费用单价分析表

工程名称：装饰工程

序号	项目编码	清单名称	清单特征	单位	工程量	综合单价	综合合价
			一、装饰工程				
			1、一层				
			1.1一层土建部分				
1	010401004001	多孔砖墙	1、砖品种、规格、强度级：煤矸石空心砖 2、墙体类型：100厚 3、砂浆强度级：M5混合砂浆 4、未尽事宜详见设计图纸、招标文件、答疑文件、规范文件等，满足验收及业主要求	m3	12.24	901.34	11032.4016

图14.17　综合合价结果

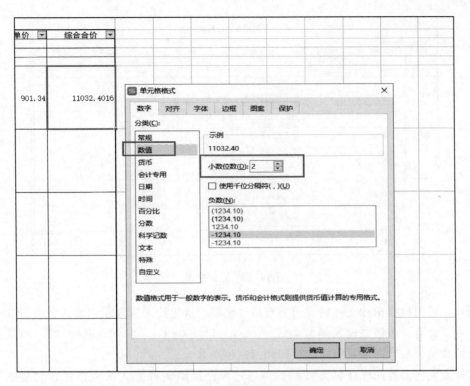

图 14.18　单元格格式修改

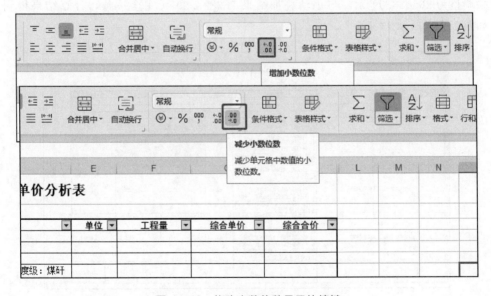

图 14.19　修改小数位数显示快捷键

　　因小数位数、精准度设置等因素，在 Excel 表格中常常可见工程量和综合单价乘积不等于综合合价的情况，在汇总计算的时候总价和手动叠加结果可能会出现偏差，例如多孔砖墙、实心砖墙汇总结果为 263824.00 元，如图 14.20 所示，而手动叠加结果为 263823.99元。在单价合同的招标文件中通常会规定以单价修正总价，所以这样的偏差是可能影响中标的。

图 14.20 汇总结果

所以，可以根据招标文件的要求进行精度编辑，这里给大家演示以输入公式的方法调整精度。在综合合价表格中输入函数公式" ＝ round（F7 ＊ G7，2）"，其中"F7 ＊ G7"表示该表格的数值，"2"表示数值精度，即保留两位小数。

其他单元格需要同样计算方式的，可以选择已经编辑好公式的表格进行"复制""粘贴"，或者通过下拉按钮拖拽复制公式到下一行单元格中。通过公式的编辑我们可以看到计算结果调整为 263823.99 元，与手动叠加结果 263823.99 元完全一致，计算结果得到了修正，如图 14.21 所示。

图 14.21 汇总计算结果得到修正

14.2.2 报价汇总

各项综合单价报价完成，综合合价有结果后，将各项综合合价进行汇总得到单位工程报价。单位工程报价＝∑（各项工程量×综合单价），在进行单位工程报价汇总时，可以进行逐项综合合价叠加，例如在合计单元格中输入"＝H7＋H8＋H9"，如图 14.22 所示。

图 14.22　单位工程报价逐项汇总

图 14.22 所示的单位工程报价逐项汇总，适用于需要逐项子目进行选择且子目较少的情况，在单位工程子目较多时，可以利用一些函数公式进行快速汇总，如输入"＝sum（H7：H9）"，如图 14.23 所示。

图 14.23　单位工程报价通过函数公式汇总

函数公式类别较多，不熟悉的情况下可在目标单元格中输入"＝"，在左侧下拉选项中选择需要的函数公式。以求和函数为例，如图 14.24 所示，通过弹出的对话框选择需要求和的单元格，选择好后点击对话框中的"确定"按钮，或者键盘按"Enter"确定即可。

按照上述要求进行单位工程汇总填报，单项工程＝Σ各单位工程报价，汇总各单位工程报价得到的单项工程报价，如图 14.25 所示。

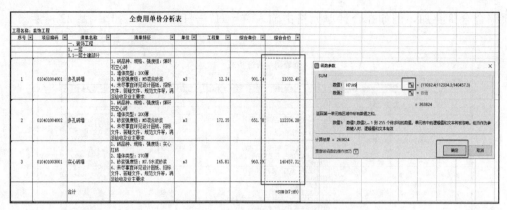

图 14.24　求和函数对话框

单项工程投标汇总表		
序号	单位工程名称	金额/元	备注
1	安装工程	500000.25	
2	装饰工程	8283095.37	
	合计	8783095.62	

图 14.25　单项工程投标汇总表示例

随后汇总其他项目。其中，暂列金、暂估价属于不可竞争项目，按照招标文件要求的金额填入，不可更改；计日工单价由施工单位自行报价，本项目无计日工，不报价即可；总承包服务费由施工单位自行报价。本项目其他项目汇总如图 14.26 所示。如果招标文件要求分别列出暂列金、暂估价、计日工、总承包服务费明细表，则按照招标文件要求编列即可，其格式如图 14.27～图 14.30 所示。

其他项目			
序号	工程名称	金额/元	备注
1	暂列金	1500000.00	
2	暂估价	0.00	
3	计日工	0.00	
4	总承包服务费	390000.00	自主报价
	合计	1890000.00	

图 14.26　其他项目汇总表

暂列金明细表			
序号	工程名称	金额/元	备注
1	暂列金	1500000.00	
	合计	1500000.00	

图 14.27　暂列金明细表

暂估价明细表

序号	工程名称	金额/元	备注
1	暂估价	0.00	
	合计	0.00	

图 14.28 暂估价明细表

计日工表

序号	项目名称	单位	暂定数量	综合单价/元	合价/元	备注
一	人工					
1						
2						
	......					
	人工小计					
二	材料					
1						
2						
	......					
	材料小计					
三	施工机具					
1						
2						
	......					
	施工机具小计					
	总计					

图 14.29 计日工表

总承包服务费计价表

序号	工程名称	金额/元	备注
4	总承包服务费	390000.00	
			自主报价
	合计	390000.00	

图 14.30 总承包服务费计价表

投标报价＝∑各单项工程报价＋其他项目报价，如果一个项目包含多个单项工程，汇总各单项工程、其他项目报价，即可得到总报价，如图 14.31 所示。

投标报价汇总表

序号	单位工程名称	金额/元	备注
1	建筑起航学校	85004125.23	
2	建筑起航宿舍楼	21516358.23	
3	其他项目	1890000.00	
	合计	108410483.46	

图 14.31 投标报价汇总表

投标报价编制常见问题解析

15.1 组价时的常见问题

在商务标实操组价过程中，由于招标文件描述不清晰、计价软件功能不熟悉等因素，操作人员容易产生疑惑和困扰，本节介绍几种商务标组价时常见的问题。

15.1.1 综合单价、暂估单价含税处理方式

首先应理解，什么是含税单价？含税单价指包含税金在内的商品或劳务的销售价格，用公式表示为含税单价＝不含税单价×（1＋适用税率）。

例如，已知某商品不含税单价为 825 元/m³，适用税率为 9％，求该含税单价是多少？通过列式可以计算出含税单价＝825 元/m³×（1＋9％）＝899.25 元/m³。

理解含税单价和不含税单价含义后，可以看一下在软件中如何操作。根据某清单项项目特征描述，其单价为含税综合单价、暂估单价，在商务标报价时应响应招标文件要求，操作时需要将该暂估单价按项目特征描述数值计入，按税后独立费计入。用广联达计价软件操作时，可选中清单项目，点击"独立费"下拉列表中选择"税后独立费"确定后，在"工程量表达式"列、"单价"列输入工程量和暂估单价，然后勾选"工料机显示"中的"是否暂估"（勾选后在暂估材料表中该材料会列项）、"是否计价"（勾选后该暂估价会计入总价中），如图 15.1 所示。

税后独立费操作之后，在项目汇总操作时，勾选"税后独立费不计税"，这样暂估单价（综合单价）含税就处理好了，不会重复二次计税，如图 15.2 所示。

此外还可在单位工程汇总里的税金计算基数中手动扣除，即减去含税单价×工程量的合价。如含税单价×工程量＝100000 时，可在单位工程汇总里的税金计算基数中直接减去100000，如此，税金便不再重复计取了。

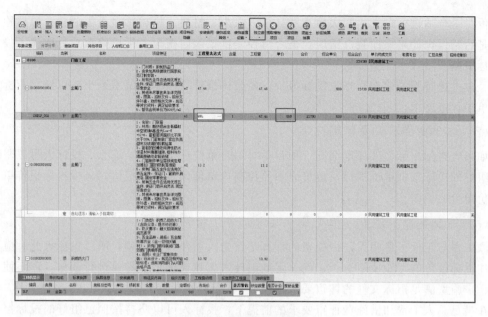

图 15.1　税后独立费操作

图 15.2　税后独立费不计税

15.1.2　投标报价单价与控制价单价偏差过大

在投标阶段符合评审是第一目标，当发现投标报价与控制单价偏差较大，可以分为下列几种情况分别讨论。

（1）综合单价需要评审

如果经查阅招标文件评审细则，项目对综合单价进行评审，那么，首先对定额子目、材料单价是否合适进行自查；其次检查消耗量（人工、材料、机械）是否需调整；最后检查控制价是否错误，如果是控制价错误，是否将控制价错误向招标人提出修改意见取决于投标人的投标策略。

经过上述步骤的检查，修正投标报价，使投标报价与控制价偏差缩小，以满足招标文件综合单价评审要求。

（2）综合单价不需要评审

如果经查阅招标文件评审细则，项目不对综合单价进行评审。那么，投标人可以坚持按照已组好的投标报价单价执行，也可以参照控制价单价调整投标报价，减少投标报价单价与控制价单价的偏差。

（3）综合单价不评审，但是评审总人工费、措施费

人工费与定额子目相关，措施费的计算基数为人工费和机械费，所以投标人此时应当重点关注投标报价的定额使用是否正确、定额消耗人工和机械是否需要进行调整，进而使总人工费、措施费满足招标文件的评审要求。

在满足总人工费和措施费评审要求的前提下，投标人可以坚持按照已组好的投标报价单价执行，也可以参照控制价单价调整投标报价，减少投标报价单价与控制价单价的偏差，也可以按照综合单价需要评审的情形进行详细调整。

15.1.3　定额套错或者不合理是否会导致废标

投标人在投标报价时，定额套错或者定额套项不合理，都属于定额使用不当，定额本身不会造成废标。所以，定额套错或者不合理是否会导致废标这个问题需要有前提条件。

在投标报价满足招标文件评审要求的前提下，投标人组价时定额套错、套项不合理，通常不会废标。如果招标文件要求对综合单价、措施费等进行评审，那么投标人组价时定额套错、套项不合理可能会造成综合单价及措施费等偏差、不满足评审而废标。

15.1.4　不套定额报价（单价）对造价有什么影响

不套定额报价（单价），对总造价不会有过多影响，但是会影响费用构成各部分之间的价格。

例如，措施费、不可竞争费用计算基数大多数情况下为人工费和机械费，不套定额报价，而采用独立费、简单定额、补充材料费等方法，会造成人工费和机械费受影响，进而使措施费、不可竞争费受影响。

15.2　调价时的常见问题

在商务标实操调价过程中，由于不同地区计价程序不同，操作方式上也有所不同，本节介绍一些商务标调价时常见的问题。

15.2.1　不同地区人工费调整方式差异

不同地区的人工费调整受当地的计价程序、计价调整文件影响。

例如：地区一人工信息单价 155 元/工日（信息价按季度更新），定额人工基价按 140 元/工日计入，人工信息单价与定额人工单价的价差（即 15 元/工日）仅计算税金，不参与其他费用的计算。

点击"人材机汇总"，在人工费"市场价"内输入人工单价的信息价即可，如图 15.3 所示。"费用汇总"显示软件以定额人工费（人工单价 140 元/工日）作为基数，计算税金时以分项工程费等为基数，即人工价差只计算税金，如图 15.4 所示。

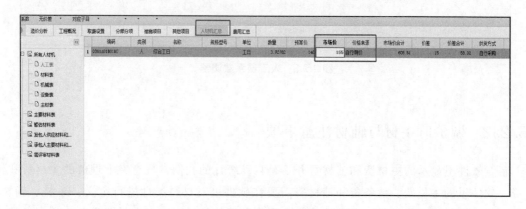

图 15.3　人工费调整

图 15.4　费用汇总（人工单价价差仅计算税金）

例如：地区二定额基价计入 110 元/工日，而实际操作中，各地区各时期的人工费会有增减波动和价格差异，所以就需要根据全省各地市刊发的人工费调整系数，来对定额的人工费进行价格调整了。

点击"人材机汇总"，在人工费"市场价"内输入文件规定的人工费调整系数，调整人工费，如图 15.5 所示。

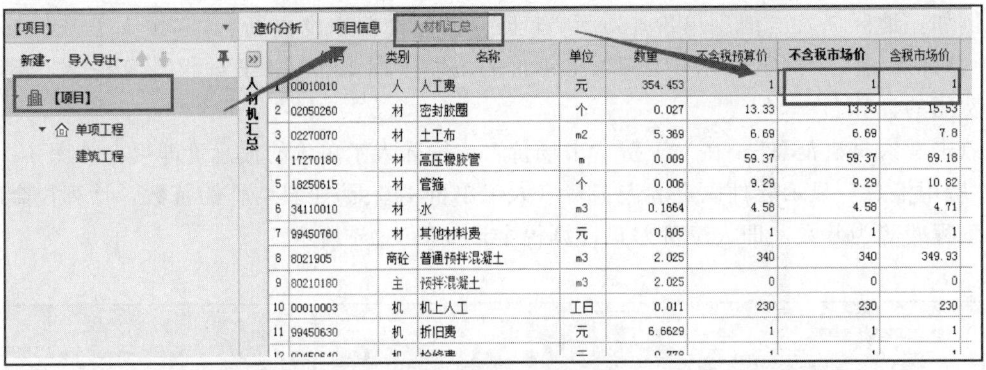

图 15.5　人工费系数调整

15.2.2　调价时主材与辅材注意事项

新点软件里显示的主材费和辅材费并不是自动统计的我们常规意义上理解的主材费和辅材费，软件里的主材费、设备费和辅材费需要在软件里对材料属性进行定义：主材、辅材、设备（部分软件没有材料属性定义功能，本案例所用软件里可定义主材、设备，不定义默认为辅材），如图 15.6 所示，软件才能对应统计。但一般不需要在材料属性对应定义，其符合评审即可。设置主材、辅材主要是方便我们在批量调价时锁定主材不调整，避免批量调价时误调整实体消耗量造成废标。

不同软件主材、辅材的显示可能存在差异，但基本的原理都是为了便于批量调整价格或者是主材需要评审而列表显示。

图 15.6　材料属性设置

15.2.3 为什么调整了定额含量措施费不浮动

措施费（单价措施费、总价措施费）通常与定额人工、机械等相关联，也就是说定额含量（人工含量、机械含量）进行了调整，措施费就会发生变化，如图 15.7 所示。调整了定额含量措施费却没有变动，可能是总价措施的"计算基数"与套取的原定额的含量相关联，其计算基数为原定额含量计算得出的基价，而非调整后含量计算的基价。如套取的定额人工含量为 1.1 工日，定额人工单价为 100 元/工日，其措施费计算基数为 $100 \times 1.1 = 110$（元）；调整单价时，其人工含量调整为 1 工日，其措施费计算基数一般应跟着变动为 $100 \times 1 = 100$（元）；但是部分地区其措施费仍然以原定额基价计算，即调整前的 $100 \times 1.1 = 110$（元）。此种情况与当地定额规则相关。

序号	类别	名称	单位	项目特征	组价方式	计算基数	基数说明	费率(%)
		措施项目						
□ 一		总价措施项目费						
□ 1		安全文明施工费						
	011707001001	安全文明施工费	项		计算公式组价	FBFXHJ+DJCSF-SBF-JSCS_SBF	分部分项合计+单价措施项目费-分部分项设备费-单价措施项目设备费	3.12
□ 2		其他措施项目费						
	011707002001	夜间施工费	项		计算公式组价	FBFXJFRGF+DJCS_JFRGF	分部分项计费人工费+单价措施计费人工费	0.12
	011707004001	二次搬运费	项		计算公式组价	FBFXJFRGF+DJCS_JFRGF	分部分项计费人工费+单价措施计费人工费	0.12
	011707005002	冬季施工增加费	项		计算公式组价	FBFX_DJSGRGYSJ+FBFX_DJSGJXYSJ +DJCS_DJSGRGYSJ +DJCS_DJSGJXYSJ	分部分项冬季施工人工预算价+分部分项冬季施工机具预算价+单价措施冬季施工人工预算价+单价措施冬季施工机具预算价	5
	011707005001	雨季施工增加费	项		计算公式组价	FBFXJFRGF+DJCS_JFRGF	分部分项计费人工费+单价措施计费人工费	0.11
	011707007001	已完工程及设备保护费	项		计算公式组价	FBFXJFRGF+DJCS_JFRGF	分部分项计费人工费+单价措施计费人工费	0.11
	01B001	工程定位复测费	项		计算公式组价	FBFXJFRGF+DJCS_JFRGF	分部分项计费人工费+单价措施计费人工费	0.08

图 15.7　措施项目编辑

15.2.4 暂列金额、专业工程暂估价含税与不含税判断与处理

暂列金额、专业工程暂估价含税与不含税主要根据招标文件、控制价编制说明中的描述进行判断，判断方法详见本书 6.6.1 小节。

暂列金额、专业工程暂估价含税处理与税后独立费不计税操作相似，如果判断暂列金额、专业工程暂估价已含税，在汇总表界面勾选"暂列金额不计税""专业工程暂估价不计税"，则不会对暂列金额、专业工程暂估价再次计税，如图 15.8 所示，反之则计税。

15.2.5 材料价直接按定额基价使用是否有问题

投标时材料价直接按定额基价使用通常没有问题，即使采用信息价录入，最后调整报价时投标人的材料单价也会进行调整，只要不是异常低价或者与信息价偏离太多即可。

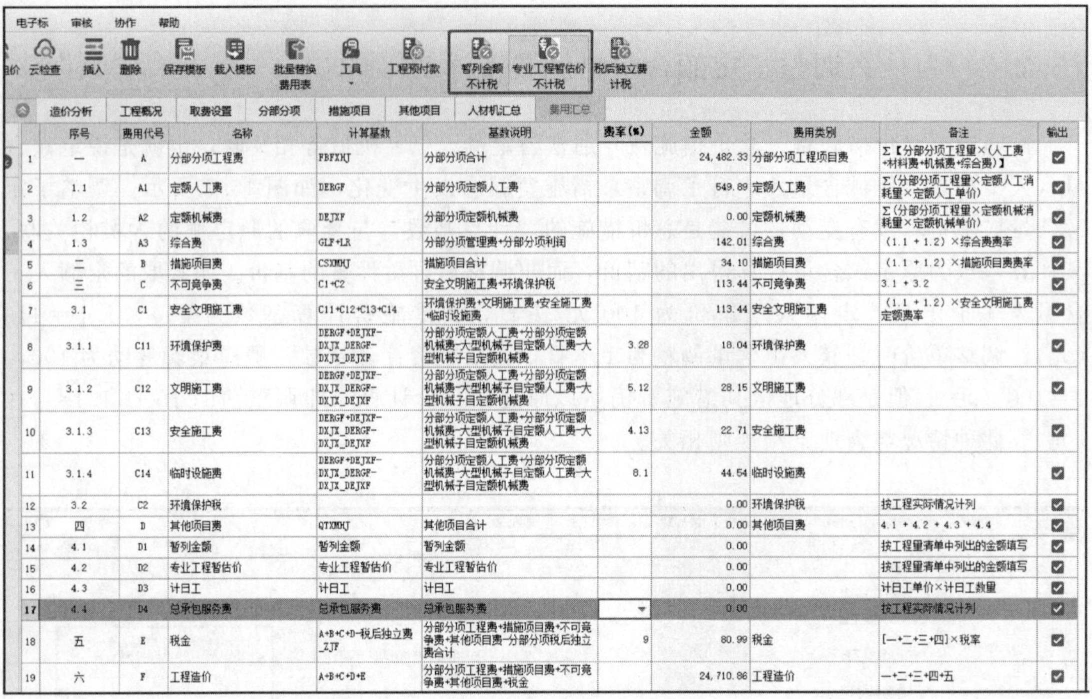

图 15.8　暂列金额、专业工程暂估价不计税

15.2.6　编制说明与评审要求冲突

应当按照优先级别高的执行。当招标文件中明确优先级别的，按约定执行即可。当招标文件未明确优先级，通常按照评审要求执行，根据招标投标法规定，评标委员会应当按照招标文件确定的评标标准和方法，对投标文件进行评审和比较。可以理解为评审要求的优先级高于编制说明，所以通常按照招标文件评审要求执行。

15.2.7　精确调整报价

投标人调价时可点击"统一调价"进行报价精确调整（因调价过程不可逆，投标人在调整报价前可备份一份调价前的文件）。在下拉列表选择"指定造价调整"或者"造价系数调整"，在"指定造价调整"对话框中输入目标造价，然后选择"调整方式""全局选项"（即选择不调价的项目），选择完毕后，点击"调整"，如图 15.9 所示，即可实现报价的精确调整。

因软件存在反算，有时没有办法精准分摊。本案例采用的广联达软件会尽可能地趋近目标造价，但在工程量较大时，也会碰见造价不能直接精确调整到位的情况。这种情况下，投标人可以通过手动调整个别清单项目消耗量等方法进行操作，或者在费用汇总的工程造价计算基数中修改，多的减去几分钱，少的增加几分钱（此方法慎用，因为其是利用算术误差来进行调整，其报价不闭合，有的招标文件会明确其报价需要闭合，有的招标文件规定在发现算术误差之后，按综合单价重新计算投标总价），如图 15.10 所示。也可以采用几种方式交叉调整后再次使用按"指定报价调整"功能，如调整措施费费率、利润费率、管理费率以及部分材料单价后再次使用"指定报价调整"功能调整。

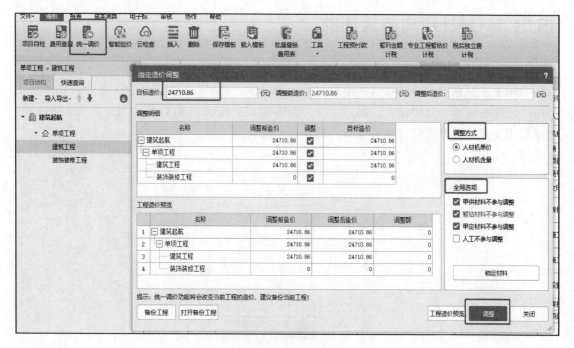

图 15.9 统一调价

序号	费用代码	名称	计算基数	基数说明	费率(%)	全额	费用类别	备注	输出
1	一	A	分部分项工程费	FBFXHJ	分部分项合计		24,482.33	分部分项项目费	Σ【分部分项工程量×(人工费+材料费+机械费+综合费)】	☑
2	1.1	A1	定额人工费	DERGF	分部分项定额人工费		549.89	定额人工费	Σ(分部分项工程量×定额人工消耗量×定额人工单价)	☑
3	1.2	A2	定额机械费	DEJXF	分部分项定额机械费		0.00	定额机械费	Σ(分部分项工程量×定额机械消耗量×定额机械单价)	☑
4	1.3	A3	综合费	GLF+LR	分部分项管理费+分部分项利润		142.01	综合费	(1.1+1.2)×综合费费率	☑
5	二	B	措施项目费	CSXMHJ	措施项目合计		34.10	措施项目费	(1.1+1.2)×措施项目费费率	☑
6	三	C	不可竞争费	C1+C2	安全文明施工费+环境保护税		113.44	不可竞争费	3.1+3.2	☑
7	3.1	C1	安全文明施工费	C11+C12+C13+C14	环境保护费+文明施工费+安全施工费+临时设施费		113.44	安全文明施工费	(1.1+1.2)×安全文明施工费定额费率	☑
8	3.1.1	C11	环境保护费	DERGF+DEJXF-DXJX_DERGF-DXJX_DEJXF	分部分项定额人工费+分部分项定额机械费-大型机械子目定额人工费-大型机械子目定额机械费	3.28	18.04	环境保护费		☑
9	3.1.2	C12	文明施工费	DERGF+DEJXF-DXJX_DERGF-DXJX_DEJXF	分部分项定额人工费+分部分项定额机械费-大型机械子目定额人工费-大型机械子目定额机械费	5.12	28.15	文明施工费		☑
10	3.1.3	C13	安全施工费	DERGF+DEJXF-DXJX_DERGF-DXJX_DEJXF	分部分项定额人工费+分部分项定额机械费-大型机械子目定额人工费-大型机械子目定额机械费	4.13	22.71	安全施工费		☑
11	3.1.4	C14	临时设施费	DERGF+DEJXF-DXJX_DERGF-DXJX_DEJXF	分部分项定额人工费+分部分项定额机械费-大型机械子目定额人工费-大型机械子目定额机械费	8.1	44.54	临时设施费		☑
12	3.2	C2	环境保护税				0.00	环境保护税	按工程实际情况计列	☑
13	四	D	其他项目费	QTXMHJ	其他项目合计		0.00	其他项目费	4.1+4.2+4.3+4.4	☑
14	4.1	D1	暂列金额	暂列金额	暂列金额		0.00		按工程量清单中列出的金额填写	☑
15	4.2	D2	专业工程暂估价	专业工程暂估价	专业工程暂估价		0.00		按工程量清单中列出的金额填写	☑
16	4.3	D3	计日工	计日工	计日工		0.00		计日工单价×计日工数量	☑
17	4.4	D4	总承包服务费	总承包服务费	总承包服务费	...	0.00		按工程实际情况计列	☑
18	五	E	税金	A+B+C+D-税后独立费_ZJF-暂列金额-专业工程暂估价	分部分项工程费+措施项目费-不可竞争费+其他项目费-分部分项税后独立费合计-暂列金额-专业工程暂估价	9	80.99	税金	[一+二+三+四]×税率	☑
19	六	F	工程造价	A+B+C+D+E-0.02	分部分项工程费+措施项目费-不可竞争费+其他项目费+税金-0.02		24,710.84	工程造价	一+二+三+四+五	☑

图 15.10 造价精确调整

15.3 一般计税与简易计税

在编制纸制标书（非特殊格式电子标书）的时候，很多投标报价编制人员在新建项目工程时，往往不知道"计税模式"如何选择，如图 15.11 所示。（特殊格式电子标书无须选择，电子标书工程量清单已设置计税模式，软件自动确定）

图 15.11 新建项目时"计税模式"的选择

经过 2016 年税改"营改增"之后，计税模式分为两种：即一般计税和简易计税。

15.3.1 一般计税的含义

一般计税方法指的是针对一般纳税人发生应税行为的应纳税额的计算方法，其应纳税额为当期销项税额抵扣当期进项税额后的余额，即应纳税额＝当期销项税额－当期进项税额。

15.3.2 简易计税的含义

简易计税，又称简易征收。特殊行业因无法取得增值税专用发票或抵扣进项税额，所以采取简易计税的方法来征收增值税。小规模纳税人适用简易计税方法计税，税率一般为 3％或 5％（具体按国家政策规定）。

15.3.3 简易计税的适用范围

《财政部税务总局关于建筑服务等营改增试点政策的通知》（财税〔2017〕58 号）规

定："一、建筑工程总承包单位为房屋建筑的地基与基础、主体结构提供工程服务，建设单位自行采购全部或部分钢材、混凝土、砌体材料、预制构件的，适用简易计税方法计税。"

以下三种情况适用简易计税方法计税：

① 一般纳税人以清包工方式提供的建筑服务，可以选择适用简易计税方法计税；

② 一般纳税人为甲供工程提供的建筑服务，可以选择适用简易计税方法计税；

③ 一般纳税人为建筑工程老项目提供的建筑服务，可以选择适用简易计税方法计税；

一般招标文件中会明确计税方式，从清单控制价格式内容也可以判断计税方式。

15.3.4 一般计税与简易计税模式的差异

一般计税模式与简易计税模式的计价程序基本一致，各地费用定额有其规定，其管理费、利润、措施费费率以及不可竞争费费率可能有差异。

两者主要差异在于：一般计税模式下，材料费和机械台班费以不含税价格（除税价）进入预算，如图 15.12 所示；而简易计税模式下，材料费和机械台班费以含税价格进入预算，如图 15.13 所示。

辅助

备注 模板钢筋 配比换算 换算信息 人材机含量 计价程序 标准换算 工程量计算式 清单特征 清单指引 超高费 说明信息 清单参考

选择行 1 ✔系数调整 名称修改 全 人 材 机 同步修改：☑除税价☑类别明细☐主材定额名称☐暂估名称

	编号	类别	名称	规格	单位	除税定额价	除税价	含税价	数量	定额合价	市场合价	定额数量
1	◢ 人工					0.00	0.000	0.000	0	141.12	141.12	0.0000
2	0001A01B01BC	人	综合工日		工日	140.00	140.000	140.000	1.008	141.12	141.12	1.0080
3	◢ 材料					0.00	0.000	0.000	0	265.51	429.50	0.0000
4	0413A03B53BN~1	材	MU10.0煤矸石实心砖		百块	41.4[illegible]	71.450	80.730	5.236	217.03	374.11	5.2360
5	▶ 8001A09B65BV	材	水泥砂浆 M7.5		m3	201.87	231.150	247.420	0.236	47.64	54.55	0.0000
6	3411A13B01BV	材	水		m3	7.96	7.960	8.680	0.105	0.84	0.84	0.1050
7	◢ 机械					0.00	0.000	0.000	0	8.40	10.01	0.0000
8	▶ 990610010	机	灰浆搅拌机 200L		台班	215.26	256.710	257.480	0.039	8.40	10.01	0.0390
9			管理费			0.00	0.000	0.000	15	22.43	22.43	15.0000
10			利润			0.00	0.000	0.000	11	16.45	16.45	11.0000

图 15.12 一般计税模式下，材料以不含税价格进入预算

辅助

备注 模板钢筋 配比换算 换算信息 人材机含量 计价程序 标准换算 工程量计算式 清单特征 清单指引 超高费 说明信息 清单参考

选择行 1 ✔系数调整 名称修改 全 人 材 机 同步修改：☑含税价☑类别明细☐主材定额名称☐暂估名称

	编号	类别	名称	规格	单位	含税定额价	含税价	数量	定额合价	市场合价	定额数量	系数调整	实际数量	类别明细
1	◢ 人工					0.00	0.000	0	141.12	141.12	0.0000	0	0	
2	0001A01B01BC	人	综合工日		工日	140.00	140.000	1.008	141.12	141.12	1.0080	1	2.98368	
3	◢ 材料					0.00	0.000	0	297.07	482.58	0.0000	0	0	
4	0413A03B53BN~1	材	MU10.0煤矸石实心砖		百块	46.84	80.730	5.236	245.25	422.70	5.2360	1	15.49856	
5	▶ 8001A09B65BV	材	水泥砂浆 M7.5		m3	215.70	249.860	0.236	50.91	58.97	0.0000	0	0.69856	
6	3411A13B01BV	材	水		m3	8.68	8.680	0.105	0.91	0.91	0.1050	1	0.3108	
7	◢ 机械					0.00	0.000	0	8.50	10.12	0.0000	0	0	
8	▶ 990610010	机	灰浆搅拌机 200L		台班	217.99	259.430	0.039	8.50	10.12	0.0390	1	0.11544	砂浆搅拌机械
9			管理费			0.00	0.000	14.22	21.28	21.28	14.2200	0	0	
10			利润			0.00	0.000	10.428	15.60	15.60	10.4280	0	0	

图 15.13 简易计税模式下，材料以含税价格进入预算

单位工程造价汇总中，一般计税模式下，税金一般按 9% 计取，如图 15.14 所示；简易计税模式下，税金一般按 3% 计取，如图 15.15 所示。（税率按国家政策规定调整，并非固定不变）

序号	费用代码	费用名称	计算基础	计算基数	费率(%)	合计	
一	▲A	分部分项工程费	分部分项工程费	分部分项合计	100	5881.03	1: 分部分项工程项目费
1.1	A1	定额人工费	分部分项人工基价	分部分项人工基价	100	1656.60	1.1: 定额人工费
1.2	A2	定额机械费	分部分项机械基价	分部分项机械基价	100	1700.13	1.2: 定额机械费
1.3	A3	综合费	分部分项综合费	分部分项综合费	100	872.48	1.3: 综合费
二	B	措施项目费	措施项目费	措施项目合计	100	208.12	2: 措施项目费
三	▲C	不可竞争费	不可竞争费	C1+C6	100	692.49	3: 不可竞争费
3.1	▲C1	安全文明施工费	安全施工费+环境保护费+文明施工费+临时设施费	C2+C3+C4+C5	100	692.49	3.1: 安全文明施工费
JF-01	C2	环境保护费	分部分项人工基价+分部分项机械基价-大型机械进出场及安拆人工基价-大型机械进出场及安拆机械基价	A1+A2-(大型机械进出场及安拆人工基价+大型机械进出场及安拆机械基价)	3.28	110.10	3.1.1: 环境保护费
JF-02	C3	文明施工费	分部分项人工基价+分部分项机械基价-大型机械进出场及安拆人工基价-大型机械进出场及安拆机械基价	A1+A2-(大型机械进出场及安拆人工基价+大型机械进出场及安拆机械基价)	5.12	171.86	3.1.2: 文明施工费
JF-03	C4	安全施工费	分部分项人工基价+分部分项机械基价-大型机械进出场及安拆人工基价-大型机械进出场及安拆机械基价	A1+A2-(大型机械进出场及安拆人工基价+大型机械进出场及安拆机械基价)	4.13	138.63	3.1.3: 安全施工费
JF-04	C5	临时设施费	分部分项人工基价+分部分项机械基价-大型机械进出场及安拆人工基价-大型机械进出场及安拆机械基价	A1+A2-(大型机械进出场及安拆人工基价+大型机械进出场及安拆机械基价)	8.1	271.90	3.1.4: 临时设施费
3.2	▲C6	环境保护税	环境保护税	C7	100	0.00	3.3: 环境保护税
JF-05	C7	环境保护税			0	0.00	3.3.1: 环境保护税
四	▲D	其他项目		其他项目合计	100	0.00	4: 其他项目费
4.1	D1	暂列金额	暂列金额	暂列金额	100	0.00	4.1: 暂列金额
4.2	D2	专业工程暂估价	专业工程暂估价	专业工程暂估价	100	0.00	4.2: 专业工程暂估价
4.3	D3	计日工	计日工	计日工	100	0.00	4.3: 计日工
4.4	D4	总承包服务费	总承包服务费	总承包服务费	100	0.00	4.4: 总承包服务费
五	E	税金	分部分项工程费+措施项目费+不可竞争费+其他项目费	A+B+C+D	9	610.35	5: 税金
六	F	工程造价	一+二+三+四+五	A+B+C+D+E	100	7391.99	6: 工程造价

图 15.14　一般计税时单位工程汇总

序号	费用代码	费用名称	计算基础	计算基数	费率(%)	合计	
一	▲A	分部分项工程费	分部分项工程费	分部分项合计	100	6222.02	1: 分部分项工程项目费
1.1	A1	定额人工费	分部分项人工基价	分部分项人工基价	100	1656.60	1.1: 定额人工费
1.2	A2	定额机械费	分部分项机械基价	分部分项机械基价	100	1852.00	1.2: 定额机械费
1.3	A3	综合费	分部分项综合费	分部分项综合费	100	865.92	1.3: 综合费
二	B	措施项目费	措施项目费	措施项目合计	100	206.22	2: 措施项目费
三	▲C	不可竞争费	不可竞争费	C1+C6	100	686.19	3: 不可竞争费
3.1	▲C1	安全文明施工费	安全施工费+环境保护费+文明施工费+临时设施费	C2+C3+C4+C5	100	686.19	3.1: 安全文明施工费
JF-01	C2	环境保护费	分部分项人工基价+分部分项机械基价-大型机械进出场及安拆人工基价-大型机械进出场及安拆机械基价	A1+A2-(大型机械进出场及安拆人工基价+大型机械进出场及安拆机械基价)	3.10944	109.10	3.1.1: 环境保护费
JF-02	C3	文明施工费	分部分项人工基价+分部分项机械基价-大型机械进出场及安拆人工基价-大型机械进出场及安拆机械基价	A1+A2-(大型机械进出场及安拆人工基价+大型机械进出场及安拆机械基价)	4.85376	170.30	3.1.2: 文明施工费
JF-03	C4	安全施工费	分部分项人工基价+分部分项机械基价-大型机械进出场及安拆人工基价-大型机械进出场及安拆机械基价	A1+A2-(大型机械进出场及安拆人工基价+大型机械进出场及安拆机械基价)	3.91524	137.37	3.1.3: 安全施工费
JF-04	C5	临时设施费	分部分项人工基价+分部分项机械基价-大型机械进出场及安拆人工基价-大型机械进出场及安拆机械基价	A1+A2-(大型机械进出场及安拆人工基价+大型机械进出场及安拆机械基价)	7.6788	269.42	3.1.4: 临时设施费
3.2	▲C6	环境保护税	环境保护税	C7	100	0.00	3.3: 环境保护税
JF-05	C7	环境保护税			0	0.00	3.3.1: 环境保护税
四	▲D	其他项目		其他项目合计	100	0.00	4: 其他项目费
4.1	D1	暂列金额	暂列金额	暂列金额	100	0.00	4.1: 暂列金额
4.2	D2	专业工程暂估价	专业工程暂估价	专业工程暂估价	100	0.00	4.2: 专业工程暂估价
4.3	D3	计日工	计日工	计日工	100	0.00	4.3: 计日工
4.4	D4	总承包服务费	总承包服务费	总承包服务费	100	0.00	4.4: 总承包服务费
五	E	税金	分部分项工程费+措施项目费+不可竞争费+其他项目费	A+B+C+D	3	213.43	5: 税金
六	F	工程造价	一+二+三+四+五	A+B+C+D+E	100	7327.86	6: 工程造价

图 15.15　简易计税时单位工程汇总

15.4　不同地区同一造价软件的处理思路和方法

因为各省份都有自己的计价规则，不同的地区同一软件在操作界面上会有不同（软件需要根据各地的计价程序相应改动），这些差异并不影响我们使用软件，下面以广联达计价软件为例介绍不同地区其操作差异（按地区一、地区二为例进行区分）。

15.4.1　新建工程时的差异

首先介绍新建工程的步骤。

通过双击广联达计价软件图标或者鼠标选中图标后右击选择"打开"后打开软件，软件打开后如图 15.16 所示，选择"新建预算"，选择项目所在地区（不同省市有不同的规则）；选择"投标项目"，然后按照招标文件的需求填写项目名称、计价规范、定额序列等信息，信息填写完成后点击"立即新建"。如果有电子标文件这里可以选择接收，这里以 Excel 表格形式导入清单进行操作演示。

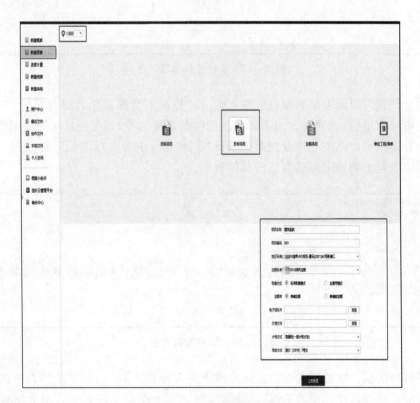

图 15.16　软件打开后的界面

新建后可以进入项目具体的项目信息填写界面，如图 15.17 所示，此处可填写基本信息、招标信息、投标信息。

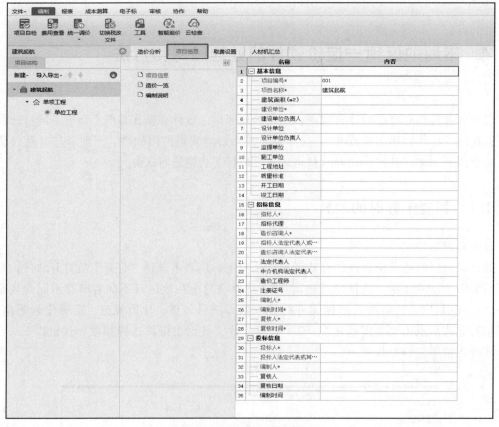

图 15.17　项目信息填写界面

在"取费设置"界面可编辑项目取费方式（"标准取费模式"为综合单价、"全费用模式"为全费用综合单价）、发包方式（无、民用建筑总承包等）、合同日期等，如图 15.18 所示，如果设置错误可以点击"恢复到系统默认"。此处由于未选择单位工程类别，费率未显示出来，单位工程类别确定好后会显示具体费率。

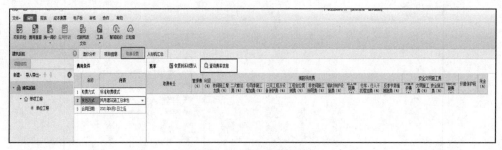

图 15.18　取费设置界面

设置好项目信息、取费设置后，鼠标左键点击"单位工程"，在下拉列表中选择自己需要的工程类别，例如选择"建筑工程"，如果项目由多个单位工程组成，那么鼠标选中"单项工程"，鼠标右击，在下拉列表选择"快速新建单位工程"（可以直接选择需要的工程类别）或者"新建单位工程"（需要进行信息填写），填写完信息后点击"立即新建"，则单位工程增加成功，如图 15.19 所示。

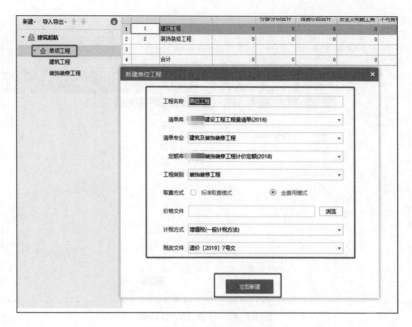

图 15.19　新建单位工程

新建单位工程确定好工程类别后，我们点击项目工程名称（例如"建筑起航"）返回"取费设置"界面，发现此时已显示出费率，如图 15.20 所示。

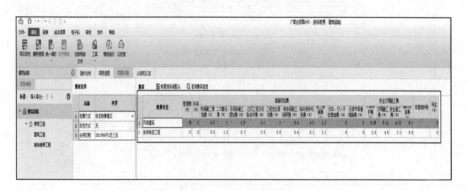

图 15.20　取费设置显示

新建单位工程后，选择鼠标左键点击需要操作的单位工程，进入单位工程分部分项工程界面，点击"导入 Excel/工程"，在下拉列表选择"导入 Excel 文件"，在弹出的对话框中选择项目需要的 Excel 文件，确定后点击"导入"，如图 15.21 所示。

选择 Excel 文件后进入清单导入对应界面，"选择数据表"可以将需要导入的清单部位与软件清单部位相对应，如需导入其他项目等，可以在"选择数据表"对应下拉列表中对应选择，然后将列名称与清单进行匹配对应，再点击"识别行"，此时可以将清单下拉检查，看有没有识别错误的行和列，如果有错误则进行手动调整，如无错误进行下一步，点击"导入"，此项清单导入后如果还有清单需要导入，点击"继续导入"重复上述清单导入工作，最后点击"结束导入"进入清单编辑页面，如图 15.22、图 15.23 所示。还可以点击"查看操作视频"观看操作演示。

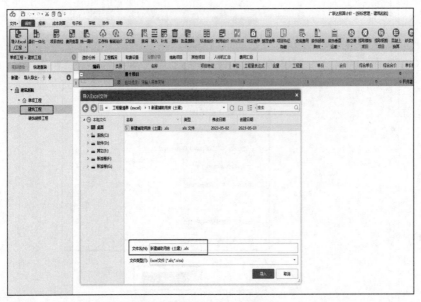

图 15.21 导入 Excel 清单

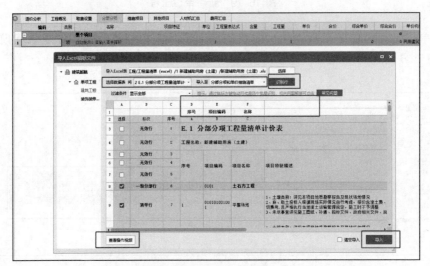

图 15.22 清单导入操作界面

图 15.23 Excel 清单导入成功

以上 Excel 格式清单新建工程操作，不同地区除选择计价文件不同外，其他方面基本相同。

15.4.2　分部分项工程组价时的差异

分部分项工程组价时，不同地区软件的功能略有差异，需根据实际情况进行选择。

如地区一可根据项目特征描述，通过左侧"快速查询"或"搜索"快速查找定额，选择匹配的定额进行清单组价即可，如图 15.24 所示。

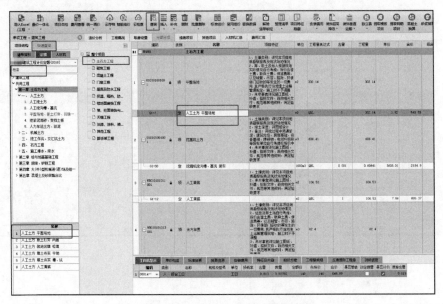

图 15.24　地区一查找定额方式

而地区二没有"项目结构""快速查询"，只有"查询"功能，只能通过"查询"搜索需要的定额，双击定额可进行组价，如图 15.25 所示。

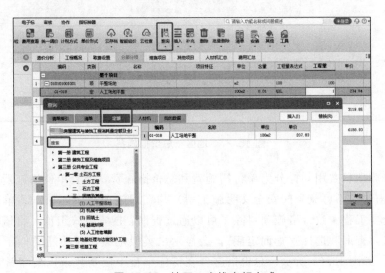

图 15.25　地区二查找定额方式

15.4.3 措施项目差异

地区一措施项目费用可以分为单价措施费和总价措施费，其单价措施费在分部分项工程中列项，组价方法与分部分项工程一致，如图 15.26 所示；其总价措施费在措施项目中按基数乘以费率计算，如图 15.27 所示。

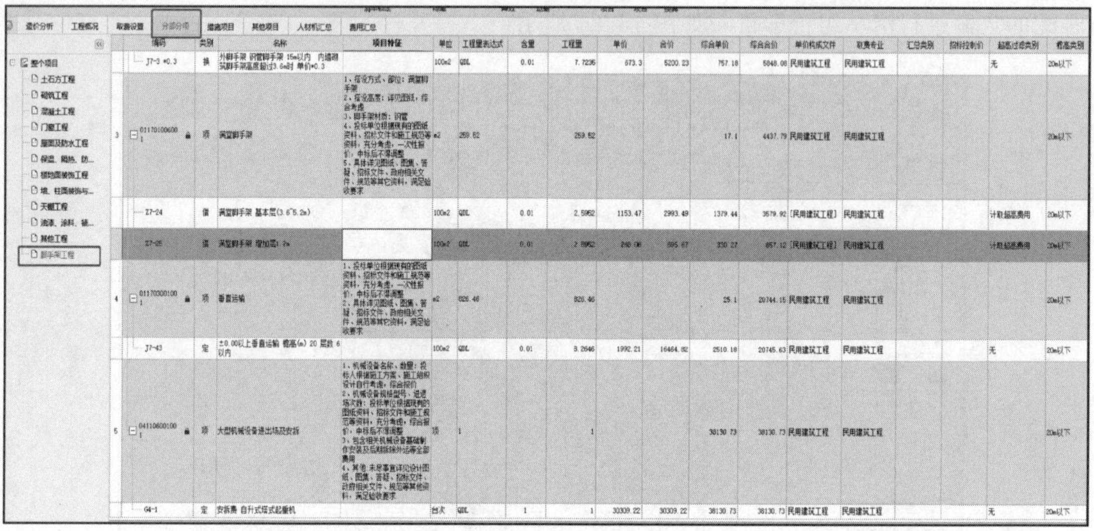

图 15.26　地区一单价措施费

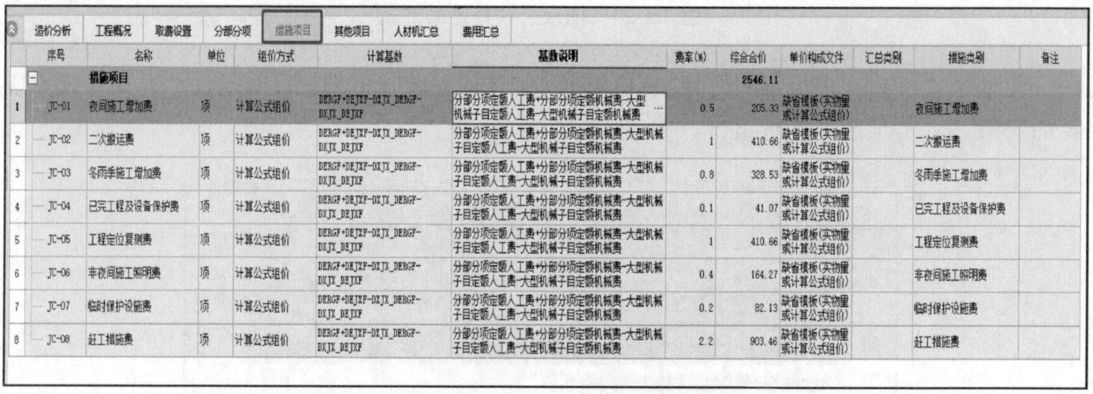

图 15.27　地区一总价措施费

地区二措施项目费用同样分为单价措施费和总价措施费，但其单价措施费、总价措施费（总价措施费内包含不可竞争的安全文明施工费）均在措施项目中列项。其单价措施费组价方法与分部分项工程一致（措施项目除了可以通过查询、搜索方式组价，将鼠标放置在对应清单上，点击"查询"选择"查询定额"，会显示出类似定额，此功能类似于地区一中的定额指引功能），如图 15.28 所示；总价措施费在措施项目中按基数乘以费率计算，如果有其他总价措施项目，也可以自行添加费用行，如图 15.29 所示。

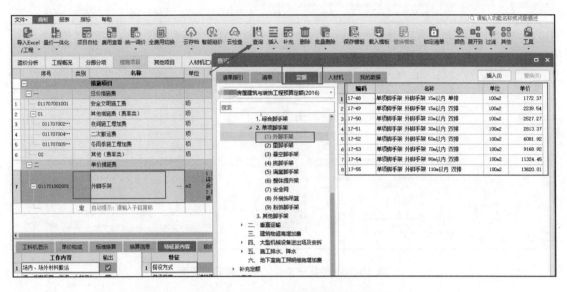

图 15. 28　地区二单价措施费组价界面

图 15. 29　地区二总价措施费组价界面

15. 4. 4　单位工程费用汇总的差异

　　地区一单位工程分部分项工程、措施项目、其他项目按清单组价完成后，进入费用汇总界面，如图 15. 30 所示，其单位工程造价＝分部分项工程费＋措施项目费＋不可竞争费（安全文明施工费）＋其他项目费＋税金，规费已包含在人工费内。

　　地区二单位工程分部分项工程、措施项目、其他项目按清单组价完成后，进入费用汇总界面，如图 15. 31 所示，其单位工程造价＝分部分项工程费＋措施项目费＋其他项目费＋规费＋税金（增值税）。

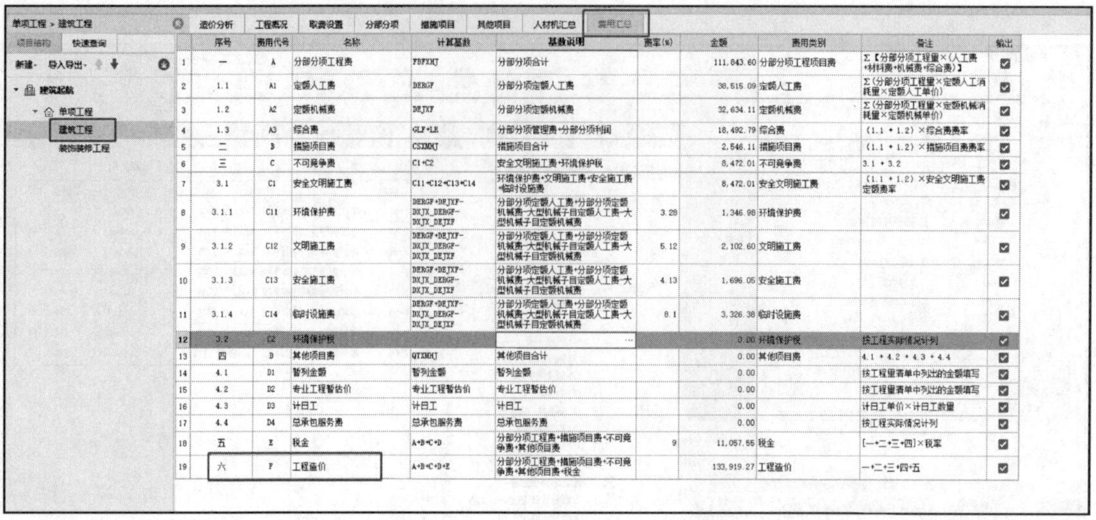

	序号	费用代号	名称	计算基数	基数说明	费率(%)	金额	费用类别	备注	输出
1	一	A	分部分项工程费	FBFXHJ	分部分项合计		111,843.60	分部分项工程项目费	Σ【分部分项工程量×(人工费+材料费+机械费+综合费)】	☑
2	1.1	A1	定额人工费	DERGF	分部分项定额人工费		38,515.09	定额人工费	Σ(分部分项工程量×定额人工消耗量×定额人工单价)	☑
3	1.2	A2	定额机械费	DEJXF	分部分项定额机械费		32,634.11	定额机械费	Σ(分部分项工程量×定额机械消耗量×定额机械单价)	☑
4	1.3	A3	综合费	GLF+LR	分部分项管理费+分部分项利润		18,492.79	综合费	(1.1 + 1.2) ×综合费费率	☑
5	二	B	措施项目费	CSXMHJ	措施项目合计		2,546.11	措施项目费	(1.1 + 1.2) ×措施项目费费率	☑
6	三	C	不可竞争费	C1+C2	安全文明施工费+环境保护税		8,472.01	不可竞争费	3.1 + 3.2	☑
7	3.1	C1	安全文明施工费	C11+C12+C13+C14	环境保护费+文明施工费+安全施工费+临时设施费		8,472.01	安全文明施工费	(1.1 + 1.2) ×安全文明施工费定额费率	☑
8	3.1.1	C11	环境保护费	DERGF+DEJXF-DXJX_DERGF-DXJX_DEJXF	分部分项定额人工费+分部分项定额机械费-大型机械子目定额人工费-大型机械子目定额机械费	3.28	1,346.98	环境保护费		☑
9	3.1.2	C12	文明施工费	DERGF+DEJXF-DXJX_DERGF-DXJX_DEJXF	分部分项定额人工费+分部分项定额机械费-大型机械子目定额人工费-大型机械子目定额机械费	5.12	2,102.60	文明施工费		☑
10	3.1.3	C13	安全施工费	DERGF+DEJXF-DXJX_DERGF-DXJX_DEJXF	分部分项定额人工费+分部分项定额机械费-大型机械子目定额人工费-大型机械子目定额机械费	4.13	1,696.05	安全施工费		☑
11	3.1.4	C14	临时设施费	DERGF+DEJXF-DXJX_DERGF-DXJX_DEJXF	分部分项定额人工费+分部分项定额机械费-大型机械子目定额人工费-大型机械子目定额机械费	8.1	3,326.38	临时设施费		☑
12	3.2	C2	环境保护税				0.00	环境保护税	按工程实际情况计列	☑
13	四	D	其他项目费	QTXMHJ	其他项目合计		0.00	其他项目费	4.1 + 4.2 + 4.3 + 4.4	☑
14	4.1	D1	暂列金额	暂列金额	暂列金额		0.00		按工程量清单中列出的金额填写	☑
15	4.2	D2	专业工程暂估价	专业工程暂估价	专业工程暂估价		0.00		按工程量清单中列出的金额填写	☑
16	4.3	D3	计日工	计日工	计日工		0.00		计日工单价×计日工数量	☑
17	4.4	D4	总承包服务费	总承包服务费	总承包服务费		0.00		按工程实际情况计列	☑
18	五	E	税金	A+B+C+D	分部分项工程费+措施项目费+不可竞争费+其他项目费	9	11,057.55	税金	[一+二+三+四]×税率	☑
19	六	F	工程造价	A+B+C+D+E	分部分项工程费+措施项目费+不可竞争费+其他项目费+税金		133,919.27	工程造价	一+二+三+四+五	☑

图 15.30 地区一单位工程费用汇总界面

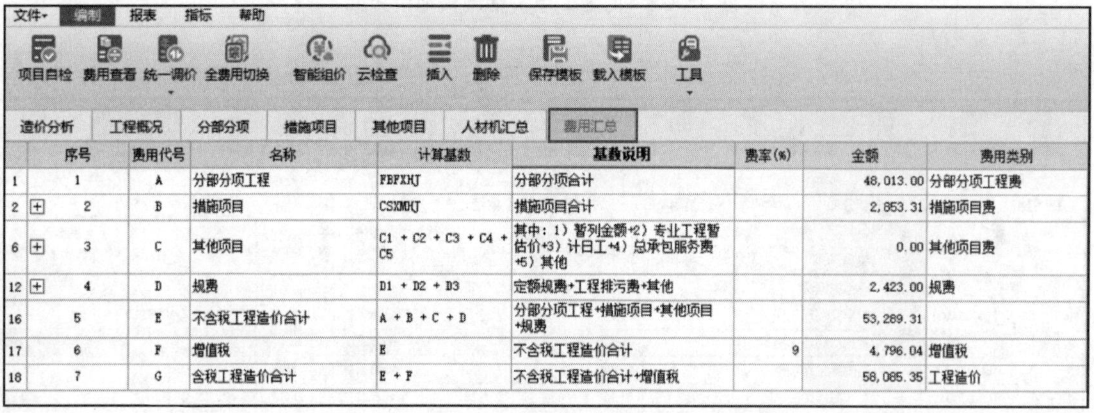

	序号	费用代号	名称	计算基数	基数说明	费率(%)	金额	费用类别
1	1	A	分部分项工程	FBFXHJ	分部分项合计		48,013.00	分部分项工程费
2	⊞ 2	B	措施项目	CSXMHJ	措施项目合计		2,853.31	措施项目费
6	⊞ 3	C	其他项目	C1 + C2 + C3 + C4 + C5	其中：1）暂列金额+2）专业工程暂估价+3）计日工+4）总承包服务费+5）其他		0.00	其他项目费
12	⊞ 4	D	规费	D1 + D2 + D3	定额规费+工程排污费+其他		2,423.00	规费
16	5	E	不含税工程造价合计	A + B + C + D	分部分项工程+措施项目+其他项目+规费		53,289.31	
17	6	F	增值税	E	不含税工程造价合计	9	4,796.04	增值税
18	7	G	含税工程造价合计	E + F	不含税工程造价合计+增值税		58,085.35	工程造价

图 15.31 地区二单位工程费用汇总界面

15.5 同一地区不同造价软件的差异

本书实操篇主要介绍了新点软件的操作、提升篇介绍了广联达软件的部分操作。各计价软件企业之间存在竞争关系，受用户数量、用户体验等因素的影响，就某一项功能，不同软件会做出不同程度的调整，但是本质的计价程序、计价调整文件均需遵循当地的计价规定，因而其软件功能、操作方法基本相同，如定额组价方法、调价方法、快速组价方法等，基本一致。掌握本书介绍的方法后，根据实际情况进行操作即可。

投标报价技巧

16.1　影响投标总价的因素分析

投标总价的确定受很多因素影响，较为复杂，主要可以分为两大类：投标人自身因素和外界因素。其中投标人自身影响因素又可以分为成本因素和报价策略两方面，外界因素可以分为招标文件影响和市场影响两方面。

16.1.1　投标人自身因素

16.1.1.1　成本因素

投标工作中有一项工作为"标前成本测算"，之所以要做成本测算，是因为只有知道成本是多少，才能知道利润有多少（利润＝投标总价－成本），才能决定该项目是否应该报名投标，或者才能结合招标文件和当地投标市场行情确定投标总价以及报价策略。这里所说的成本因素与前文所述的"成本"是同一概念，包含了项目投标成本、项目施工需要的人材机费用、企业管理费、国家规定必须缴纳的税金的费用以及其他必要开支。

成本是影响投标总价和报价策略的一个主要因素，其同时又是一个私有属性，即是说不同单位针对同一项目，其成本可能是不同的，因为在施工过程中影响成本本身的因素也有很多，比如企业领导层的管理能力、企业施工队伍的施工水平、企业生产工人的工资水平、材料费、周转材料的摊销费或租赁费、施工机械的租赁费或使用费，甚至项目的赶工措施费等。之所以说成本是一个私有属性，是因为上述影响成本的因素对不同企业的影响程度不一样，如采购材料时，不同企业资源渠道不同，同样的材料和数量，采购价可能相差很多，在此不赘述。

需要注意的是成本是一个很大的课题，按成本控制标准可划分为：目标成本、计划成本、标准成本、定额成本等；按施工项目的成本费用目标可分为：生产成本、质量成本、工期成本、不可预见成本（如罚款）等。

"标前成本测算"所指的成本，属于计划成本的一种，即在投标前通过现场踏勘，依据招标文件和图纸，结合企业自身的管理水平、类似项目施工经验、已有资源，计算（预测）施工成本，主要计算投标成本、施工阶段成本和其他必不可少的成本（如税金、商务协调费用等）。

"成本测算"又叫"成本预测"，按照确定目标、收集和分析数据资料、选择预测方法、预测计算、分析修正预测值、编写测算报告（结论）等流程开展工作。

16.1.1.2　报价策略

不同投标人有不同的优劣势和经营发展目标，因此对于投标报价也会有不同的考虑不同的策略，不同的报价策略将对投标总价产生较大影响。

16.1.2　外界因素

16.1.2.1　招标文件影响

如果工程存在某些特殊性，如受到工期、紧急程度、难易程度、新工艺等方面的影响，那么在招标文件编制的时候招标人将考虑这些因素，在招标文件上作出具体的要求，如资质、企业财务状况、类似业绩、项目经理及关键性岗位人员要求等。如果项目风险大、仅有少量的企业满足要求，那么企业结合自己的优势以及项目的风险系数，就可报出一个比较高的价格；与之相反，如果项目风险小、满足要求的企业多，此时企业可以报出一个相对较低的价格争取中标。

有的招标文件评标办法规定了评标基准价（如抽取系数下浮）以及规定了报价上限（例如不超过招标控制价的90%），这些规定要求和评标办法将直接或间接影响投标报价的编制。

16.1.2.2　市场影响

招投标的本质是以较低的价格获得最优的货物、工程和服务。在市场经济的影响下，招标人想要以合理低价来完成一项工程，而投标人想要高价中标来完成此项工程，双方存在一个博弈的过程，投标人之间价格竞争激烈。

当市场经济不活跃，没有足够的工程项目，此时投标单位没有足够的项目施工，就会急于中标，以稳定企业的发展，会用较低的投标总价来竞争项目。反之，当市场经济活跃，有充足的工程项目，此时投标单位有足够的项目施工，企业不会热衷于用低价来换取项目中标，则会用较高的投标总价来竞争项目。

投标报价还受当地近期类似项目中标情况的影响。投标人确定某项目最终投标总价时，不仅需要研究评标办法、关注利润，还需要考虑近期类似项目的中标下浮点和其参与投标的投标人数量等一系列相关因素。

16.2　常规报价策略

报价策略指投标单位根据不同项目的不同的特点考虑自身的优劣势，选择不同的报价方案。

16.2.1　报高价的情况

① 施工条件较差的工程（如条件艰苦项目、交通要道等）；

② 专业要求高的技术密集型工程且投标人在这项技术上有专长；

③ 投标人不愿做而又不得不参与投标的项目；

④ 特殊工程（如地下暗挖工程、高大模板工程）；

⑤ 竞争对手少的工程；

⑥ 工期短、要求高的工程；

⑦ 支付条件严苛的工程。

16.2.2　报低价的情况

① 施工条件优越、工作简单、工程量大且技术要求不高的工程（如土方工程）；

② 投标单位急于进入某一市场或者虽然在某地经营多年，但接下来没有工程可以继续施工的情况；

③ 投标人在附近有工程，拟投标项目可以利用该工程的机械设备的情况；

④ 竞争对手多的工程；

⑤ 支付条件好的工程。

16.3　非常规报价策略

一些非常规的投标报价技巧在投标中有时也会被使用，如不平衡报价法、多方案报价法、突然降价法等。这些技巧的使用必须以满足招标文件要求为前提，例如招标文件评审中规定不允许采用不平衡报价，否则将否决投标文件，那么我们在报价时就不能选择不平衡报价法。

16.3.1　不平衡报价法

16.3.1.1　不平衡报价法概述

不平衡报价指在不影响工程总报价的前提下，将不同的分部子目报出高低不同的价格，这样既不提高总价也不影响中标，且在结算时候能得到理想的收益。

例如一个项目总报价是 1000 万元，理论上项目内每个子项都需要考虑利润均衡报价，采用不平衡报价可以将项目中前期土方工程、基础工程等报高价，后期装饰工程、安装工程等报低价，总报价保持 1000 万元，这样的报价方式可能导致各子项利润不均衡，但是土方、基础工程属于前期项目，报高价有利于尽早回收工程款项，总体是有利的。

16.3.1.2 不平衡报价法适用情形

① 能够早日回款的项目，可以适当提高报价，便于资金周转，提高资金时间价值；回款时间较晚的项目可以适当降低报价，给早回款项目留空间。

② 单价合同经过工程量核算，预计工程量会增加的项目可以报高价，增加结算价款；对于工程量可能会减少的，可适当降低报价，减少结算价款降低风险。

③ 单价合同设计图纸不明确，预计深化设计或者修改设计后工程量要增加的，可以提高报价；工程内容界限不明确的可以降低报价，后期通过索赔渠道提高结算价款。

④ 单价与总价包干混合合同中，招标文件中规定采用包干价的项目，可报高价，因为这部分项目有风险因素，报高价有利于减少结算风险。

⑤ 对暂定项目需要专项分析，暂定项目通常在开工后由建设单位研究决定是否实施，以及是否由中标单位实施还是另行单独招标。如果暂定项目由中标单位施工且肯定施工的部分可以报高价，对于不一定实施的部分则报低价。如果暂定工程还需要拿出来招标，则该暂定工程也可能是由其他施工单位施工，因此不适合报高价，避免提高总报价。

16.3.2 多方案报价法

16.3.2.1 多方案报价法概述

多方案报价指在投标文件中有多个报价，其中有一个报价是按照招标文件要求报价，另外的报价则是投标人带注解（如改动招标文件的某些条款，报价是多少）的报价，这样的报价是带附加条件的，可以理解为偏离。

16.3.2.2 多方案报价法适用情形

多方案报价可以降低投标风险，但是由于要报多个报价，所以增加了投标的工作量。多方案报价法可以用于如下情形：

① 招标文件中工程范围不够明确的工程；
② 招标文件中的条款不够明确或者对投标人很不利的工程；
③ 招标文件限定的技术规范要求过于严苛的工程。

16.3.3 突然降价法

突然降价法指投标人表现出对拟投标项目兴趣不大或者按常规情况准备报价，等项目投标截止时间快到了，再突然降价。采用突然降价法主要是通过迷惑竞争对手的方式提高中标概率。突然降价法需要投标单位对拟投标项目具有全面了解并做了充分的分析工作，对投标单位的分析判断及决策能力要求较高。

16.3.4 计日工单价报价时的情况

如果计日工单价仅仅是报单价，且不计入总价，可以报高价，便于中标后建设单位有额外用工、使用施工机械时提高收益。如果计日工单价要计入总报价时，需要具体分析是否报高价，避免抬高总报价影响中标。

参考文献

[1] GB 50500—2013，建设工程工程量清单计价规范 [S].

[2] GB 50854—2013，房屋建筑与装饰工程工程量计算规范 [S].

[3] GB/T 50875—2013，工程造价术语标准 [S].

[4] GB/T 51095—2015，建设工程造价咨询规范 [S].

[5] 全国造价工程师职业资格考试培训教材编审委员会. 建设工程造价管理 [M]. 北京：中国计划出版社，2019.

[6] 广东省建设工程标准定额站，广东省工程造价协会. 广东省建设工程计价依据编制技术报告 [M]. 武汉：华中科技大学出版社，2019.

附录 书中相关视频汇总

导学 1：什么是投标报价

导学 2：阅读本书能否快速入门

招（投）标文件

投标报价编制学习路线

投标工作学习重点与建议

报价方式与响应招标文件

投标报价工作实操流程

计价软件介绍

"新建工程"的注意事项

导入工程量清单的两种情况

导入控制价单价的几个注意点

定额组价相关注意点

定额缺项时的处理办法

人工单价确定的注意点

材料价确定的注意点

调价方式和注意点

投标报价成果检查

招标文件评审内容

电子标相关注意事项

——随看随扫、随扫随看——